全国现代制造技术应用软件课程
（数控工艺员）远程培训教材

CAXA 制造工程师 2006 实用教程

彭志强　刘爽　杜文杰　编著

化学工业出版社
·北京·

CAXA 制造工程师是高效易学、具有卓越工艺性的数控加工编程软件,目前已广泛应用于汽车、机械、电子等行业。本书采用大量的具体实例,系统介绍了使用 CAXA 制造工程师 2006 软件进行零件设计和数控编程的内容,使读者可以循序渐进地学习软件的基本功能,达到快速、深入地掌握 CAXA 制造工程师的目的。

本书可作为大专院校、高等学校机械专业的 CAD/CAM 课程、数控工艺员(数控铣和加工中心部分)培训的教材或教学参考书,同时还可作为 CAXA 制造工程师的自学教程。

图书在版编目(CIP)数据

CAXA 制造工程师 2006 实用教程/彭志强,刘爽,杜文杰编著.—北京:化学工业出版社,2006.8(2017.6 重印)
全国现代制造技术应用软件课程(数控工艺员)远程培训教材
ISBN 978-7-5025-9265-3

Ⅰ.G… Ⅱ.①彭…②刘…③杜… Ⅲ.数控机床-计算机辅助设计-应用软件,CAXA-远距离教育-教材 Ⅳ.TG659-39

中国版本图书馆 CIP 数据核字(2006)第 103369 号

责任编辑:李玉晖　　　　　　　　　　　　文字编辑:闫　敏
责任校对:陈　静　　　　　　　　　　　　装帧设计:尹琳琳

出版发行:化学工业出版社(北京市东城区青年湖南街 13 号　邮政编码 100011)
印　　装:北京永鑫印刷有限责任公司
装　　订:三河市宇新装订厂
787mm×1092mm　1/16　印张 21¾　字数 542 千字　2017 年 6 月北京第 1 版第 12 次印刷

购书咨询:010-64518888(传真:010-64519686)　　售后服务:010-64518899
网　　址:http://www.cip.com.cn
凡购买本书,如有缺损质量问题,本社销售中心负责调换。

定　价:48.00 元　　　　　　　　　　　　　　　　　　版权所有　违者必究

前 言

随着中国快速成为全球制造中心，近几年国内制造业发展迅猛，数控加工已经成为市场竞争和企业发展的新亮点，先进的数控设备正以前所未有的速度，进入到中国各类制造业企业，中国正在成为世界制造大国。

数控工艺员课程培训正是在这种形势下推出的全国性的培训。针对当前制造业大潮的涌起和数控技工紧缺等突出问题，全国各大学、职业技术学院、中专院校、技工学校以及企业和社会培训机构启动了全国现代制造技术应用软件课程远程培训——数控工艺员培训。该培训以实用为原则，以应用为目标，以实际动手操作为重点，采用国产CAXA系列CAD/CAM软件作为主要技术平台，培养既懂数控加工工艺，又能应用CAM软件自动编程并掌握数控机床基本操作的复合型技能人才。

CAXA制造工程师作为数控工艺员培训（数控铣和加工中心部分）考试的指定软件，具有技术领先、全中文、易学、实用等特点，是一套Windows原创风格、功能强大的三维造型、曲面实体完美结合的CAD/CAM一体化软件。CAXA制造工程师为数控加工行业提供了从造型设计到加工代码生成、检验一体化的全面解决方案，目前已广泛应用于航空航天、船舶、汽车、机械、电子、电力、家电、轻工、石油、机器设备等行业。

本书以具有一定制图和机加工知识的工程技术人员、数控加工人员和在校学生为主要对象，结合编著者多年CAD/CAM软件的使用、教学和数控工艺员考证培训经验编写而成。

全书共分八章，主要介绍了基础知识、曲线绘制与线架造型、实体特征造型、曲面造型、其他造型方法、数控铣削及自动编程基础知识、二维铣削自动编程、三轴铣削自动编程等内容。

为了方便读者理解内容，本书在相应位置安排了例题，将重要的知识点嵌入到具体实例中，使读者可以循序渐进、随学随用，轻松掌握该软件的基本操作。在每一章的最后专门安排了综合实例，主要介绍软件的使用方法和技巧，使读者轻松地突破难点，提高综合应用能力。书中部分例题及上机练习题采纳了数控工艺员（数控铣和加工中心部分）认证考试的试题，以期读者了解数控工艺员考证的试题类型、难度和基本要求，通过理论学习和实际操作，能顺利通过数控工艺员的认证考试。

参加本书编写的有：彭志强（第三、四、五、六、七、八章），刘爽（绪论、第一章及附录），杜文杰（第二章）。

本书由胡建生主审。参加审稿的有武海滨、史彦敏、金世铭、王全福、陈友伟和李嘉。参加审稿的各位专家提出了许多宝贵意见和建议。在编写过程中，得到了杭州友嘉精密机械有限公司石宏玉和李岩的大力支持，在此表示衷心的感谢。

由于编著者的水平所限，书中难免有疏漏之处，欢迎广大读者批评指正。

编著者
2006年6月

目　　录

绪论 1
　第一节　CAXA 制造工程师简介 1
　第二节　快速入门 5
第一章　CAXA 制造工程师基础知识 14
　第一节　CAXA 制造工程师的界面 14
　第二节　文件管理 17
　第三节　常用键的含义 20
　第四节　设置 22
　第五节　编辑 24
　第六节　坐标系 26
　第七节　显示控制 28
　第八节　查询 30
　思考与练习（一） 32
第二章　曲线绘制与线架造型 33
　第一节　基本概念 33
　第二节　曲线生成 37
　第三节　曲线编辑 54
　第四节　几何变换 58
　第五节　曲线绘制实例 61
　思考与练习（二） 71
第三章　实体特征造型 74
　第一节　草图的绘制 74
　第二节　特征生成 79
　第三节　特征操作 92
　第四节　特征生成实例 106
　思考与练习（三） 123
第四章　曲面造型 127
　第一节　曲面生成 127
　第二节　曲面编辑 150
　第三节　曲面造型综合实例 165
　思考与练习（四） 174
第五章　其他造型方法 177
　第一节　曲面实体复合造型 177
　第二节　文件操作 184
　第三节　造型综合实例 196

思考与练习（五） 206

第六章　数控铣削及自动编程基础知识 208
第一节　数控铣削加工的基本概念 208
第二节　铣削刀具及选用 210
第三节　铣削用量的合理选择 212
第四节　数控程序的格式 213
第五节　加工管理 215
第六节　轨迹仿真 219
第七节　轨迹树操作 228
第八节　后置处理 230
思考与练习（六） 239

第七章　二维铣削自动编程 240
第一节　基本概念和通用参数设置 240
第二节　平面轮廓精加工 246
第三节　平面区域粗加工 254
第四节　轮廓导动精加工 259
第五节　点位加工 261
第六节　二维加工综合实例 265
思考与练习（七） 274

第八章　三轴铣削自动编程 276
第一节　三轴加工基本概念与通用参数 276
第二节　粗加工方法 280
第三节　精加工方法 294
第四节　槽加工方法 307
第五节　补加工方法 310
第六节　轨迹编辑 314
第七节　三轴加工实例 317
思考与练习（八） 323

附录 326
一、FANUC 数控系统 G、M 代码功能一览表 326
二、常用切削用量表 327
三、CAXA 制造工程师命令一览表 331

参考文献 339

绪 论

CAXA（Computer Aided X always a step Ahead）是北京北航海尔软件有限公司系列产品的总称，主要包括以下软件。

一、设计类

CAXA 电子图板（二维绘图的 CAD 软件）。
CAXA 实体设计（三维创新设计的 CAD 软件）。

二、工艺类

CAXA 工艺图表（工艺设计、工艺图表编制和工装设计的 CAPP 软件）。
CAXA 工艺汇总表（工艺和设计信息汇总软件）。

三、数控加工类

CAXA 制造工程师（2~5 轴的加工中心/数控铣机床编程 CAM 软件）。
CAXA 线切割（线切割机床数控编程软件）。
CAXA 数控车（数控车床编程软件）。
CAXA 网络 DNC（数控机床集中管理、通信连接和数据传送软件）。

四、编控系统及设备类

CAXA 图形编控系统（为 2～4 轴各类数控设备提供 PC 控制系统和编程软件）。
CAXA 模具铣雕方案（为模具加工者提供编程软件、数控设备和技术服务的整套解决方案）。

五、协同管理类

CAXA 协同管理（面向企业设计、工艺和制造过程的信息集成和业务协同平台）。
CAXA 协同管理—产品数据管理（面向企业整体应用的产品数据管理 PDM 软件系统）。
CAXA 协同管理—工艺数据管理（面向企业工艺部门的工艺设计、工艺管理软件系统）。
CAXA 协同管理—生产计划管理（面向企业生产制造部门的生产管理软件系统）。
CAXA 协同管理—图文档管理（面向设计制造部门的集中数据管理与协同工作软件）。
CAXA 协同管理—个人管理工具（面向个人的图档和文档的管理软件）。

第一节 CAXA 制造工程师简介

一、概述

CAXA 制造工程师是一款优秀的 CAM 软件，目前已广泛应用于塑模、锻模、汽车覆盖件拉深模、压铸模等复杂模具的生产以及汽车、电子、兵器、航空航天等行业的精密零件加工。CAXA 制造工程师拥有实体曲面混合造型能力和强大的数据接口能力，同时提供 2~5 轴多种数控编程手段，可以针对零件模型进行整体或局部加工，并可将加工策略、加工参数等记录下来形成知识加工模板以供随时调用。

二、CAXA 制造工程师的主要功能和特点

1. 灵活、多样的零件建模方法

CAXA 制造工程师提供基于实体的特征造型、自由曲面造型以及实体与曲面混合造型功能，可实现任何复杂形状零件的造型设计。

（1）方便的特征实体造型　CAXA 制造工程师采用精确的特征实体造型技术，不仅可以通过拉伸、旋转、导动、放样等轮廓造型手段生成三维实体特征，而且还提供了过渡、倒角、抽壳、拔模、打孔等特征处理手段，对生成的实体作局部修整。对存在相同特征的实体，提供了通过一次操作生成若干相同特征的线性阵列和环形阵列功能；在模具生成方面，CAXA 制造工程师还提供了缩放、型腔和分模三种造型手段；通过实体布尔运算功能，还可以将一个零件并入到当前零件中，并与当前零件实现交、并、差运算，生成新的零件实体。

对于生成的实体造型，CAXA 制造工程师支持参数化修改。无论造型操作到哪一步，通过尺寸驱动草图或修改特征生成过程中的任何参数，系统会相应地更新形体的相关尺寸和参数，自动改变零件的形状和大小，并保持所有特征间的相互关系不变。

（2）强大的 NURBS 自由曲面造型　CAXA 制造工程师引入强大的 NURBS 曲面造型技术，极大地解除了传统绘图方式对设计思路的束缚，直接进入三维设计空间。

从线框到曲面，CAXA 制造工程师提供了丰富的建模手段，可以通过列表数据、数学模型、字体文件以及各种测量数据生成样条曲线；通过直纹面、旋转面、扫描面、导动面、等距面、平面、放样面、边界面、网格面及实体表面等多种形式生成复杂曲面，并且提供了曲面裁剪、曲面过渡、曲面延伸、曲面拼接、曲面缝合等多种编辑方法。通过这些曲面生成方法及曲面编辑方法，可以生成复杂的曲面模型。

（3）灵活的曲面实体复合造型　基于实体的"精确特征造型"技术，在三维造型过程中，将曲面融合到实体造型中来。通过曲面加厚增（除）料、曲面裁剪等手段，在零件上生成具有曲面形状的特征，在原有实体基础上生成复杂的形状，实现任意复杂实体模型的生成。

2. 优质高效的数控加工

CAXA 制造工程师将 CAD 模型与 CAM 加工技术无缝集成，提供 2~5 轴的数控加工功能（四轴和五轴加工模块需另外单独购买），可直接对曲面、实体模型进行一致的加工操作；支持先进实用的轨迹参数化和批处理功能，明显提高工作效率；支持高速切削，大幅度提高加工效率和加工质量。通用的后置处理可向任何数控系统输出格式正确的加工代码。

（1）两轴到两轴半的数控加工功能　可直接利用零件的轮廓曲线生成加工轨迹指令，无需建立其三维模型；提供轮廓加工和区域加工功能，加工区域内允许有任意形状和数量的岛。可分别指定加工轮廓和岛的拔模斜度，自动进行分层加工。

（2）三轴数控加工功能　多样化的三轴加工方式可以安排从粗加工、半精加工到精加工的加工工艺路线。系统提供等高线、直捣式、摆线式等 7 种粗加工方法和等高线、扫描线、3D 等距、平坦区域、导动等 8 种精加工方法以及等高线、笔式清根、区域式等 3 种补加工方法。

（3）支持高速加工　可设定斜向切入和螺旋切入等接近和切入方式，拐角处可设定圆角

过渡、轮廓与轮廓之间可通过圆弧或 S 字形方式来过渡，形成光滑连接、生成光滑刀具轨迹、降低代码数量，有效地满足了高速加工对刀具路径形式的要求。

（4）参数化轨迹编辑功能　提供加工参数修改功能，用户只需选中已有的加工轨迹，修改原定义的加工参数表，系统即可按照新的参数重新生成加工轨迹。

（5）加工轨迹仿真与代码验证　可直观、精确地对加工过程进行模拟仿真、对代码进行反读校验。仿真过程中可以随意放大、缩小、旋转，便于观察细节；可以调节仿真速度；能显示多道加工轨迹的加工结果；仿真过程中可以检查刀柄干涉、快速移动过程(G00)中的干涉、刀具无切削刃部分的干涉情况；可以将切削残余量用不同颜色区分表示，并把切削仿真结果与零件理论形状进行比较等。

（6）最新技术的知识加工　可将某类零件的加工步骤、使用刀具、工艺参数等加工条件保存为规范化的模板，形成企业的标准工艺知识库；以后类似零件的加工即可通过调用"知识加工"模板来进行，以保证同类零件加工的一致性和规范化，并随着企业各种加工工艺信息的数据积累，从而实现加工顺序的标准化。同时初学者更可以借助师傅积累的知识加工模板，实现快速入门和提高。

（7）通用后置处理　CAXA 制造工程师提供开放的后置配置系统，可以针对各种控制系统所需要的后置格式，直接生成 G 代码文件。系统不仅提供了常见的数控系统的后置代码格式，还可以定义专用数控系统的后置处理格式，全面支持 SIEMENS、FANUC 等多种主流机床控制系统。系统还可以生成详细的加工工艺清单，方便 G 代码文件的应用和管理。

3. Windows 界面操作

CAXA 制造工程师基于微机平台，采用原创 Windows 菜单和交互操作，全中文界面，并全面支持英文、简体和繁体中文 Windows 系统。

支持 Windows 的个性化定制功能。用户可以随意移动、组合菜单和工具条，定制快捷键，提供灵活、方便的鼠标右键操作和菜单的热键操作，强大的动态导航功能大大方便了造型设计上的操作。

4. 三维与二维的无缝集成（输出视图与接收视图）

利用制造工程师设计零件，可以自动生成二维视图和轴测图，对设计和识图都非常方便。CAXA 制造工程师与二维电子图板实现了无缝集成，可以自动创建零件或装配体各个视向的二维正交视图、轴测图、任意给定视向的视图。也可以创建剖切视图和局部放大图，从而极大地简化了绘图过程。另外，可以任意排列视图，并对视图进行修改、尺寸标注和工程标注等操作，最终生成复杂而完备的工程图样。

5. 丰富流行的数据接口

CAXA 制造工程师是一个开放的设计/加工工具，软件提供了丰富的数据接口，它们包括基于曲面的 IGES 和 DXF 标准图形接口，基于实体的 X_T、X_B 文件格式，面向快速成形设备的 STL 以及面向 Internet 和虚拟现实的 VRML 等接口。这些接口保证了与世界流行的 CAD 软件进行双向数据交换，使企业可以跨平台和跨地域地与合作伙伴实现虚拟产品的开发和生产。

CAXA 制造工程师可与各种主流 CAD 软件进行双向通畅的数据交流，保证企业与合作伙伴跨平台、跨地域协同工作；软件标准配置，无需支付额外的费用。

标准数据接口：IGES，STEP，STL，VRML。

直接接口：DXF，DWG，SAT，Parasolid，Pro/E，CATIA。

三、CAXA 制造工程师的安装与启动

1. 系统要求

CAXA 制造工程师以 PC 微机为硬件平台。最低要求：奔腾 4 处理器 2.4GHz，512M 内存，10G 硬盘。推荐配置：至强处理器 2.6GHz，1G 以上内存，204G 以上硬盘。可运行于 Win2000/WinXP 系统平台之上。

2. 系统安装

（1）将《CAXA 制造工程师》的光盘放入光盘驱动器中，系统会自动执行安装程序，如果未出现自动安装画面，则需找到光盘根目录下的 Setup.exe 文件，并双击运行它，就可以执行安装程序了。

（2）出现安装向导窗口，安装向导将引导用户完成 CAXA 制造工程师的安装。

（3）出现"版权协议"对话框，选择"是"按钮继续安装，如不接受此版权协议，单击"否"按钮，退出安装程序。

（4）出现"客户信息"对话框，在确认姓名、公司名称后，输入产品序列号，软件的序列号可以从"软件的使用授权证书"得到。

（5）出现"安装类型"对话框，可选择"完整安装"或"自定义安装"。

（6）出现"安装路径"对话框，安装程序将软件的默认安装目录设置为 C:\CAXA\CAXAME\，单击"浏览"按钮可选择其他安装路径，单击"下一步"按钮。

（7）出现确认画面，如果确认了安装信息正确，则单击"下一步"按钮；如果想修改安装信息，请单击"上一步"按钮。

（8）出现"安装选项"对话框，从中选择需要安装的组件，单击"下一步"按钮。

（9）在确认了上述操作后，安装程序开始向硬盘复制文件，安装完成后单击"结束"按钮。

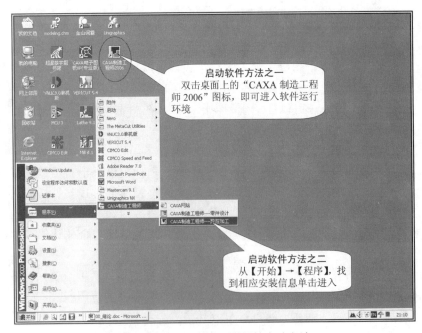

图 0-1 CAXA 制造工程师的启动方法

（10）系统弹出对话框，提示用户重启计算机，如果需要立即使用 CAXA 制造工程师，则需从光驱中取出安装光盘，单击"是"按钮，系统将重新启动计算机。

3. 系统运行

有多种方法可以运行 CAXA 制造工程师 2006，常用如图 0-1 所示的两种方法。

第二节 快速入门

本节通过一个简单实例，完成第一个 CAXA 制造工程师的建模、出图、生成刀路轨迹、加工 G 代码和加工工艺单，让您快速进入 CAXA 制造工程师的世界。

一、启动 CAXA 制造工程师

选择两种启动方法之一，启动 CAXA 制造工程师软件。

二、生成实体造型

1. 绘制草图

（1）在屏幕左侧的特征树中单击"零件特征"选项标签，在弹出的"零件特征"选项页中选中"平面 XY"，点击鼠标右键，选择"创建草图"，如图 0-2 所示。

（2）单击工具栏中的"矩形"按钮□，在弹出的立即菜单中单击"两点矩形"，将立即菜单中的选项选择为"中心_长_宽"，在长度输入框内输入"120"后，单击 Enter 键。采用同样方法，调整矩形宽度边为"120"，如图 0-3 所示。

图 0-2　进入草图

图 0-3　立即菜单

（3）移动光标到屏幕中心的 XOY 坐标原点位置，待光标提示由 ↳ 变为 ↳* 时，单击鼠标左键确定，绘制以原点为中心、120×120 的矩形，如图 0-4 所示。点击鼠标右键，退出矩形绘制命令。

（4）单击工具栏中的"圆"按钮 ⊙，确认立即菜单中的选项为"圆心_半径"，拾取坐标原点为圆心，单击鼠标左键，拖拽光标向外移动，按 Enter 键，在屏幕中央出现的数据输入框中键入"25"，则出现一个 R25 的圆，如图 0-5 所示。

（5）单击屏幕左侧的"草图器"按钮 ✎，使该图标由下凹状态回复为凸起状态，则退出草图状态。此时，在屏幕左侧的特征树中出现"草图 0"标记。

（6）单击 F8 键，将视角调换为轴侧视向。

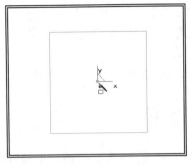
图 0-4　绘制矩形

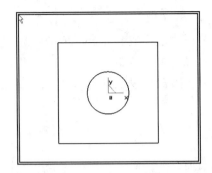
图 0-5　圆的绘制

2．生成底座

（1）单击屏幕左上部的"拉伸增料"按钮，系统弹出"拉伸增料"对话框，如图 0-6 所示。

（2）单击绘图区的任一图线，出现所要生成的实体造型的预显图形，同时"拉伸对象"文本框内出现"草图 0"标记。

（3）在"深度"输入框内双击鼠标左键，键入"10"，单击 确定 按钮，在绘图区中出现拉伸特征实体造型，单击屏幕上方的"真实感显示"按钮，系统以渲染方式显示图形，如图 0-7 所示。

图 0-6　"拉伸增料"对话框

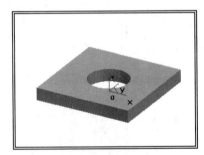
图 0-7　拉伸实体

3．编辑实体造型

（1）单击"过渡"按钮，系统弹出"过渡"对话框，如图 0-8 所示。

（2）使用默认过渡半径值，移动光标至实体侧边位置，待光标提示变为时，单击鼠标左键，拾取该实体边为过渡边。采用同样方法，拾取其他两条可见的实体侧边。

（3）按住 Shift 键，多次单击 ← 键，旋转实体至背面可见，拾取底板的四个侧边，如图

图 0-8　"过渡"对话框

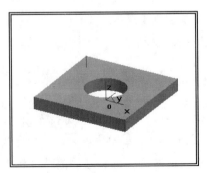
图 0-9　拾取过渡边

0-9所示，单击 确定 按钮，生成圆角过渡。

4．生成凸台

（1）单击 F8 键，将视角调换为轴侧视向，移动光标至底板底座顶面，待光标提示变为 时，单击鼠标左键拾取，点击鼠标右键，选择"创建草图"，如图0-10所示。

（2）单击工具栏中的"圆"按钮，拾取坐标原点为圆心，按 Enter 键，在数据输入框中键入"25"，按 Enter 键，键入"35"，按 Enter 键，在绘图区出现 R25 和 R35 的两个同心圆，点击鼠标右键结束命令，绘制结果如图0-11所示。

（3）单击工具栏中的"拉伸增料"按钮，系统弹出"拉伸增料"对话框，拾取"草图1"为拉伸对象，单击"深度"输入框右侧向上箭头按钮，调整拉伸深度为25，单击 确定 按钮，生成拉伸实体特征，如图0-12所示。

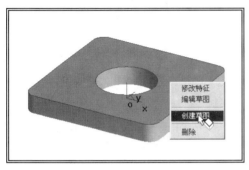

图 0-10　选择草图绘制平面

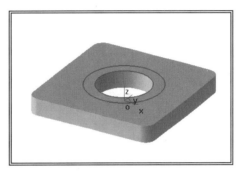

图 0-11　绘制草图结果

5．生成过渡特征

单击"过渡"按钮，调整过渡半径值为2，移动光标至底板顶面，待光标提示变为 时单击鼠标左键，拾取该实体面为过渡面，移动光标至凸台顶面外缘位置，待光标提示变为 时单击鼠标左键，拾取该实体边为过渡边，单击 确定 按钮，生成圆角过渡特征。

至此，完成零件的实体造型，如图0-13所示。

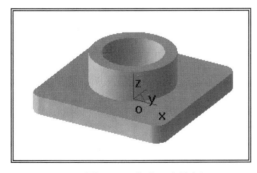

图 0-12　生成凸台特征

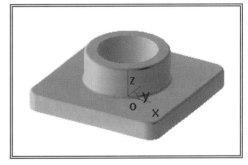

图 0-13　零件的实体造型

6．保存文件

单击"保存"按钮 或按下 Ctrl + S 组合键，保存工作结果。

三、生成工程图样

（1）单击【文件】→【启动电子图板】命令，启动 CAXA 电子图板。

说明：① 如此方法不能启动电子图板，请从桌面或开始菜单中启动软件。② CAXA 电子图板不是CAXA制造工程师的标配模块，需另行购买。

（2）单击"读入标准视图"按钮，系统弹出"打开"对话框，在"查找范围"选项框中选择文件保存目录，在"文件类型"选项框中选择"制造工程师数据文件 (*.mxe)"，选中"sample.mxe"，如图0-14所示，单击 打开(O) 按钮。

（3）系统弹出"标准视图输出"对话框，选择"主视图"和"俯视图"，如图0-15所示，单击 确定 按钮，将标准视图输出。

图0-14 打开零件文件

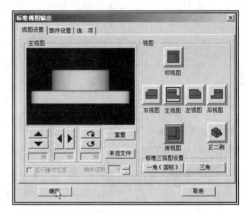

图0-15 "标准视图输出"设置对话框

（4）根据状态栏提示，在绘图区中选择合适的视图放置位置后单击鼠标左键，放置视图，结果如图0-16所示。

（5）为视图添加标注，完成后的结果如图0-17所示。

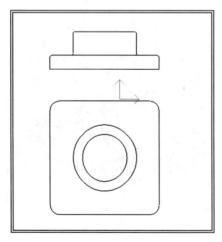

图0-16 放置视图

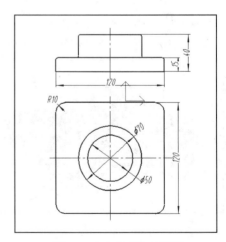

图0-17 完成后的工程图

（6）保存此工程图文件。

四、生成加工轨迹

1. 绘制加工辅助线

切换到CAXA制造工程师软件中，单击"相关线"按钮，在出现的立即菜单中单击下拉箭头，选择"实体边界"选项，如图 0-18 所示，在绘图区中拾取圆形凸台的外轮廓线作为生成加工轨迹的辅助线，如图 0-19 所示。

图 0-18 相关线立即菜单

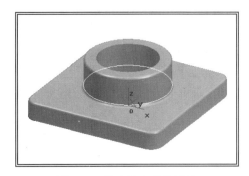

图 0-19 拾取的实体边界线

2. 设置毛坯

单击屏幕左下角的"加工管理"选项标签，在出现的加工管理窗口中双击"毛坯"图标，出现如图 0-20 所示的"定义毛坯"对话框，在"毛坯定义"选项框内选择"参照模型"选项，单击 参照模型 按钮，屏幕中出现如图 0-21 所示的毛坯位置和几何形状，单击 确定 按钮结束。

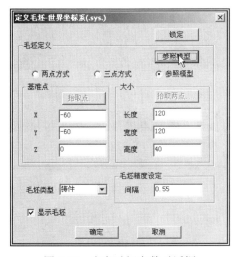

图 0-20 定义毛坯参数对话框

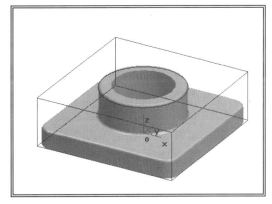

图 0-21 毛坯显示

3. 建立加工坐标系

单击屏幕右侧的"创建坐标系"按钮，在弹出的立即菜单中选择"单点"选项，按 Enter 键，键入"0，0，25"，按 Enter 键结束。

4. 填写加工参数

（1）单击"平面轮廓精加工"按钮，或单击【加工】→【精加工】→【平面轮廓精加工】命令，系统弹出"平面轮廓精加工"参数对话框。

（2）单击"刀具参数"选项标签，按如图 0-22 所示填写刀具参数，单击按钮，将新建刀具 D25 加入刀库中，并在刀库中选中此刀具为当前操作刀具。

（3）单击"加工参数"选项标签，在出现的"加工参数"选项页中按如图 0-23 所示填写参数，单击 加工坐标系 按钮，拾取新建的加工坐标系。

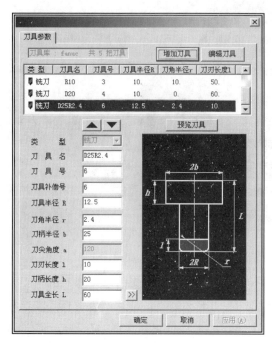

图 0-22 填写铣刀参数

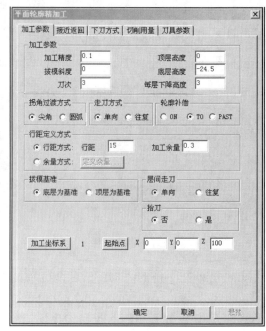

图 0-23 填写加工参数

（4）单击"切削用量"选项标签，在切削用量选项页中设置主轴转速为1500、慢速下刀速度为500、切入切出连接速度为1000、切削速度为1000、退刀速度为3000。

（5）单击"接近返回"选项标签，设置接近和返回为圆弧方式，圆弧半径为10，单击 确定 按钮，完成所有加工参数的设置。

5. 生成加工轨迹

依状态栏提示，拾取凸台边界线为加工轮廓，点击鼠标右键结束拾取，按如图 0-24 所示指定加工方向，系统开始计算加工轨迹，完成后的加工轨迹如图 0-25 所示。

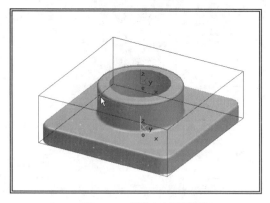

图 0-24 拾取加工轮廓线

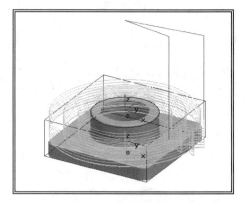

图 0-25 生成加工轨迹

6. 加工轨迹检查

单击【加工】→【轨迹仿真】命令，依状态栏提示拾取刀具轨迹，点击鼠标右键结束拾取，系统进入仿真模块，单击"仿真加工"按钮 ，系统弹出"仿真加工"对话框，单击"播放"按钮 ，开始实体切削仿真，如图 0-26 所示。仿真结果如图 0-27 所示。仿真结束后关闭仿真窗口。

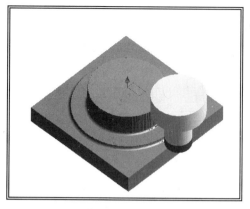

图 0-26　轨迹仿真

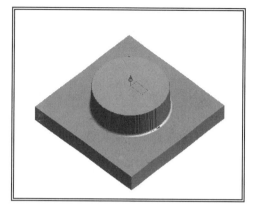

图 0-27　轨迹仿真结果

五、生成 G 代码

（1）单击【应用】→【后置处理】→【后置设置】命令，系统弹出"后置设置"对话框，如图 0-28 所示。查看两选项页，不要更改参数，单击 确定 按钮。

（2）单击【加工】→【后置处理】→【生成 G 代码】命令，系统弹出"选择后置文件"对话框，选择 G 代码文件的放置目录并输入文件名，如图 0-29 所示。完成后单击 保存(S) 按钮。

（3）根据状态栏提示，拾取刀具轨迹，拾取完成后点击鼠标右键结束拾取，系统将根据后置设置参数生成加工代码程序单，如图 0-30 所示。

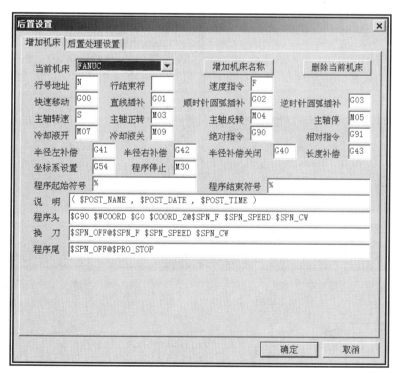

(a)"增加机床"选项页

图 0-28

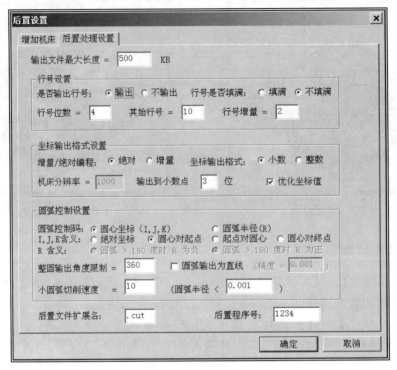

(b)"后置处理设置"选项页

图 0-28 后置设置参数表

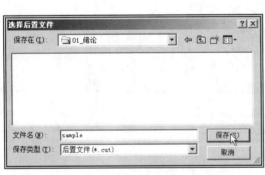

图 0-29 "选择后置文件"对话框

图 0-30 生成加工代码程序单

六、生成加工工序单

(1) 单击【加工】→【工艺清单】命令,系统弹出"工艺清单"对话框,单击 按钮,选择文件的放置目录后单击 确定 按钮,单击 拾取轨迹 按钮,在绘图区或轨迹树中拾取加工轨迹,拾取结束后,点击鼠标右键确认。

（2）单击 生成清单 按钮，系统即生成 HTML 格式的包含通用、功能参数、刀具、刀具路径、NC 数据等内容的加工轨迹明细单，如图 0-31 所示。

图 0-31　生成工艺清单

至此，完成了从建模、出图到生成刀路轨迹、加工轨迹仿真、G 代码和加工工序单的全部操作过程。

通过这个实例，可以对利用 CAXA 制造工程师编制数控加工程序的过程有一个基本的了解，现在一同来进入 CAXA 制造工程师的世界。

第一章 CAXA 制造工程师基础知识

CAXA 制造工程师是一款 CAM（Computer Aided Manufacturing）软件，利用该软件可方便地生成数控加工程序，通过计算机传输给数控铣床或数控加工中心，即可进行自动加工。CAXA 制造工程师提供了多种加工手段和丰富的工艺控制参数，可以方便地控制加工过程；为复杂曲面的加工提供精确、可靠的刀具路径，在保证加工质量的前提下，可大幅度提高机床利用率，提升加工效率。

所有的 CAM 软件都需要加工模型的支持，因此，大多数 CAM 软件都集成了零件建模模块。CAXA 制造工程师提供了两个建模模块：零件造型模块内置在 CAXA 制造工程师的系统环境中；零件设计模块是 CAXA 制造工程师的外挂模块，可在"开始"菜单的制造工程师程序组中找到它，这部分内容本书不作介绍，如有兴趣可参阅化学工业出版社出版的《CAXA 实体设计实用案例教程》一书。

利用制造工程师的零件造型模块，可快速、方便地生成所需加工零件的三维模型。其造型方法分为三种，即线架造型、曲面造型和实体造型，在实际使用中，可根据加工要求灵活选用；不仅如此，CAXA 制造工程师还提供了强大的混合造型方法，既可以使用曲面构造实体，也可以利用实体生成曲面，极大地丰富了零件造型的手段。

第一节 CAXA 制造工程师的界面

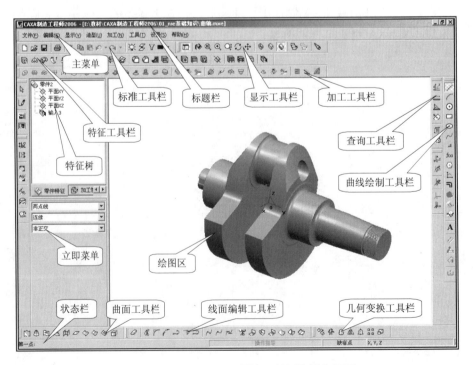

图 1-1 CAXA 制造工程师的用户界面

CAXA 制造工程师的用户界面，和其他 Windows 风格的软件一样，各种应用功能通过主菜单和工具条来实现。它主要由绘图窗口、标题栏、菜单栏、工具栏、状态栏组成。用户界面如图 1-1 所示。

一、标题栏

标题栏位于工作界面的最上方，用来显示 CAXA 制造工程师的程序图标以及当前正在运行文件的名字等信息。如果是新建文件并且未经保存，则文件名显示为"无名文件"；如果文件经过保存或打开已有文件，则以"路径＋文件名"显示文件。

二、主菜单

主菜单由"文件"、"编辑"、"显示"、"应用"、"工具"及"设置"等菜单项组成，这些菜单包括了 CAXA 制造工程师的几乎全部的功能和命令。图 1-2 所示为 CAXA 制造工程师 2006 的主菜单。

文件(F) 编辑(E) 显示(V) 造型(S) 加工(N) 工具(T) 设置(S) 帮助(H)

图 1-2 主菜单

三、绘图区

绘图区位于屏幕的中心，是用户进行绘图设计的工作区域。它占据了屏幕的大部分面积，用户所有的工作结果都反映在这个窗口中。

四、特征（轨迹）树

特征树和轨迹树窗口位于工作界面的左侧，以树形格式直观地再现了实体特征（包含基准平面）和加工轨迹的建立顺序，并允许用户对这些特征和加工轨迹进行各种编辑操作。通过选项标签可以在两者之间切换。特征（轨迹）树如图 1-3 所示。

(a) 特征树

(b) 轨迹树

图 1-3 特征（轨迹）树

五、工具栏

工具栏是 CAXA 制造工程师提供的一种调用命令的方式，它包含多个由图标表示的命令按钮，单击这些图标按钮，就可以调用相应的命令。图 1-4 所示为 CAXA 制造工程师提供的曲线生成栏、曲面生成栏、特征生成栏和加工工具栏。

图 1-4　CAXA 制造工程师的部分工具栏

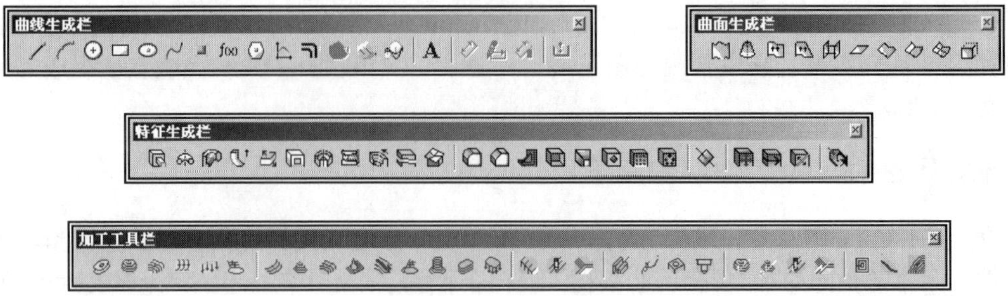

六、状态栏

状态栏位于绘图窗口的底部，用来反映当前的绘图状态。状态栏左端是命令提示栏，提示用户当前动作；状态栏中部为操作指导栏和工具状态栏，用来指出用户的不当操作和当前的工具状态；状态栏的右端是当前光标的坐标位置，如图 1-5 所示。

图 1-5　CAXA 制造工程师的状态栏

七、立即菜单与快捷菜单

CAXA 制造工程师在执行某些命令时，会在特征树下方弹出一个选项窗口，称为立即菜单。立即菜单描述了该项命令的各种情况和使用条件。用户根据当前的作图要求，正确地选择某一选项，即可得到准确的响应。图 1-6 所示为执行"直线"命令时所出现的立即菜单。

用户在操作过程中，在界面的不同位置单击鼠标右键，即可弹出不同的快捷菜单。利用快捷菜单中的命令，用户可以快速、高效地完成绘图操作。图 1-7 所示为在选择实体表面时所出现的快捷菜单。

图 1-6　立即菜单

图 1-7　快捷菜单

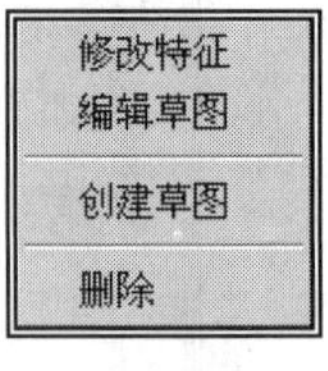

八、工具菜单

工具菜单是将操作过程中频繁使用的命令选项分类组合在一起而形成的菜单。当操作中需要某一特征量时，只要按下空格键，即在屏幕上弹出工具菜单。工具菜单包括点工具菜单、矢量工具菜单和选择集拾取工具菜单三种。

（1）点工具菜单　点工具是用来选择具有几何特征的点的工具，如图 1-8(a) 所示。

（2）矢量工具菜单　矢量工具是用来选择方向的工具，如图 1-8(b) 所示。

（3）选择集拾取工具菜单　选择集拾取工具是用来拾取所需元素的工具，如图 1-8(c) 所示。

(a) 点工具菜单　　　　(b) 矢量工具菜单　　　　(c) 选择集拾取工具菜单

图 1-8　工具菜单

第二节　文 件 管 理

一、建立新文件

1. 功能

创建一个新的 CAXA 制造工程师文件。

2. 操作

单击"标准工具栏"中的"新建"按钮，或单击【文件】→【新建】命令。

3. 说明

建立一个新文件后，用户就可以进行图形绘制、实体造型和轨迹生成等各项功能的操作了。但是当前的所有操作结果都只被记录在内存中，只有在进行存盘操作以后，工作成果才会被永久地保存下来。

二、打开文件

1. 功能

打开一个已有的数据文件。

2. 操作

（1）单击"标准工具栏"中的"打开"按钮，或单击【文件】→【打开】命令，系统弹出"打开"对话框，如图 1-9 所示。

（2）选择相应的文件目录、文件类型和文件名，单击"打开(O)"按钮，完成打开文件操作。

三、保存文件

1. 功能

将当前绘制的图形以文件形式存储到磁盘上。

2. 操作

（1）单击"标准工具栏"中的"保存"按钮，或单击【文件】→【保存】命令。

（2）如果当前文件名不存在，则系统弹出"存储文件"对话框，选择相应的文件目录、文件类型和文件名后，单击"保存(S)"按钮即可；如果当前文件名存在，则系统直接按当前文件名存盘。

图 1-9 "打开"对话框

四、另存为

1. 功能

将当前绘制的图形另取一个文件名存储到磁盘上。

2. 操作

（1）单击【文件】→【另存为】命令，系统弹出"存储文件"对话框。

（2）选择相应的文件目录、文件类型和文件名后，单击 保存(S) 按钮。

五、保存图片

图 1-10 "输出位图文件"对话框

1. 功能

将 CAXA 制造工程师的实体图形导出为类型是 BMP 的图像文件。

2. 操作

（1）单击【文件】→【保存图片】命令，系统弹出"输出位图文件"对话框，如图 1-10 所示。

（2）单击 浏览... 按钮，弹出"另存为"对话框，选择路径，给出文件名，单击 保存(S) 按钮，返回到"输出位图文件"对话框。

（3）选择是否需要固定纵横比、设置图像的宽度和高度，单击 确定 按钮，导出图像文件。

六、打印

1. 功能

由输出设备输出图形。CAXA 制造工程师的打印功能采用了 Windows 的标准输出接口,可以支持任何 Windows 支持的打印机,而无需单独安装打印机。

2. 操作

(1)单击"打印"按钮⊜,或单击【文件】→【打印】命令,系统弹出"打印"对话框,如图 1-11 所示。

(2)根据当前绘图输出的需要从中选择设备型号、份数、打印范围等一系列相关内容,确认后即可进行绘图输出。

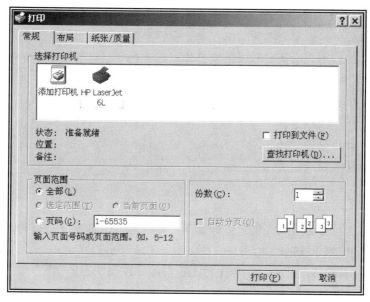

图 1-11 "打印"对话框

七、打印设置

1. 功能

图 1-12 "打印设置"对话框

根据当前绘图输出的需要从中选择纸张大小、设备型号、图纸方向等一系列相关内容。

2. 操作

(1) 单击【文件】→【打印设置】命令，系统弹出"打印设置"对话框，如图 1-12 所示。

(2) 在对话框内设置如纸张、打印方向等内容。

第三节　常用键的含义

一、鼠标键

(1) 鼠标左键　可以用来激活菜单、确定位置点、拾取元素等。

(2) 鼠标右键　用来确认拾取、结束操作、终止命令、打开快捷菜单等。

(3) Shift+鼠标左键　显示旋转。

(4) Shift+鼠标右键　显示缩放。

(5) Shift+鼠标左键+右键　显示平移。

(6) 鼠标中键　显示旋转。

(7) 鼠标滚轮　显示缩放。

二、功能键

CAXA 制造工程师为用户提供了热键操作，熟练地使用热键可提高工作效率。

(1) F1 键　请求系统帮助。

(2) F2 键　草图器，用于绘制草图状态与非绘制草图状态的切换。

(3) F3、Home 键　显示全部图形。

(4) F4 键　刷新屏幕显示图形。

(5) F5 键　将当前平面切换至 XOY 面。同时将显示平面置为 XOY 面，将图形投影到 XOY 面内进行显示。

(6) F6 键　将当前平面切换至 YOZ 面。同时将显示平面置为 YOZ 面，将图形投影到 YOZ 面内进行显示。

(7) F7 键　将当前平面切换至 XOZ 面。同时将显示平面置为 XOZ 面，将图形投影到 XOZ 面内进行显示。

(8) F8 键　显示轴测图。按轴测图方式显示图形。

(9) F9 键　切换当前作图平面 (XY、XZ、YZ)，但不改变视向。重复按 F9 键，可以在三个平面之间切换。

(10) 方向键 (←、↑、→、↓)　显示平移。

(11) Shift+方向键 (←、↑、→、↓)　显示旋转。

(12) Ctrl+↑、Page Up 键　显示放大。

(13) Ctrl+↓、Page Down 键　显示缩小。

(14) Esc 键　可终止执行大多数指令。

三、快捷键

1. 预定义快捷键

CAXA 制造工程师预定义了一些快捷键，如新建（Ctrl+N）、打开（Ctrl+O）、退出（Alt+X）等，用户可以在主菜单中找到它们。

2. 自定义快捷键

根据用户的使用习惯定义自己的快捷键。

【例1】 建立自定义快捷键。

（1）单击【设置】→【自定义】命令，系统弹出"自定义"对话框，单击"键盘"选项卡，如图 1-13 所示。

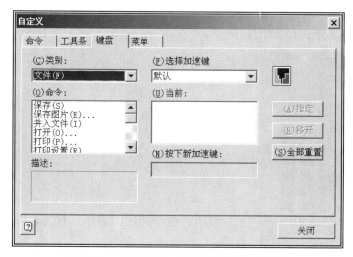

图 1-13 "自定义"对话框"键盘"选项卡

（2）单击"类别"下拉列表框，选择"编辑"，单击"命令"列表框的滚动条，选择"隐藏"选项。

（3）在"按下新加速键"输入框内单击，按下 Ctrl+B 键，该栏中显示出此快捷键，如图 1-14 所示。

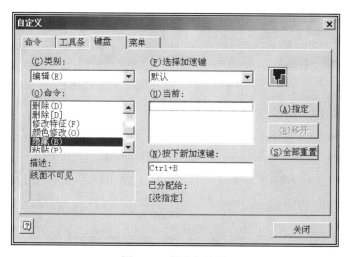

图 1-14 指定加速键

(4)单击 ⒜指定 按钮,使用 Ctrl+B 键作为隐藏命令的快捷键。

(5)采用同样方法,定义"可见"为 Ctrl+Shift+B;"删除"为 Ctrl+D。

第四节 设 置

一、当前颜色

1. 功能

设置系统当前颜色。在此之后生成的曲线或曲面以当前颜色显示。

2. 操作

(1)单击"当前颜色"按钮,或单击【设置】→【当前颜色】命令,系统弹出"颜色管理"对话框,如图1-15所示。

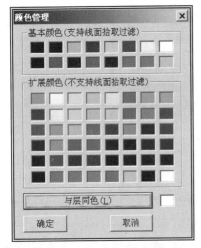

(2)选择一种基本颜色或扩展颜色中的任意颜色,单击 确定 按钮。

3. 说明

可单击"当前颜色"按钮的下拉箭头,在其中直接选择一种基本颜色作为当前颜色。

二、层设置

1. 功能

修改或查询图层的名称、状态、颜色、可见性等图层信息。

2. 操作

(1)单击"层设置"按钮,或单击【设置】→【层设置】命令,系统弹出"图层管理"对话框,如图1-16所示。

图1-15 "颜色管理"对话框

(2)选定某个图层,双击相应选项,即可对其进行修改。

图1-16 "图层管理"对话框

(3)单击对话框右侧相应按钮,即可进行相应操作。

3. 说明

图层是将设计中的图形对象分类进行组织管理的重要方法。将图形对象分类放置在不同的图层上,并设置不同的图层颜色、状态、可见性等特征,可起到方便操作、使图面清晰、防止误操作等作用。

三、拾取过滤设置

1. 功能

设置拾取过滤和导航过滤类型。拾取过滤是指光标能够拾取到屏幕上的图形类型,拾取到的图形类型被加亮显示;导航过滤是指光标移动到要拾取的图形类型附近时,图形能够加亮显示。

2. 操作

(1)单击"拾取过滤设置"按钮 ▽ ,或单击【设置】→【拾取过滤设置】命令,系统弹出"拾取过滤器"对话框,如图1-17所示。

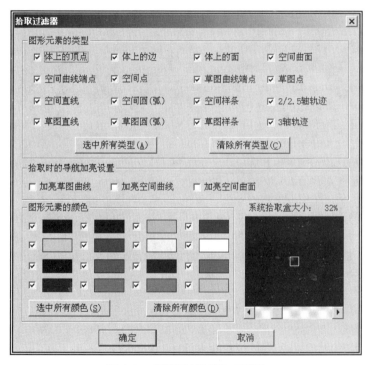

图1-17 "拾取过滤器"对话框

(2)如果要修改图形元素的类型、拾取时的导航加亮设置和图形元素的颜色,只要单击项目对应复选框即可。

(3)拖动窗口下方的滚动条可以修改"系统拾取盒大小"。

四、系统设置

根据绘图的需要,用户可以对系统的默认设置参数进行修改。其环境设置和参数设置分别如图1-18、图1-19所示。

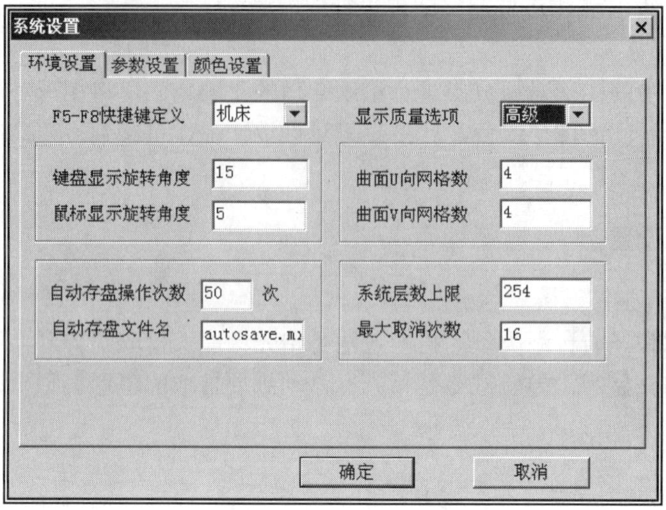

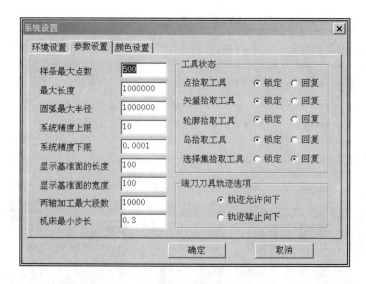

图 1-18　环境设置

图 1-19　参数设置

第五节　编　　辑

一、取消上次操作

1. 功能

用于取消最近一次发生的编辑动作。

2. 操作

（1）单击"取消上次操作"按钮，或单击【编辑】→【取消上次操作】命令，取消最近一次发生的操作。

（2）若要一次取消多步操作，则单击按钮旁的箭头，然后单击要撤销的操作。

二、恢复已取消的操作

1. 功能

恢复用"取消上次操作"命令撤销的操作，是取消操作的逆过程。

2. 操作

（1）单击"恢复已取消的操作"按钮，或单击【编辑】→【取消上次操作】命令，恢复已取消的操作。

（2）若要一次重复多步操作，则单击按钮旁的箭头，然后单击要重复的操作。

3. 说明

"恢复已取消的操作"只有与"取消上次操作"相配合使用才有效。

三、删除

1. 功能

删除拾取到的元素。

2. 操作

（1）单击"删除"按钮，或单击【编辑】→【删除】命令。

（2）拾取要删除的元素，点击鼠标右键确认。

四、剪切

1. 功能

将选中的图形存入剪贴板中，以供图形粘贴时使用。

2. 操作

（1）单击"剪切"按钮，或单击【编辑】→【剪切】命令。

（2）拾取要剪切的元素，点击鼠标右键确认。

五、复制

1. 功能

将选中的图形存储，以供粘贴使用。

2. 操作

（1）单击"复制"按钮，或单击【编辑】→【复制】命令。

（2）拾取要复制的元素，点击鼠标右键确认。

六、粘贴

1. 功能

将剪贴板中存储的图形粘贴到用户所指定的位置，也就是将临时存储区中的图形，粘贴到当前文件或新打开的其他文件中。

2. 操作

单击"粘贴"按钮，或单击【编辑】→【粘贴】命令。

七、隐藏

1. 功能

隐藏指定曲线或曲面。

2. 操作

（1）单击【编辑】→【隐藏】命令。

（2）拾取需要隐藏的元素，拾取结束后点击鼠标右键确认。

八、可见

1. 功能

使隐藏的元素可见。

2. 操作

（1）单击"可见"按钮，或单击【编辑】→【可见】命令。

（2）拾取需要显示的元素，拾取结束后点击鼠标右键确认。

九、层修改

1. 功能

修改曲线和曲面的层。

2. 操作

（1）单击【编辑】→【层修改】命令。

（2）拾取需要改变图层的元素，拾取结束后点击鼠标右键确认。

（3）弹出"图层管理"对话框，选择需要的图层或单击 新建图层(E) 按钮，再单击 确定 按钮，线面层修改完成。

十、颜色修改

1. 功能

修改元素的颜色。

2. 操作

（1）单击【编辑】→【颜色修改】命令。

（2）拾取需要改变颜色的元素，拾取结束后点击鼠标右键确认。

（3）弹出"颜色管理"对话框，选择颜色，单击 确定 按钮，完成元素修改。

第六节 坐 标 系

为了方便用户操作，CAXA 制造工程师提供了坐标系功能。系统的缺省坐标系称为"世界坐标系"。系统允许用户同时存在多个坐标系，其中正在使用的坐标系称为"当前坐标系"，其坐标架为红色，其他坐标架为白色。

一、创建坐标系

1. 功能

建立一个新的坐标系。

2. 操作

（1）单击"创建坐标系"按钮，或单击【工具】→【坐标系】→【创建坐标系】命令，系统弹出立即菜单，如图1-20所示。

（2）在立即菜单中单击下拉列表框，选择一个合适的选项。

（3）按状态栏提示操作，即可创建新的坐标系。

图1-20 创建坐标系立即菜单

3. 参数

（1）单点　创建以指定点为原点、坐标方向不变的新坐标系。

（2）三点　通过给定坐标原点、X轴正方向上一点和Y轴正方向上一点创建新坐标系。

（3）两相交直线　拾取直线作为X轴，指定正方向，再拾取直线作为Y轴，给出正方向，创建新坐标系。

（4）圆或圆弧　以指定圆或圆弧的圆心为坐标原点，以圆的端点方向或指定圆弧端点方向为X轴正方向，创建新坐标系。

（5）曲线切线、法线　指定曲线上一点为坐标原点，创建以该点的切线为X轴，法线为Y轴的新坐标系。

二、激活坐标系

1. 功能

将某一坐标系设置为当前坐标系。

2. 操作

（1）单击"激活坐标系"按钮，或单击【工具】→【坐标系】→【激活坐标系】命令，系统弹出"激活坐标系"对话框，如图1-21所示。

（2）选中坐标系列表中的某一坐标系，单击"激活"按钮，该坐标系被激活，坐标架红色亮显。单击"激活结束"按钮，关闭对话框。

图1-21 "激活坐标系"对话框

（3）单击"手动激活"按钮，对话框关闭，在绘图区拾取要激活的坐标系，该坐标系被激活，坐标架红色亮显。

三、删除坐标系

1. 功能

删除用户创建的坐标系。

2. 操作

（1）单击"删除坐标系"按钮，或单击【工具】→【坐标系】→【删除坐标系】命令，系统弹出"坐标系编辑"对话框，如图1-22所示。

（2）选中坐标系列表中的某一坐标系，单击"删除"按钮，该坐标系被删除。单击"删除完成"按钮，关闭"坐标系编辑"对话框。

（3）单击"手动拾取"按钮，对话框关闭，在绘图区拾取要删除的坐标系，该坐标系被删除。

图1-22 "坐标系编辑"对话框

3．说明

系统坐标系和当前坐标系不能被删除。

四、隐藏坐标系

1．功能

使坐标系不可见。

2．操作

（1）单击"隐藏坐标系"按钮，或单击【工具】→【坐标系】→【隐藏坐标系】命令。

（2）系统提示"拾取工作坐标系"，拾取需隐藏的坐标系，完成操作。

五、显示所有坐标系

1．功能

使所有坐标系都可见。

2．操作

单击"显示所有坐标系"按钮，或单击【工具】→【坐标系】→【显示所有坐标系】命令，使所有坐标系都可见。

第七节 显 示 控 制

CAXA 制造工程师为用户提供了绘制图形的显示命令，它们只改变图形在屏幕上显示的位置、比例、范围等，不改变原图形的实际尺寸。图形的显示控制在图形绘制和编辑过程中具有重要作用。

由于显示操作需要经常使用，CAXA 制造工程师提供了多种方法进行缩放操作，除利用菜单命令和工具按钮外，还可以通过快捷键、鼠标、快捷键加鼠标等方法进行显示操作，大大提高了操作效率。

一、显示重画

1．功能

刷新当前屏幕所有图形。

2．操作

（1）单击"重画"按钮，或单击【显示】→【显示变换】→【显示重画】命令，或按 F4 键。

（2）系统对显示图形进行一次强制刷新。

3．说明

经过一段时间的操作后，在绘图区中会留下一些操作痕迹的显示，影响后续操作和图面的美观。使用重画功能，可对屏幕进行刷新，清除屏幕垃圾，使屏幕变得整洁美观。

二、显示全部

1．功能

将当前绘制的所有图形全部显示在屏幕绘图区内。

2. 操作

（1）单击"显示全部"按钮🔍，或单击【显示】→【显示变换】→【显示全部】命令，或按 F3 键。

（2）系统将所有图形显示在屏幕的绘图区内。

三、显示窗口

1. 功能

将通过拖动边界框选取的视图范围充满绘图区加以显示。

2. 操作

（1）单击"显示窗口"按钮🔍，或单击【显示】→【显示变换】→【显示窗口】命令。

（2）将指针放在要放大区域的一角上，单击鼠标左键，拖动光标，出现一个动态显示的窗口，窗口所确定的区域就是即将被放大的部分。单击鼠标左键，选中区域内的图形充满绘图区。

四、显示缩放

1. 功能

将绘制的图形进行放大或缩小。

2. 操作

方法一　单击"显示缩放"按钮🔍，或单击【显示】→【显示变换】→【显示缩放】命令，按住鼠标左键向上或者向下拖动鼠标，图形将跟着鼠标的拖动而动态放大或缩小。

方法二　单击 Page Up 键或 Page Down 键，对图形进行放大或缩小。

方法三　按住 Shift 键，按住鼠标右键向上或向下拖动鼠标，图形动态放大或缩小。

方法四　前后推动鼠标滚轮，图形发生动态放大或缩小。

五、显示旋转

1. 功能

将拾取到的零部件进行旋转显示。

2. 操作

方法一　单击"显示旋转"按钮🔄，或单击【显示】→【显示变换】→【显示旋转】命令，在屏幕上选取一个显示中心点，拖动鼠标左键，系统将该点作为新的屏幕显示中心，将图形重新显示出来。

方法二　按住 Shift 键，按下方向键 ↑、↓、←、→，使图形绕屏幕中心进行显示旋转。

方法三　按住 Shift 键，按住鼠标左键拖动鼠标，图形产生动态旋转。

方法四　按住鼠标中键，移动鼠标，图形产生动态旋转。

六、显示平移

1. 功能

将显示的图形移动到所需的位置。

2. 操作

(1) 单击"显示平移"按钮✥，或单击【显示】→【显示变换】→【显示平移】命令。
(2) 按住鼠标左键并拖动鼠标，显示图形将跟随鼠标产生移动。
3．说明
还可以使用四个方向键↑、↓、←、→平移图形。

七、显示效果

显示效果有三种，即线架显示、消隐显示和真实感显示。

（一）线架显示
1．功能
将零件采用线架的显示效果进行显示，如图 1-23 所示。
2．操作
(1) 单击"线架显示"按钮，或单击【显示】→【显示变换】→【线架显示】命令。
(2) 系统以线架方式显示零件的所有边线。

（二）消隐显示
1．功能
将零件采用消隐的显示效果进行显示，如图 1-24 所示。

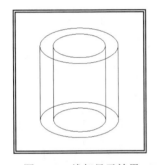 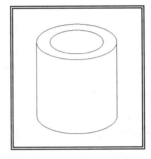 

图 1-23　线架显示效果　　　图 1-24　消隐显示效果　　　图 1-25　真实感显示效果

2．操作
(1) 单击"消隐显示"按钮，或单击【显示】→【显示变换】→【消隐显示】命令。
(2) 系统以线架方式显示零件边线，但不显示当前视角下不可见的边线。

（三）真实感显示
1．功能
将零件采用真实感的显示效果进行显示，如图 1-25 所示。
2．操作
(1) 单击"真实感显示"按钮，或单击【显示】→【显示变换】→【真实感显示】命令。
(2) 系统以着色方式显示零件的真实感视图。

第八节　查　询

CAXA 制造工程师为用户提供了查询功能，它可以查询点的坐标、两点间的距离、角度、元素属性以及零件体积、重心、惯性距等内容。

一、坐标

1. 功能

查询各种工具点方式下的坐标。

2. 操作

（1）单击"查询坐标"按钮，或单击【工具】→【查询】→【坐标】命令。

（2）在绘图区拾取所需查询的点，系统弹出"查询结果"对话框，对话框内依次列出被查询点的坐标值。

二、距离

1. 功能

查询任意两点之间的距离。

2. 操作

（1）单击"查询距离"按钮，或单击【工具】→【查询】→【距离】命令。

（2）拾取待查询的两点，系统弹出"查询结果"对话框。列出被查询两点的坐标值、两点间的距离以及第一点相对于第二点 X 轴、Y 轴、Z 轴上的增量。

三、角度

1. 功能

查询两直线夹角和圆心角。

2. 操作

（1）单击"查询角度"按钮，或单击【工具】→【查询】→【角度】命令。

（2）拾取两条相交直线或一段圆弧后，系统弹出"查询结果"对话框，列出被查询的两直线夹角或圆弧所对应圆心角的度数及弧度。

四、元素属性

1. 功能

查询拾取到的图形元素属性，这些元素包括点、直线、圆、圆弧、公式曲线、椭圆等。

2. 操作

（1）单击"查询元素属性"按钮，或单击【工具】→【查询】→【元素属性】命令。

（2）拾取几何元素（可单个拾取，亦可框选拾取），拾取完毕后点击鼠标右键，系统弹出"查询结果"对话框，将查询到的图形元素按拾取顺序依次列出其属性。

五、零件属性

1. 功能

查询零件属性，包括体积、表面积、质量、重心 X 坐标、重心 Y 坐标、重心 Z 坐标、X 轴惯性矩、Y 轴惯性矩、Z 轴惯性矩。

2. 操作

（1）单击"查询零件属性"按钮，或单击【工具】→【查询】→【零件属性】命令。

（2）系统弹出"查询结果"对话框，显示零件属性查询结果。

思考与练习（一）

一、思考题

（1）启动 CAXA 制造工程师的方法有哪几种？

（2）CAXA 制造工程师界面由哪几部分组成？它们分别有什么作用？

（3）熟悉图形文件的"新建"和"打开"命令，"保存"与"另存为"命令有何区别？快捷键 Ctrl+S 执行的是哪一条命令？

（4）在 CAXA 制造工程师中鼠标左键和鼠标右键的作用分别有哪些？

（5）在操作过程中，如果出现图形对象不能拾取的现象，应如何处理？

（6）绘图时，为什么要养成及时存盘的好习惯？

（7）在 CAXA 制造工程师中，当按下 F3 键时，屏幕显示将发生什么变化？

二、填空题

（1）CAXA 制造工程师的造型方法分为_____、_____和_____三种。

（2）工具菜单是将操作过程中频繁使用的命令选项分类组合在一起而形成的菜单。工具菜单包括_____、_____和_____，当操作中需要某一特征量时，单击_____键，即可调出立即菜单。

（3）当绘图区中出现一些操作痕迹的显示而影响后续操作时，可单击____键，对屏幕显示图形进行刷新。

（4）图层具有____、_____、_____等特征，利用图层对设计中的图形对象分类进行组织管理，可起到_____、_____、_____等作用。

（5）CAXA 制造工程师提供了查询功能，可供查询的内容包括_____、_____、_____、_____、_____、_____等。

第二章 曲线绘制与线架造型

对于计算机辅助制造软件来说,需要先有加工工件的几何模型,然后才能铺设用于加工的刀路轨迹。几何模型的来源主要有两种,一种是由 CAM 软件附带的 CAD 部分直接建立,另一种是由外部文件转入。对于转入的外部文件,很可能出现图线散乱或在曲面接合位置产生破损,这些修补工作就只能由 CAM 软件来完成,而对于直接在 CAM 软件中建立起来的模型则不需要转换文件,并且可以结合不同的模型构建方式产生独特的刀路轨迹。因此,CAM 软件大多附带完整的几何模型建构模块。

CAXA 制造工程师提供了线架、曲面、实体三种方式用于建立几何模型,而无论哪一种造型方法,都是在曲线的基础上构建的,曲线在造型中的应用非常广泛。本章的主要内容是如何绘制平面曲线、空间曲线以及使用曲线生成线架造型。

第一节 基 本 概 念

一、当前平面

当前平面是指当前的作图平面,是当前坐标系下的坐标平面,即 XY 面、YZ 面、XZ 面中的某一个,通过 F5 、 F6 、 F7 三个功能键进行选择。系统会在确定作图平面的同时,调整视向,使用户面向该坐标平面。也可以通过 F9 键,在三坐标平面间切换当前平面。

系统使用连接两坐标轴正向的斜线标示当前平面,如图 2-1 所示。

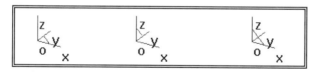

图 2-1 当前坐标平面的标示

二、光标反馈

1. 导航反馈

在绘制各种曲线时,系统通过不同的光标显示,提示用户所要绘制的曲线类型。系统提供的导航反馈信息有以下几种:

当光标显示为 ▷ 时,绘制直线;

当光标显示为 ▷ 时,绘制圆弧;

当光标显示为 ▷ 时,绘制圆;

当光标显示为 ▷ 时,绘制样条曲线;

当光标显示为 ▷ 时,绘制矩形;

当光标显示为 ▷ 时,绘制点;

当光标显示为 ▷ 时,绘制等距线;

当光标显示为 ▶ 时，进行曲线投影；
当光标显示为 ▶ 时，绘制相关线；
当光标显示为 ▶ 时，输入文字；
当光标显示为 ▶ 时，进行尺寸标注。

2. 拾取反馈

在实体、曲面或曲线上进行"点"、"线"、"面"拾取的时候，系统通过不同的光标显示，提示用户当前所捕捉到的图形对象的类型。此时，单击鼠标左键即可拾取到光标所提示类型的图形对象，CAXA 制造工程师所提供的拾取反馈信息包括以下几种：

当光标显示为 ▶ 时，拾取到实体的一个"曲面"；
当光标显示为 ▶ 时，拾取到实体的一个"平面"；
当光标显示为 ▶ 时，拾取到实体的一条"棱边"；
当光标显示为 ▶ 时，拾取到实体的一个"顶点"；
当光标显示为 ▶ 时，拾取到坐标系原点；
当光标显示为 ▶ 时，拾取到直线；
当光标显示为 ▶ 时，拾取到圆及圆弧；
当光标显示为 ▶ 时，拾取到各种样条曲线；
当光标显示为 ▶ 时，拾取到点；
当光标显示为 ▶ 时，拾取到标注尺寸。

三、点的输入方法

1. 键盘输入

（1）功能　输入已知坐标的点。

（2）操作　操作方法有以下两种。

方法一　按下 `Enter` 键，系统在屏幕中心位置弹出数据输入框，通过键盘输入点的坐标值，系统将在输入框内显示输入的内容；再次按下 `Enter` 键，完成点的输入。

方法二　利用键盘直接输入点的坐标值，系统在屏幕中心位置弹出数据输入框，并显示输入内容，输入完成后，按下 `Enter` 键，完成点的输入。

注意：利用方法二输入时，虽然省去了按下 `Enter` 键的操作，但当使用省略方式输入数据的第一位时，该方法无效。

（3）说明　在 CAXA 制造工程师中，坐标的表达方式有以下三种。

① 用"绝对坐标"表达　表达方式包括完全表达和不完全表达两种。

● 完全表达　即将 X、Y、Z 三个坐标全部表示出来，数字间用逗号分开。例如，"30，50，40"代表坐标 X=30、Y=50、Z=40 的点。

● 不完全表达　即 X、Y、Z 三个坐标省略方式，当其中一个坐标值为零时，该坐标可省略，其间用逗号隔开即可。例如，坐标"40，0，0"可以表示为"40"；坐标"30，0，40"可以表示为"30，，40"；坐标"0，0，40"可以表示为"，，40"。

② 用"相对坐标"表达　相对坐标输入需要在坐标数据前加符号@。该符号的含义为：后面的坐标值是相对于当前点的坐标。同样，采用相对坐标的输入方式，也可使用完全表达和不完全表达两种方法。

③ 用"函数表达式"表达　将表达式的计算结果，作为点的坐标值输入。如输入坐标

"100/2，30*2，140*sin(30)"，等同于计算后的坐标值"50，60，70"。

【例1】 绘制如图2-2所示的封闭折线图形。

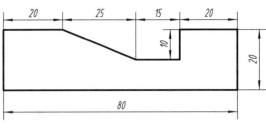

图2-2 封闭折线图形

（1）单击曲线工具栏的"直线"按钮 ╱。

（2）在立即菜单中依次设置选项"两点线"、"连续"和"非正交"。

（3）采用绝对坐标的完全表达方式输入第一点；按下 Enter 键，此时，屏幕中心出现数据输入框 ☐，使用键盘输入第一点坐标"0，0，0"，再次单击 Enter 键。

（4）采用绝对坐标的不完全表达方式输入第二点；单击 Enter 键，输入"80"，单击 Enter 键。

（5）采用相对坐标的不完整方式直接输入其他点：

@0，20↙ （↙表示回车）

@-20↙

@，-10↙

@-15↙

@-25，10↙

@-20↙

（6）采用绝对坐标的不完全表达方式输入最后一点"0"，完成绘制。

2．鼠标输入

（1）功能 用于捕捉图形对象的特征值点。

（2）操作 操作方法有以下两种。

● 使用点工具菜单 当需要输入特征值点时，按 Space 键，弹出如图2-3所示的点工具菜单，选择合适的选项后，即可使用鼠标捕捉该类型的特征值点。

● 使用快捷键 当需要输入特征值点时，单击特征值点的快捷键，用鼠标捕捉该特征值点，即可完成点的输入。

（3）说明 如果不希望每次都按空格键弹出点工具菜单，可以使用快捷键输入。建议使用该种方法输入点，可有效地提高作图效率。

图2-3 点工具菜单

四、工具菜单

工具菜单是将操作过程中频繁使用的命令选项分类组合在一起而形成的菜单。工具菜单包括点工具菜单、矢量工具菜单、选择集拾取工具菜单和串连拾取工具菜单四种。

1．点工具菜单

CAXA制造工程师提供了多种工具点类型，在进行点的捕捉操作时，用户可通过点工具菜单（见图2-3）来改变拾取的类型。工具点的类型包括如下几种。

● 缺省点（Sketch point） 系统默认的点捕捉状态。它能自动捕捉直线、圆弧、圆、样条线的端点；直线、圆弧、圆的中点；实体特征的角点。快捷键为 S。

● 中点（Mid point） 可捕捉直线、圆弧、圆、样条曲线的中点。快捷键为 M。

- 端点（<u>E</u>nd point） 可捕捉直线、圆弧、圆、样条曲线的端点。快捷键为 E 。
- 交点（<u>I</u>ntersection） 可捕捉任意两曲线的交点。快捷键为 I 。
- 圆心（<u>C</u>enter point） 可捕捉圆、圆弧的圆心点。快捷键为 C 。
- 垂足点（<u>P</u>erpendicular） 曲线的垂足点。快捷键为 P。
- 切点（<u>T</u>angent point） 可捕捉直线、圆弧、圆、样条曲线的切点。快捷键为 T 。
- 最近点（<u>N</u>ear point） 可捕捉到光标覆盖范围内，最近曲线上距离最短的点。快捷键为 N 。
- 型值点（<u>K</u>not point） 可捕捉曲线的控制点。包括直线的端点和中点；圆、椭圆的端点、中点、象限点（四分点）；圆弧的端点、中点；样条曲线的型值点。快捷键为 K 。
- 刀位点（<u>O</u>peration point） 刀具轨迹的位置点。快捷键为 O 。
- 存在点（Existin<u>g</u> point） 用曲线生成中的点工具生成的独立存在的点。快捷键为 G 。

2. 矢量工具菜单

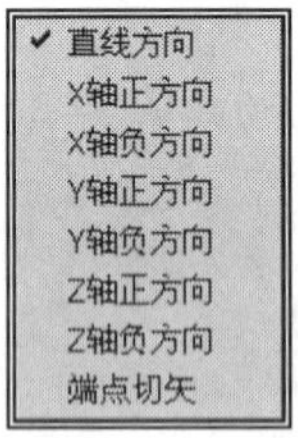

矢量工具主要是用在方向选择上。当交互操作处于方向选择状态时，用户可通过矢量工具菜单（见图2-4）来改变拾取的类型。

矢量工具包括直线方向、X轴正方向、X轴负方向、Y轴正方向、Y轴负方向、Z轴正方向、Z轴负方向、端点切矢（矢量沿过曲线端点且与曲线相切的方向）八种类型。

图2-4 矢量工具菜单

3. 选择集拾取工具菜单

拾取图形元素（点、线、面）的目的就是根据作图的需要在已经完成的图形中，选取作图所需的某个或某几个图形元素。

选择集拾取工具是用来方便地拾取需要元素的工具。拾取元素的操作是经常要用到的操作，应当熟练地掌握它。

已选中的元素集合，称为选择集。当交互操作处于拾取状态时，用户可通过选择集拾取工具菜单（见图2-5）来改变拾取的特征。

- 拾取所有 拾取画面上所有的图形元素。但不包含实体特征、拾取设置中被过滤掉的元素和被关闭图层中的元素。
- 拾取添加 将拾取到的图形元素添加到选择集中。
- 取消所有 取消所有被拾取到的图形元素，即将选择集设为空集。
- 拾取取消 将拾取到的图形元素从选择集中取消。
- 取消尾项 取消最后一次拾取操作所拾取到的图形元素。

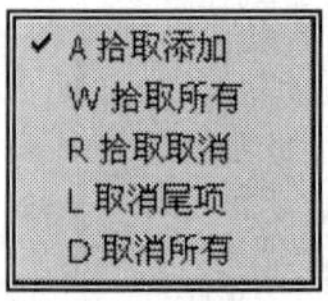

图2-5 选择集拾取工具菜单

上述几种拾取元素的操作，都是通过鼠标来完成的，使用鼠标拾取元素有如下两种方法。

（1）单选 将光标对准待选择的某个元素，待出现光标提示后，按下左键，即可完成拾取操作。被拾取的元素以红色加亮显示。

（2）多选 单击鼠标左键，拖动光标，系统以动态显示的矩形框显示所选择的范围，再次单击鼠标左键，矩形框内的图形元素均被选中。需要注意的是：从左向右框选元素时，只有完全落在矩形框内的元素才能被拾取；从右向左框选元素时，只要图形元素有部分落在矩形框内，该元素即被拾取。两种框选方法的区别如图2-6、图2-7所示。

提示：在使用框选方法拾取元素时，可多次进行框选对象操作，直到点击鼠标右键确认为止。

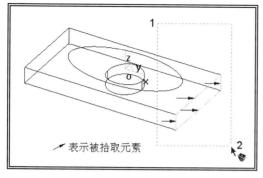
图 2-6　从左向右框选拾取

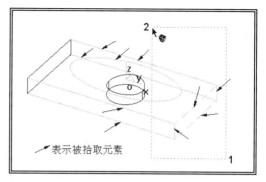
图 2-7　从右向左框选拾取

4. 串连拾取工具菜单

串连拾取工具用于选取一组串连在一起的全部或部分图线。用户可通过串连拾取工具菜单（见图 2-8）来改变曲线串连的方式。

串连拾取工具包括链拾取、限制链拾取和单个拾取三种方式。

图 2-8　串连拾取工具菜单

● 链拾取　选取所有串连在一起的所有图线。使用鼠标拾取图线中的任一曲线即可将所有的串连图线选中。如图 2-9 所示。

● 限制链拾取　选取串连在一起的部分图线。使用鼠标拾取串连图线中的第一个和最后一个对象即可选中需要的部分串连图线。如图 2-10 所示。

● 单个拾取　选择需要拾取的单个图线。如图 2-11 所示。

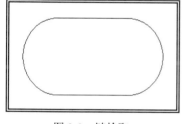
图 2-9　链拾取

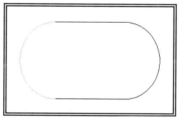
图 2-10　限制链拾取

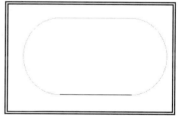
图 2-11　单个拾取

5. 关于工具菜单的补充说明

（1）系统当前的工具状态，请注意观察工具状态提示栏。

（2）在需要进行工具类型选择时，单击 Space 键，即可弹出工具菜单。

（3）拾取工具的"锁定"和"回复"功能，在"系统设置"对话框的"参数设置"选项页中，参见图 1-19。当选项设置为"锁定"时，使用一次工具类型后，系统将保持在下一次的捕捉操作时，也使用同样的类型设置。当选项设置为"回复"时，使用一次工具类型后，系统将不再保留上一次的捕捉方式，而回复到原来的默认工具类型的捕捉方式。

第二节　曲　线　生　成

一、直线

直线是构成图形的基本要素之一。CAXA 制造工程师提供了六种直线的绘制方法。

单击"直线"按钮，或单击【造型】→【曲线生成】→【直线】命令，在立即菜单中选择画线方式，根据状态栏提示，绘制直线。

（一）两点线

1. 功能

按给定两点绘制一条或多条连续直线。

2. 操作

（1）单击"直线"按钮，在立即菜单（见图 2-12）中选择"两点线"。

（2）设置两点线的绘制参数。

（3）按状态栏提示，给出（键盘输入或拾取）第一点和第二点，生成两点线。

3. 参数

- 连续　每段直线相互连接，前一段直线的终点为下一段直线的起点。
- 单个　每次绘制的直线相互独立，互不相关。
- 正交　所画直线与坐标轴平行。
- 非正交　可以画任意方向的直线，包括正交的直线。
- 点方式　指定两点，画出正交直线。
- 长度方式　指定长度和点，画出正交直线。

（二）平行线

1. 功能

按给定距离或通过给定的已知点，绘制与已知线段平行、且长度相等的平行线段。

2. 操作

（1）单击"直线"按钮，在立即菜单（见图 2-13）中选择"平行线"。

（2）若为距离方式，输入距离值和直线条数，按状态栏提示拾取直线，给出等距方向，生成已知直线的平行线。

图 2-12　两点线立即菜单

图 2-13　平行线立即菜单

图 2-14　角度线立即菜单

（3）若为点方式，按状态栏提示拾取点，生成过指定点的已知直线的平行线。

（三）角度线

1. 功能

生成与坐标轴或一条直线成一定夹角的直线。

2. 操作

（1）单击"直线"按钮，在立即菜单（见图 2-14）中选择"角度线"。

（2）设置夹角类型和角度值，按状态栏提示，给出第一点，给出第二点或输入角度线长度，生成角度线。

3. 参数

- 夹角类型　包括与 X 轴夹角、与 Y 轴夹角、与直线夹角。

● 角度　与所选方向夹角的大小。X 轴正向到 Y 轴正向的成角方向为正值。

4．说明

当前平面为 XY 面时，选项中 X 轴表示坐标系的 X 轴、选项中 Y 轴表示坐标系的 Y 轴。
当前平面为 YZ 面时，选项中 X 轴表示坐标系的 Y 轴、选项中 Y 轴表示坐标系的 Z 轴。
当前平面为 XZ 面时，选项中 X 轴表示坐标系的 X 轴、选项中 Y 轴表示坐标系的 Z 轴。

（四）切线/法线

1．功能

过给定点作已知曲线的切线或法线。

2．操作

（1）单击"直线"按钮 ∕，在立即菜单（见图 2-15）中选择"切线/法线"。

（2）选择切线或法线，给出长度值。

（3）拾取曲线，输入直线中点，生成指定长度的切线或法线。

（五）角等分线

1．功能

生成给定长度的角等分线。

2．操作

（1）单击"直线"按钮 ∕，在立即菜单（见图 2-16）中选择"角等分线"，输入等分份数和长度值。

图 2-15　切线/法线立即菜单　　图 2-16　角等分线立即菜单　　图 2-17　水平/铅垂线立即菜单

（2）拾取第一条直线和第二条直线，生成等分线。

（六）水平/铅垂线

1．功能

生成平行或垂直于当前平面坐标轴的给定长度的直线。

2．操作

（1）单击"直线"按钮 ∕，在立即菜单（见图 2-17）中选择"水平/铅垂线"，设置正交线类型（包括水平、铅垂、水平＋铅垂三种类型），给出长度值。

（2）输入直线中点，生成指定长度的水平/铅垂线。

二、矩形

矩形是平面图形中的常见图形，CAXA 制造工程师提供了两种绘制矩形的方法。

单击"矩形"按钮 ▭，或单击【造型】→【曲线生成】→【矩形】命令，在立即菜单中选择矩形方式，根据状态栏提示，绘制矩形。

（一）"两点"矩形

1．功能

图 2-18 两点矩形立即菜单

给定矩形对角线上两点绘制矩形。

2. 操作

（1）单击"矩形"按钮口，在立即菜单（见图 2-18）中选择"两点矩形"。

（2）给出起点和终点，移动光标至绘图区中，选择矩形中心的放置位置，生成矩形。

（二）"中心_长_宽"矩形

1. 功能

给定矩形的长度和宽度尺寸值绘制矩形。

2. 操作

（1）单击"矩形"按钮口，在立即菜单中（见图 2-19）选择"中心_长_宽"。

（2）给出矩形中心，生成矩形。

图 2-19 中心_长_宽矩形立即菜单

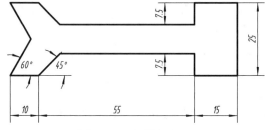

图 2-20 平面图形

【例 2】 绘制如图 2-20 所示的平面图形。

绘图步骤如下。

（1）单击"矩形"按钮口，在立即菜单中选择"中心_长_宽"绘制方式。

（2）单击"长度"输入框，选中该数值，使用键盘输入"80"（以下简称"键入"），单击 Enter 键或点击鼠标右键结束输入；采用同样方法，设置宽度值为 25，移动光标至坐标原点，待出现光标提示后，单击鼠标左键，结果如图 2-21 所示。

（3）在立即菜单中切换绘线方式为平行线，设置距离为 7.5，条数为 1，依状态栏提示拾取顶部直线，出现如图 2-22 所示的双向箭头。选择向下箭头为等距方向，生成平行线。

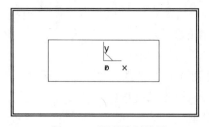

图 2-21 矩形绘制结果

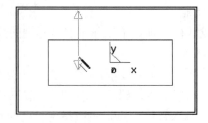

图 2-22 等距方向的选择

（4）采用同样方法，生成与左侧直线距离为 10 的平行线，生成与右侧直线距离为 15 的平行线，如图 2-23 所示。

（5）在立即菜单中切换绘线方式为角度线，设置夹角类型为"X 轴夹角"、"角度：45"，拾取点 A，绘制 45°角度线；切换夹角类型为"Y 轴夹角"，拾取点 B，绘制 135°角度线；同样方法，生成两条 60°角度线，如图 2-24 所示。点击鼠标右键，退出直线绘制命令。

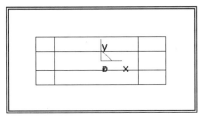
图 2-23 生成平行线

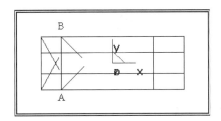
图 2-24 绘制角度线

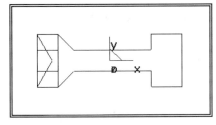
图 2-25 裁剪曲线

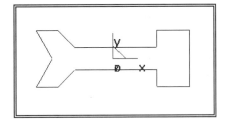
图 2-26 完成后的平面图形

(6)单击"曲线裁剪"按钮，确认立即菜单中裁剪类型为"快速裁剪"。在绘图区中拾取需裁剪的部分，裁剪结果如图 2-25 所示。

(7)单击"删除"按钮，拾取所有辅助线，点击鼠标右键确认。如一次操作未能删除全部辅助线，点击鼠标右键，重复使用"删除"命令，完成的图形如图 2-26 所示。

三、圆

圆是图形构成的基本要素之一。CAXA 制造工程师提供了三种绘制圆的方法。

单击"圆"按钮，或单击【造型】→【曲线生成】→【圆】命令，在立即菜单中选择画圆方式，根据状态栏提示，绘制整圆。

(一)"圆心_半径"画圆

1. 功能

绘制已知圆心和半径的圆。

2. 操作

(1)单击"圆"按钮，在立即菜单（见图 2-27）中选择"圆心_半径"。

(2)给出圆心点，输入圆上一点或圆的半径，生成整圆。

(二)"三点"画圆

1. 功能

过已知三点画圆。

2. 操作

(1)单击"圆"按钮，在立即菜单（见图 2-28）中选择"三点"。

(2)给出第一点、第二点、第三点，生成整圆。

(三)"两点_半径"画圆

1. 功能

绘制已知圆上两点和半径的圆。

2. 操作

(1)单击"圆"按钮，在立即菜单（见图 2-29）中选择"两点_半径"。

图 2-27　圆心_半径圆立即菜单　　图 2-28　三点圆立即菜单　　图 2-29　两点_半径圆立即菜单

（2）给出圆上第一点、第二点、三个点或半径，生成整圆。

四、圆弧

圆弧是图形构成的基本要素，CAXA 制造工程师提供了六种圆弧的绘制方法。

单击"圆弧"按钮 ，或单击【造型】→【曲线生成】→【圆弧】命令，在立即菜单中选择画圆弧方式，根据状态栏提示，绘制圆弧。

（一）"三点圆弧"画圆弧

1. 功能

过已知三点画圆弧，其中第一点为起点、第三点为终点，第二点决定圆弧的位置和方向。

2. 操作

（1）单击"圆弧"按钮 ，在立即菜单（见图 2-30）中选择"三点圆弧"。

（2）给定第一点、第二点和第三点，生成圆弧。

（二）"圆心_起点_圆心角"画圆弧

1. 功能

绘制已知圆心、起点及圆心角或终点的圆弧。

2. 操作

（1）单击"圆弧"按钮 ，在立即菜单（见图 2-31）中选择"圆心_起点_圆心角"。

（2）给定圆心、起点，给出圆心和弧终点所确定射线上的点，生成圆弧。

（三）"圆心_半径_起终角"画圆弧

1. 功能

由圆心、半径和起终角画圆弧。

2. 操作

（1）单击"圆弧"按钮 ，在立即菜单（见图 2-32）中选择"圆心_半径_起终角"。

（2）给定起始角和终止角的数值。

（3）给定圆心，输入圆上一点或半径，生成圆弧。

图 2-30　三点圆弧立　　　图 2-31　圆心_起点_圆心　　　图 2-32　圆心_半径_起终
　　　　　即菜单　　　　　　　　　　角立即菜单　　　　　　　　　　角立即菜单

（四）"两点_半径"画圆弧

1. 功能

过已知两点，按给定半径画圆弧。

2. 操作

（1）单击"圆弧"按钮 ，在立即菜单（见图 2-33）中选择"两点_半径"。

图 2-33　两点_半径　　　图 2-34　起点_半径_圆心角　　　图 2-35　起点_半径_起终角
　　　立即菜单　　　　　　　　　立即菜单　　　　　　　　　　　立即菜单

（2）给定第一点，第二点，第三点或半径，绘制圆弧。

（五）"起点_终点_圆心角"画圆弧

1. 功能

已知起点、终点和圆心角画圆弧。

2. 操作

（1）单击"圆弧"按钮，在立即菜单（见图 2-34）中选择"起点_半径_圆心角"。

（2）给定起点和终点，生成圆弧。

（六）"起点_半径_起终角"画圆弧

1. 功能

由起点、半径和起终角画圆弧。

2. 操作

（1）单击"圆弧"按钮，在立即菜单（见图 2-35）中选择"起点_半径_起终角"。

（2）给定起点和半径，生成圆弧。

【例 3】　绘制如图 2-36 所示的圆弧连接图形（中心线不必画出）。

绘图步骤如下。

（1）绘制直径 φ80 大圆。单击"圆"按钮，在立即菜单中选择"圆心_半径"方式，移动光标至坐标原点，当光标显示为 时，表示系统捕捉到坐标原点，单击鼠标左键，根据状态栏提示，键入半径 40。

（2）绘制 φ50 小圆。点击鼠标右键，将画圆命令回退一步，键入圆心坐标"100"，输入半径 25，生成小圆，绘制结果如图 2-37 所示。

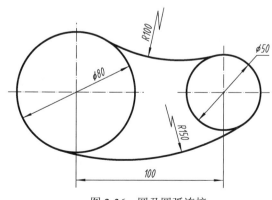   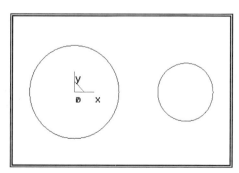

图 2-36　圆及圆弧连接　　　　　　　图 2-37　绘制圆

（3）绘制 $R100$ 圆弧。单击"圆弧"按钮，在立即菜单中选择"两点_半径"，单击 Space 键，选择"T切点"或直接按 T 键，移动光标至大圆的 P1 点处，当光标显示为 时，表示捕捉到圆，单击鼠标左键，拾取切点 1，用同样方法，在小圆的 P2 点处单击左键，拾取切点 2，拖动光标，待出现如图 2-38 所示的预显圆弧时，键入圆弧半径 100，生成相切圆弧。

提示：① 圆弧的相切方式与所选切点的位置相关。② 绘制曲线时，需注意查看工具状态栏，以确认点工具状态是否正确。

（4）点击鼠标右键，返回圆弧绘制命令。

（5）生成 $R150$ 圆弧。与步骤（3）方法相同，生成相切圆弧，完成圆弧连接图形的绘制，如图 2-39 所示。

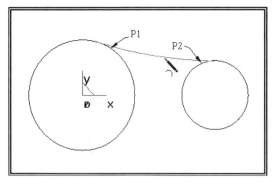
图 2-38　绘制相切圆弧

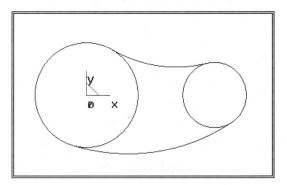
图 2-39　完成后的图形

五、点

在绘制图形过程中，经常需要绘制辅助点，以帮助曲线、特征、加工轨迹等定位。CAXA 制造工程师提供了多种点的绘制方式。

直接单击"点"按钮，或单击【造型】→【曲线生成】→【点】命令，在立即菜单中选择画点方式，根据状态栏提示绘制点。

（一）单个点

1. 功能

生成孤立点，即所绘制的点不是已有曲线上的特征值点，而是独立存在的点。

2. 参数

● 工具点　利用点工具菜单生成单个点。

● 曲线投影交点　对于两条不相交的空间曲线，如果它们在当前平面的投影有交点，则生成该投影交点。

● 曲面上投影点　对于一个给定位置的点，通过矢量工具菜单给定一个投影方向，可以在一张曲面上得到一个投影点。

● 曲线、曲面交点　可以求一条曲线和一个曲面的交点。

3. 操作

（1）单击"点"按钮，在立即菜单（见图 2-40）中选择"单个点"及其方式。

（2）按状态栏提示操作，绘制孤立点。

4. 说明

图 2-40 单个点立即菜单

图 2-41 批量点立即菜单

不能利用切点和垂足点生成单个点。

（二）批量点

1．功能

生成多个等分点、等距点或等角度点。

2．操作

（1）单击"点"按钮，在立即菜单（见图 2-41）中选择"批量点"及其方式，输入数值。

（2）按状态栏提示操作，生成点。

六、椭圆

1．功能

按给定参数绘制椭圆或椭圆弧。

2．参数

- 长半轴　椭圆的长半轴尺寸值。
- 短半轴　椭圆的短半轴尺寸值。
- 旋转角　椭圆的长轴与默认起始基准间夹角。
- 起始角　画椭圆弧时起始位置与默认起始基准所夹的角度。
- 终止角　画椭圆弧时终止位置与默认起始基准所夹的角度。

3．操作

（1）单击"椭圆"按钮，在立即菜单（见图 2-42）中设置参数。

（2）使用鼠标捕捉或使用键盘输入椭圆中心，生成椭圆或椭圆弧。

图 2-42 椭圆立即菜单

七、样条曲线

生成过给定顶点（样条插值点）的样条曲线。CAXA 制造工程师提供了逼近和插值两种方式生成样条曲线。

采用逼近方式生成的样条曲线有比较少的控制顶点，并且曲线品质比较好，适用于数据点比较多的情况；采用插值方式生成的样条曲线，可以控制生成样条的端点切矢，使其满足一定的相切条件，也可以生成一条封闭的样条曲线。两种样条线的区别如图 2-43 所示。

单击"样条线"按钮，或单击【造型】→【曲线生成】→【样条】命令，在立即菜单中选择样条线生成方式，根据状态栏提示进行操作，生成样条线。

（一）逼近

1．功能

顺序输入一系列点，系统根据给定的精度生成拟合这些点的光滑样条曲线。

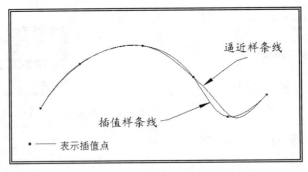

图 2-43 两种样条线的比较

2. 参数
- 逼近精度 样条与输入数据点之间的最大偏差值。

3. 操作

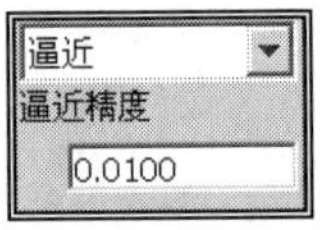

（1）单击"样条线"按钮，在立即菜单（见图 2-44）中选择"逼近"方式，设置逼近精度。

（2）拾取多个点，点击鼠标右键确认，样条曲线生成。

图 2-44 逼近样条立即菜单

（二）插值

1. 功能

顺序通过数据点，生成一条光滑的样条曲线。

2. 操作

（1）单击"样条线"按钮，在立即菜单（见图 2-45）中选择"插值"方式，缺省切矢或给定切矢、开曲线或闭曲线，按顺序输入一系列点。

（2）若选择缺省切矢，拾取多个点，点击鼠标右键确认，生成样条曲线。

（3）若选择给定切矢，拾取多个点，点击鼠标右键确认，根据状态栏提示，给定终点切矢和起点切矢，生成样条曲线。

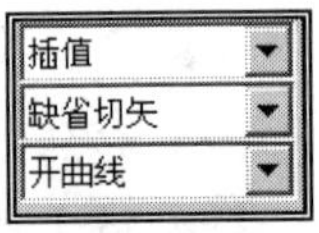

图 2-45 插值样条立即菜单

3. 参数
- 缺省切矢 按照系统默认的切矢绘制样条线。
- 给定切矢 按照需要给定切矢方向绘制样条线。
- 闭曲线 是指首尾相接的样条线。
- 开曲线 是指首尾不相接的样条线。

八、公式曲线

公式曲线是根据数学表达式或参数表达式所绘制的数学曲线。

公式曲线是 CAXA 制造工程师所提供的曲线绘制方式，利用它可以方便地绘制出形状复杂的样条曲线。同时，为用户提供了一种更方便、更精确的作图手段，以适应某些精确型腔轨迹线形的设计。

1. 功能

根据数学表达式或参数表达式绘制样条曲线。

2. 操作

（1）单击"公式曲线"按钮，或单击【造型】→【曲线生成】→【公式曲线】命令，系统弹出"公式曲线"对话框，如图 2-46 所示。

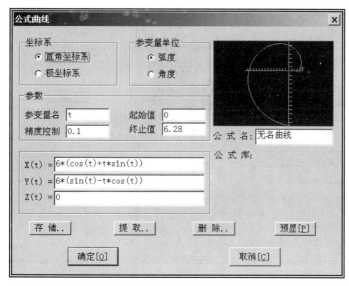

图 2-46 "公式曲线"对话框

（2）选择坐标系和参变量单位类型，给出参数及参数方程，单击 确定[Q] 按钮。

（3）在绘图区中给出公式曲线定位点，生成公式曲线。

3．说明

（1）表达式中的函数表达方式与 C 语言的函数格式相同，所有函数的参数须用圆括号括起来。

（2）公式曲线可用的数学函数包括以下一些。

可用的三角函数包括 sin、cos、tan 三种。参数单位采用角度，例如 sin(30)=0.5，cos(45)=0.707。

可用的反三角函数包括 asin、acos、atan 三种。函数返回值单位为角度，例如 acos(0.5)=60，atan(1)=45。

可用的双曲函数包括 sinh、cosh 两种。

sqrt(*t*) 表示 *t* 的平方根，例如，sqrt(25)=5。

exp(*t*) 表示 e 的 *t* 次方，例如，exp(2)=7.38。

log(*t*) 表示自然对数 ln(*t*)。log10(*t*) 表示以 10 为底的对数。

幂次用"^"表示，例如，*t*^3 表示 *t* 的 3 次方。

求余运算用"%"表示，例如，18%5=3，3 为 18 除以 5 后的余数。

【例 4】 绘制直径为 40、螺距为 10、圈数为 4 的螺旋线和直径为 60、螺距为 12、圈数为 6 的螺旋线。

绘制螺旋线有以下两种方法。

1．采用极坐标绘制螺旋线

（1）单击"公式曲线"按钮 f(x)，系统弹出"公式曲线"对话框，如图 2-47 所示填写参数，其中，20 为螺旋线半径，10 为螺距、1440 为圈数 4 对应的角度值。填写完成后，单击 确定[Q] 按钮。

（2）在绘图区中拾取坐标原点为曲线定位点，单击鼠标左键，生成螺旋线。单击 F8 键，以轴测方式显示螺旋线，如图 2-48 所示。

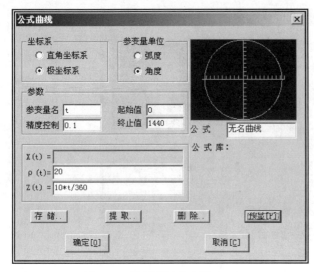
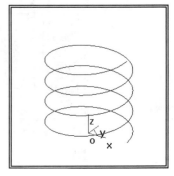

图 2-47 填写螺旋线参数（一）　　　　　图 2-48 生成的螺旋线（一）

2. 采用直角坐标绘制螺旋线

（1）单击"公式曲线"按钮 f(x)，系统弹出"公式曲线"对话框，如图 2-49 所示填写参数，单击 确定(O) 按钮。

（2）在绘图区中拾取坐标原点为曲线定位点，单击鼠标左键，生成螺旋线。单击 F8 键，以轴测方式显示螺旋线，如图 2-50 所示。

3. 存储公式曲线

在"公式曲线"对话框中将公式名改为"螺旋线"，单击 存储.. 按钮，将当前曲线公式存储在系统中，如图 2-51 所示。

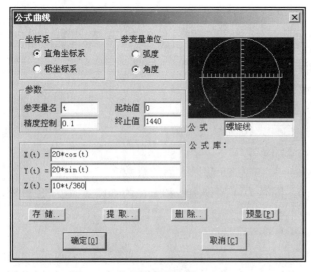
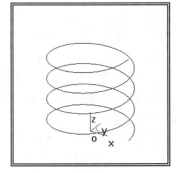

图 2-49 填写螺旋线参数（二）　　　　　图 2-50 生成的螺旋线（二）

4. 绘制螺旋线

（1）单击"公式曲线"按钮 f(x)，系统弹出"公式曲线"对话框，单击 提取.. 按钮，在"公式曲线"对话框右侧显示公式库，选择"螺旋线"项，在参数表达式中会出现该曲线公式，如图 2-52 所示。

48

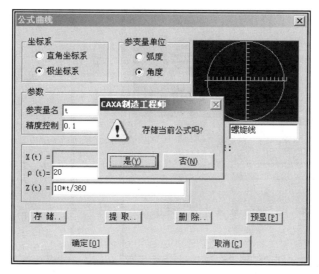

图 2-51 存储公式

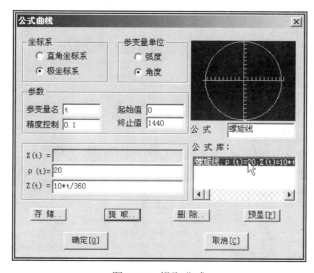

图 2-52 提取公式

(2) 在对话框中修改相应参数（见图 2-53），单击 确定(Q) 按钮。
(3) 在绘图区中输入一点作为曲线定位点，生成螺旋线，如图 2-54 所示。

九、正多边形

在给定点处绘制一个给定半径、给定边数的正多边形。其定位方式由菜单及操作提示给出。

单击"正多边形"按钮 ，或单击【造型】→【曲线生成】→【多边形】命令，在立即菜单中选择绘制方式，根据状态栏提示操作，绘制正多边形。

（一）边

1. 功能

根据输入边数绘制正多边形。

2. 操作

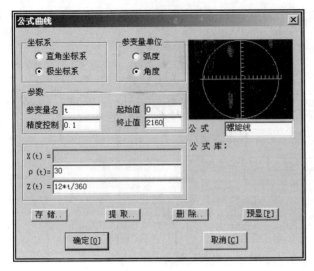
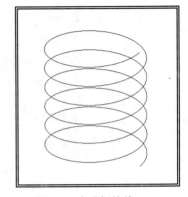

图 2-53 修改参数　　　　　　　　图 2-54 生成螺旋线

(1) 单击"正多边形"按钮⊙，在立即菜单（见图 2-55）中选择多边形类型为"边"，输入边数。

(2) 输入边的起点和终点，生成正多边形。

（二）中心

1. 功能

图 2-55 正多
边形立即菜单

以输入点为中心，绘制内切或外接多边形。

2. 操作

(1) 单击"正多边形"按钮⊙，在立即菜单（见图 2-56）中选择多边形类型为"中心"，内接或外接，输入边数。

(2) 输入中心和边终点，生成正多边形。

十、二次曲线

根据给定的方式绘制二次曲线。

图 2-56 中心
多边形立
即菜单

单击"二次曲线"按钮⊔，或单击【造型】→【曲线生成】→【二次曲线】命令，按状态栏提示操作，生成二次曲线。

（一）定点

1. 功能

给定起点、终点和方向点，再给定肩点，生成二次曲线。

2. 操作

(1) 单击"二次曲线"按钮⊔，在立即菜单（见图 2-57）中选择"定点"方式。

(2) 给定二次曲线的起点 A、终点 B 和方向点 C，出现可用光标拖动的二次曲线。给定肩点，生成与直线 AC、BC 相切，并通过肩点的二次曲线，如图 2-58 所示。

（二）比例

1. 功能

给定比例因子，起点、终点和方向点，生成二次曲线。

2. 操作

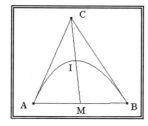

图 2-57　二次曲线立即菜单　　　　图 2-58　二次曲线示例　　　　图 2-59　二次曲线立即菜单

（1）单击"二次曲线"按钮，在立即菜单（见图 2-59）中选择"比例"方式，输入比例因子的值。

（2）给定起点 A、终点 B 和方向点 C，生成与直线 AC、BC 相切、比例因子=MI/MC（M 为直线 AB 中点）的二次曲线，如图 2-58 所示。

十一、等距线

绘制给定曲线的等距线。

单击"等距线"按钮，或单击【造型】→【曲线生成】→【等距线】命令，选择等距方式，根据状态栏提示，生成等距线。

（一）组合曲线

1. 功能

按照给定的距离作组合曲线的等距线。

2. 操作

（1）单击"等距线"按钮，在立即菜单（见图 2-60）中选择"组合曲线"项，输入距离。

图 2-60　组合曲线等距菜单

（2）单击 Space 键，选择串连拾取方式，拾取曲线，给出搜索方向和等距方向，生成等距线。

（二）单根曲线

1. 等距

（1）功能　按照给定的距离作单个曲线的等距线。

（2）操作

① 单击"等距线"按钮，在立即菜单（见图 2-61）中选择"等距"，输入距离。

图 2-61　单根曲线等距菜单

② 拾取曲线，给出等距方向，生成等距线。

2. 变等距

（1）功能　按照给定的起始和终止距离，作沿给定方向变化距离的曲线的变等距线。

（2）操作

① 单击"等距线"按钮，在立即菜单（见图 2-62）中选择"变等距"，输入起始距离、终止距离。

② 拾取曲线，给出等距方向和距离变化方向（从小到大），生成变等距线。

十二、相关线

绘制曲面或实体的交线、边界线、参数线、法线、投影线和实体边界。

(1) 单击"相关线"按钮，或单击【造型】→【曲线生成】→【相关线】命令。
(2) 选取画相关线方式，根据提示，完成操作。

（一）曲面交线

1. 功能

生成两曲面的交线。

2. 操作

(1) 单击"相关线"按钮，在立即菜单（见图2-63）中选择曲面交线。
(2) 拾取第一张曲面和第二张曲面，生成曲面交线。

图 2-62　单根曲线变等距菜单　　图 2-63　曲面交线立即菜单　　图 2-64　曲面边界线立即菜单

（二）曲面边界线

1. 功能

生成曲面的外边界线或内边界线。

2. 操作

(1) 单击"相关线"按钮，在立即菜单（见图2-64）中选择曲面边界线（单根或全部）。
(2) 拾取曲面，生成曲面边界线。

（三）曲面参数线

1. 功能

生成曲面的 U 向或 W 向的参数线。立即菜单如图 2-65 所示。

图 2-65　曲面参数线立即菜单

2. 操作

(1) 单击"相关线"按钮，在立即菜单中选择曲面参数线，指定参数线（过点或多条曲线）、等 W 参数线（等 U 参数线）。
(2) 按状态栏提示操作，生成曲面参数线。

（四）曲面法线

1. 功能

生成曲面指定点处的法线。

2. 操作

(1) 单击"相关线"按钮，在立即菜单（见图2-66）中选择"曲面法线"，输入长度值。

（2）拾取曲面和点，生成曲面法线。

（五）曲面投影线

1．功能

生成曲线在曲面上的投影线。

2．操作

（1）单击"相关线"按钮，在立即菜单（见图2-67）中选择"曲面投影线"项。

（2）拾取曲面，给出投影方向，拾取曲线，生成曲面投影线。

图2-66　曲面法线立即菜单　　图2-67　曲面投影线立即菜单　　图2-68　实体边界立即菜单

（六）实体边界

1．功能

生成已有实体的边界线。

2．操作

（1）单击"相关线"按钮，在立即菜单（见图2-68）中选择"实体边界"项。

（2）拾取实体边界，生成实体边界曲线。

十三、文字

1．功能

在当前平面或其平行平面上绘制文字形状的图线。

2．操作

（1）直接单击"文字"按钮，或单击【造型】→【文字】命令。

（2）指定文字输入点，弹出"文字输入"对话框，如图2-69所示。

（3）单击 设置(S)... 按钮，弹出"字体设置"对话框，如图2-70所示。修改设置，单击 确定 按钮，回到"文字输入"对话框中，输入文字，单击 确定 按钮，生成文字。

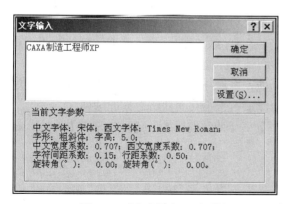　　

图2-69　"文字输入"对话框　　　　图2-70　"字体设置"对话框

十四、样条→圆弧

1. 功能

将样条按给定的方式和精度离散为多段圆弧。

2. 参数

（1）离散方式

- 步长离散　按等步长的方式将样条曲线离散成点，然后将离散的点拟合为圆弧。
- 弓高离散　按样条曲线的弓高误差将样条曲线离散为圆弧。

（2）离散控制

- 离散步长　步长离散时相邻两点的距离。
- 离散精度　弓高离散生成的圆弧与样条曲线的最大弦差。

（3）曲线连续控制

- G0 连续　相邻的离散圆弧连续。
- G1 连续　相邻的离散圆弧相切连续。

3. 操作

（1）单击"样条→圆弧"按钮，或单击【造型】→【曲线生成】→【样条→圆弧】命令。

（2）在立即菜单中设置离散方式和精度后，拾取样条线，即可将样条线离散为多段圆弧线。同时状态栏显示离散的圆弧段数。

第三节　曲线编辑

虽然利用基本的曲线绘制功能可以生成复杂的几何图形，不过将非常麻烦和浪费时间，如同大多数 CAD 软件一样，CAXA 制造工程师提供了多种曲线编辑功能，可有效地提高绘图速度。本节主要介绍曲线的常用编辑命令及操作方法。

一、曲线裁剪

曲线裁剪是指利用一个或多个几何元素（曲线或点）对给定曲线进行修整，裁掉曲线不需要的部分，得到新的曲线。

曲线裁剪共有四种方式，即快速裁剪、修剪、线裁剪和点裁剪，如图 2-71 所示。

其中，线裁剪和点裁剪具有延伸特性，即如果剪刀线和被裁剪曲线之间没有实际交点，系统在分别延长被裁剪线和剪刀线后进行求交，在交点处对曲线进行裁剪。延伸的规则是：直线和样条线按端点切线方向延伸，圆弧按整圆处理。

快速裁剪、修剪和线裁剪具有投影裁剪功能，曲线在当前坐标平面上施行投影后，进行求交裁剪，从而实现不共面曲线的裁剪。该功能适用于不共面曲线之间的裁剪。

单击"曲线裁剪"按钮，或单击【造型】→【曲线编辑】→【曲线裁剪】命令，根据状态栏提示操作，即可对曲线进行裁剪操作。

（一）快速裁剪

1. 功能

将拾取到的曲线段沿最近的边界处进行裁剪。

2. 操作

（1）单击"曲线裁剪"按钮，在立即菜单（见图2-72）中选择"快速裁剪"项。

（2）拾取被裁剪线（选取被裁掉的段），快速裁剪完成。

图2-71 曲线裁剪立即菜单

图2-72 快速裁剪立即菜单

图2-73 修剪立即菜单

3. 说明

（1）当需裁剪曲线交点较多的时候，使用快速裁剪会使系统计算量过大，降低工作效率。

（2）对于与其他曲线不相交的曲线不能使用裁剪命令，只能用删除命令将其去掉。

（二）修剪

1. 功能

拾取一条或多条曲线作为剪刀线，对一系列被裁剪曲线进行裁剪。

2. 操作

（1）单击"曲线裁剪"按钮，在立即菜单（见图2-73）中选择"修剪"项。

（2）拾取一条或多条剪刀曲线，按鼠标右键确认，拾取被裁剪的线（选取被裁掉的段），修剪完成。

（三）线裁剪

1. 功能

以一条曲线作为剪刀，对其他曲线进行裁剪。

2. 操作

（1）单击"曲线裁剪"按钮，在立即菜单（见图2-74）中选择"线裁剪"项。

（2）拾取一条直线作为剪刀线，拾取被裁剪的线（选取保留的段），完成裁剪操作。

图2-74 线裁剪立即菜单

图2-75 点裁剪立即菜单

（四）点裁剪

1. 功能

利用点作为剪刀，在曲线离剪刀点的最近处进行裁剪。

2. 操作

（1）单击"曲线裁剪"按钮，在立即菜单（见图2-75）中选择"点裁剪"项。

（2）拾取被裁剪的线（选取保留的段），拾取剪刀点，完成裁剪操作。

二、曲线过渡

曲线过渡是指对指定的两条曲线进行圆弧过渡、尖角过渡或倒角过渡。

单击"曲线过渡"按钮，或单击【造型】→【曲线编辑】→【曲线过渡】命令，依状态栏提示操作，即可完成曲线过渡操作。

（一）圆弧过渡

1. 功能

用于在两根曲线之间进行给定半径的圆弧光滑过渡。

2. 操作

（1）单击"曲线过渡"按钮，在立即菜单（见图 2-76）中选择"圆弧过渡"项，设置过渡参数。

（2）拾取第一条曲线、第二条曲线，形成圆弧过渡。

（二）倒角过渡

1. 功能

用于在给定的两直线之间形成倒角过渡，过渡后在两直线之间生成按给定角度和长度的直线。

2. 操作

（1）单击"曲线过渡"按钮，在立即菜单（见图 2-77）中选择"倒角"，输入角度和距离值，选择是否裁剪曲线1和曲线2。

（2）拾取第一条曲线、第二条曲线，形成倒角过渡。

（三）尖角过渡

1. 功能

用于在给定的两曲线之间形成尖角过渡，过渡后两曲线相互裁剪或延伸，在交点处形成尖角。

图 2-76　圆弧过渡立即菜单　　　图 2-77　倒角过渡立即菜单　　　图 2-78　尖角过渡立即菜单

2. 操作

（1）单击"曲线过渡"按钮，在立即菜单（见图 2-78）中选择"尖角"。

（2）拾取第一条曲线、第二条曲线，形成尖角过渡。

三、曲线打断

1. 功能

曲线打断用于把拾取到的一条曲线在指定点处打断，形成两条曲线。

2. 操作

（1）单击"曲线打断"按钮，或单击【造型】→【曲线编辑】→【曲线打断】命令。

（2）拾取被打断的曲线，拾取打断点，将曲线打断成两段。

四、曲线组合

1. 功能

曲线组合用于把拾取到的多条相连曲线组合成一条样条曲线。

2. 操作

（1）单击"曲线组合"按钮，或单击【造型】→【曲线编辑】→【曲线组合】命令。

（2）按空格键，弹出拾取快捷菜单，选择拾取方式。

（3）按状态栏中提示拾取曲线，点击鼠标右键确认，曲线组合完成。

3. 说明

把多条曲线组成一条曲线可以得到两种结果（见图2-79）：一种是把多条曲线用一个样条曲线表示，这种表示要求首尾相连的曲线是光滑的。另一种是首尾相连的曲线有尖点，系统会自动生成一条光顺的样条曲线。

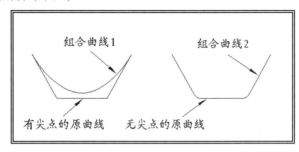

图 2-79　组合曲线示例

五、曲线拉伸

1. 功能

将指定曲线拉伸到指定点。

2. 操作

（1）单击"曲线拉伸"按钮 ⤴，或单击【造型】→【曲线编辑】→【曲线拉伸】命令。

（2）拾取需拉伸的曲线，指定终止点，完成拉伸曲线操作。

六、曲线优化

1. 功能

对控制顶点太密的样条曲线在给定的精度范围内进行优化处理，减少其控制顶点。

2. 操作

（1）单击"曲线优化"按钮 ⇄，或单击【造型】→【曲线编辑】→【曲线优化】命令。

（2）系统根据给定的精度要求，减少样条曲线的控制顶点。

七、样条编辑

（一）编辑型值点

1. 功能

对已经生成的样条进行修改，编辑样条的型值点。

2. 操作

（1）单击"编辑型值点"按钮 ～，或单击【造型】→【曲线编辑】→【编辑型值点】命令。

（2）拾取需编辑的样条曲线，拾取样条线上某一插值点，点击新位置或直接输入坐标点，如图2-80所示。

（二）编辑控制顶点

1. 功能

对已经生成的样条进行修改，编辑样条的控制

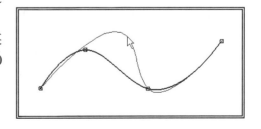

图 2-80　编辑型值点

顶点。

2. 操作

(1) 单击"编辑控制顶点"按钮～，或单击【造型】→【曲线编辑】→【编辑控制顶点】命令。

(2) 拾取需编辑的样条曲线，拾取样条线上某一控制顶点，点击新位置或直接输入坐标点，如图 2-81 所示。

(三) 编辑端点切矢

1. 功能

对已经生成的样条进行修改，编辑样条的端点切矢。

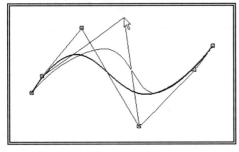

图 2-81　编辑控制顶点

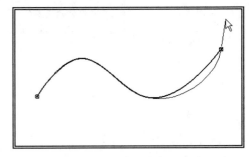

图 2-82　编辑端点切矢

2. 操作

(1) 单击"编辑端点切矢"按钮～，或单击【造型】→【曲线编辑】→【编辑端点切矢】命令。

(2) 拾取需编辑的样条曲线。

(3) 拾取样条线上某一端点，点击新位置或直接输入坐标点，如图 2-82 所示。

第四节　几 何 变 换

几何变换是指利用平移、旋转、镜像、阵列等几何手段，对曲线或曲面的位置、方向等几何属性进行变换，从而移动元素或复制产生新的元素，但并不改变曲线或曲面的长度、半径等自身属性（缩放功能除外）。利用几何变换功能可有效地简化空间曲线或空间曲面的操作，快速生成具有相同或相似属性的图形对象，对提高作图效率、降低作图难度起到比较大的作用。需要注意的是，几何变换只对曲线和曲面可用，对实体造型无效。

一、平移

对拾取到的曲线或曲面进行平移或复制。

单击"平移"按钮，或单击【造型】→【几何变换】→【平移】命令，在立即菜单中设置参数，根据状态栏提示操作，即可完成平移操作。

(一) 两点

1. 功能

根据给定平移元素的基点和目标点，移动或复制图形对象。

2. 操作

（1）单击"平移"按钮，在立即菜单（见图2-83）中选择"两点"方式，并设置参数。
（2）拾取曲线或曲面，点击鼠标右键确认，输入基点，拖动几何图形，输入目标点，完成平移操作。

图2-83 两点平移立即菜单

图2-84 偏移量立即菜单

图2-85 平面旋转立即菜单

（二）偏移量

1. 功能

根据给定的偏移量，移动或复制图形对象。

2. 操作

（1）单击"平移"按钮，在立即菜单（见图2-84）中选择"偏移量"方式，输入X、Y、Z三轴上的偏移量值。
（2）状态栏中提示"拾取元素"，选择曲线或曲面，点击鼠标右键确认，完成平移操作。

二、平面旋转

1. 功能

对拾取到的几何对象在当前平面内进行旋转或旋转复制。

2. 操作

（1）单击"平面旋转"按钮，或单击【造型】→【几何变换】→【平面旋转】命令。
（2）在立即菜单（见图2-85）中选择"移动"或"拷贝"，输入旋转角度值。
（3）指定旋转中心，拾取旋转对象，选择完成后点击鼠标右键确认，完成平面旋转操作。

3. 说明

旋转角度以逆时针旋向为正，顺时针旋向为负（相对于面向当前平面的视向而言）。

三、旋转

1. 功能

对拾取到的几何对象进行空间的旋转或旋转复制。

2. 操作

（1）单击"旋转"按钮，或单击【造型】→【几何变换】→【旋转】命令。
（2）在立即菜单（见图2-86）中选择旋转方式（移动或拷贝），输入旋转角度值。
（3）给出旋转轴起点、旋转轴终点，拾取旋转元素，完成后点击鼠标右键确认，完成旋转操作。

图2-86 旋转立即菜单

3. 说明

旋转角度遵循右手螺旋法则，即以拇指指向旋转轴正向，四指指向即为旋转方向的正向。

四、平面镜像

1. 功能

以直线为对称轴，在当前平面内对拾取到的图形对象进行镜像操作。

2. 操作

（1）单击"平面镜像"按钮，或单击【造型】→【几何变换】→【平面镜像】命令。

图 2-87 平面镜像立即菜单

（2）在立即菜单（见图 2-87）中选择"移动"或"拷贝"。

（3）拾取镜像轴首点、镜像轴末点，拾取镜像元素，拾取完成后点击鼠标右键确认，完成平面镜像操作。

五、镜像

1. 功能

以某一平面为对称平面，对拾取到的图形对象进行镜像操作。

2. 操作

（1）单击"镜像"按钮，或单击【造型】→【几何变换】→【镜像】命令，在立即菜单（见图 2-88）中选择镜像方式（移动或拷贝）。

图 2-88 镜像立即菜单

（2）拾取镜像平面上的第一点、第二点、第三点，确定一个镜像平面。

（3）拾取镜像元素，拾取完成后点击鼠标右键确认，完成镜像操作。

六、阵列

对拾取到的曲线或曲面，按圆形或矩形方式进行阵列复制。

单击"阵列"按钮，或单击【造型】→【几何变换】→【阵列】命令，在立即菜单中设置参数，根据状态栏提示操作，即可完成阵列操作。

（一）矩形阵列

1. 功能

按矩形方式对拾取到的几何对象进行阵列复制。

2. 操作

（1）单击"阵列"按钮，在立即菜单（见图 2-89）中选择"矩形"方式，输入阵列参数。

（2）拾取需阵列的元素，点击鼠标右键确认，阵列完成，结果如图 2-90 所示。

图 2-89 矩形阵列立即菜单

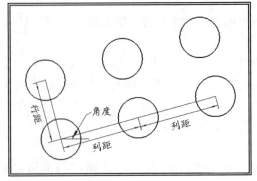

图 2-90 阵列结果

（二）圆形阵列

1. 功能

按圆形方式对拾取到的几何对象进行阵列复制。

2. 操作

（1）单击“阵列”按钮，在立即菜单中选择阵列方式，并设置阵列参数，如图 2-91(a)、图 2-92(a) 所示。

（2）拾取需阵列的元素，点击鼠标右键确认，输入中心点，阵列完成，结果如图 2-91(c)、图 2-92(c)所示。

（a）圆形阵列立即菜单　（b）待阵列图形　（c）阵列结果

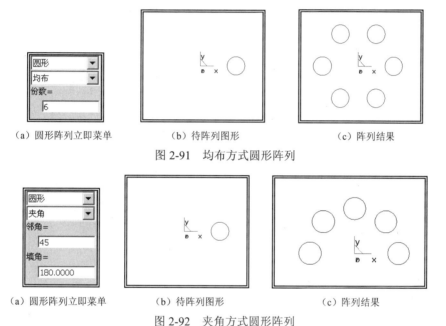

图 2-91　均布方式圆形阵列

（a）圆形阵列立即菜单　（b）待阵列图形　（c）阵列结果

图 2-92　夹角方式圆形阵列

七、缩放

1. 功能

对拾取到的图形对象按比例放大或缩小。

2. 操作

（1）单击“缩放”按钮，或单击【造型】→【几何变换】→【缩放】命令。

（2）在立即菜单（见图 2-93）中选择缩放方式（移动或拷贝），输入 X、Y、Z 三轴的比例。

（3）输入比例缩放的基点，拾取需缩放的元素，点击鼠标右键确认，缩放完成。

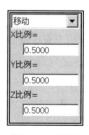

图 2-93　缩放立即菜单

第五节　曲线绘制实例

本节以实例和练习的方法熟练和巩固本章所介绍的 CAXA 制造工程师曲线绘制的内容。读者将通过循序渐进的讲解，熟练掌握有关曲线绘制命令的使用方法；通过命令的组合使用，使读者掌握曲线绘制的技巧，降低绘图难度，提高作图效率。请读者用指定的文件名保存文件，以便后续章节调用。

【实例1】 绘制如图2-94所示手柄的平面图形。

绘图步骤如下。

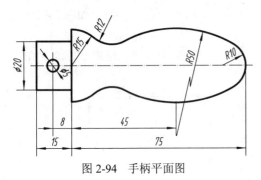

图2-94 手柄平面图

（1）单击"圆"按钮 ⊙，在立即菜单中选择"圆心_半径"，在绘图区中拾取坐标原点作为圆心，输入圆的半径15，点击鼠标右键，回退到前一步，输入65，以"65，0，0"点为圆心，输入圆的半径10，结果如图2-95所示。两次点击鼠标右键，结束命令。

注意：在立即菜单中输入数值后，必须按 Enter 键或点击鼠标右键确认，否则，将导致光标不能正确显示，无法进行下一步操作。

（2）单击"直线"按钮 ╱，在立即菜单中选择"两点线"、"正交"、"点方式"，输入45，以"45，0，0"为正交线起点，拖拽光标向下移动，单击鼠标左键，生成辅助线F1。

（3）单击"圆"按钮 ⊙，在立即菜单中选择"圆心_半径"，单击 Space 键，在立即菜单中选择"C 圆心"或直接按 C 键，拾取圆P2，输入40，生成辅助圆F2，如图2-96所示。

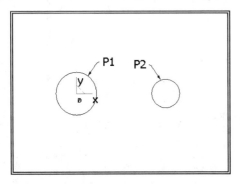

图2-95 步骤（1）图形

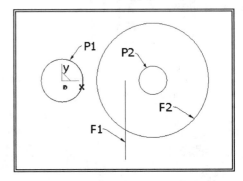

图2-96 步骤（3）图形

（4）点击鼠标右键，回退命令，按 S 键，移动光标至直线F1与直线F2的交点位置，待该交点亮显时单击鼠标左键，拾取该点为圆心，按 T 键，移动光标至圆P2上，待光标提示变为 ♂ 时，单击鼠标左键，生成圆P3，如图2-97所示。

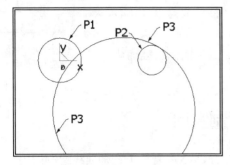

图2-97 步骤（4）图形

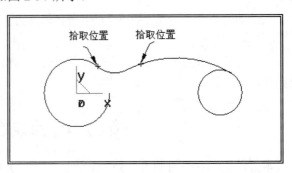

图2-98 步骤（6）图形

(5) 单击【编辑】→【隐藏】命令，拾取辅助圆 F2 和辅助直线 F1，点击鼠标右键，隐藏辅助线。

提示：如已自定义热键，则建议使用热键 Ctrl + B 执行隐藏命令，以提高操作效率。

(6) 单击"曲线过渡"按钮，在立即菜单中选择"圆弧过渡"项，设置过渡半径为 12，分别拾取圆 P1 和圆 P3 为过渡曲线，产生圆弧过渡，如图 2-98 所示。

注意：拾取不同位置所产生的过渡效果不同。

(7) 单击"直线"按钮，在立即菜单中选择"两点线"、"正交"、"点方式"，拾取原点，拖拽光标向上移动，单击鼠标左键，生成直线 P4。

(8) 单击"曲线拉伸"按钮，拾取直线 P4，向下拖动，单击鼠标左键，将直线拉伸。

(9) 单击"曲线裁剪"按钮，在立即菜单中选择"快速裁剪"项，将圆弧 P1 和直线 P4 的多余部分剪掉。结果如图 2-99 所示。

注意：如操作时出现部分曲线不能裁剪，使用删除命令，将多余部分曲线删除。

(10) 单击"平面镜像"按钮，在立即菜单中选择"拷贝"项，选择原点和圆 P2 起点为镜像轴，拾取 P1、P3 及 R12 过渡圆弧为镜像元素，点击鼠标右键确认，生成镜像元素，如图 2-100 所示。

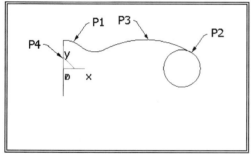
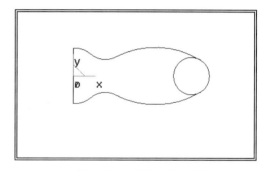

图 2-99　步骤（9）图形　　　　　图 2-100　步骤（10）图形

提示：相对来说，直接绘制圆弧比较麻烦，建议利用圆经裁剪操作得到圆弧；对于同时与两直线相切的圆弧，建议使用圆角过渡产生圆弧。

(11) 单击"矩形"按钮，如图 2-101 所示设置立即菜单，将矩形放置在坐标原点，完成后的结果如图 2-102 所示。

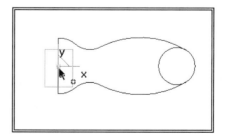

图 2-101　设置立即菜单　　　　　图 2-102　步骤（11）图形

(12) 单击"平移"按钮，在立即菜单中选择"两点"、"移动"，拾取矩形的四条边，点击鼠标右键确认。拾取矩形右侧竖直直线中点为基点，拾取原点为目标点，将矩形移动到正确的位置上。

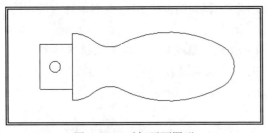

图 2-103 手柄平面图形

提示：不要期望所有的图线都能一次绘制成形。此处的矩形绘制，采用了先定形、后定位的方法，简化了操作难度。

（13）单击"圆"按钮⊙，在立即菜单中选择"圆心_半径"项，输入－8，按 Enter 键确认，输入 2.5，生成以"－8，0，0"为圆心，半径为 2.5 的圆。

（14）单击"曲线裁剪"按钮，在立即菜单中选择"快速裁剪"项，将图形中多余的部分剪掉，生成手柄平面图形，如图 2-103 所示。

（15）单击"保存"按钮，以"曲柄"为文件名保存文件。

本例小结

（1）曲线绘制功能可以分为两类，即基本绘图功能（直线、圆、圆弧、样条曲线）和增强绘图功能（如矩形、正多边形、椭圆等）。增强绘图功能是为提高绘图效率而提供的，在绘制图形时，只要条件合适，就应更多地使用这些功能。

（2）曲线编辑的主要功能是对已有的曲线进行修改；几何变换的主要功能是对图线进行定位和复制新图线。很多情况下，不要期望所绘制的图线经一次绘制就完全成形并到位，而应更多地依靠编辑和变换功能，如本题中几处过渡和圆弧的绘制，这样做的好处是既降低了绘图难度，又提高了绘图效率。

【**实例 2**】 在 XY 坐标平面上绘制扳手的主、俯视图（见图 2-104），未注圆角不必作出。

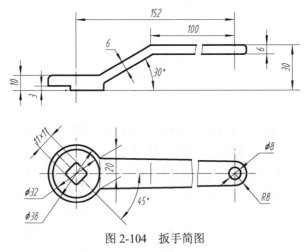

图 2-104 扳手简图

绘图步骤如下。

（1）单击"矩形"按钮□，在立即菜单中设置矩形的长度和宽度分别为 38、10。将矩形放置在坐标原点。

（2）单击"平移"按钮，在立即菜单中选择平移方式为"偏移量"，设置偏移量为"DX：0"、"DY：5"、"DZ：0"，使用框选方式拾取矩形，点击鼠标右键确认，将矩形平移。

（3）单击"直线"按钮，在立即菜单中选择"两点线"、"正交"，拾取原点，向上拖动光标，生成辅助线 P1。

（4）单击"等距线"按钮，设置距离值为 152，拾取直线 P1，选择等距方向向右，生成辅助线 P2。

（5）在立即菜单中设置距离为100，拾取直线P2，选择等距方向向左，生成辅助线P3。

（6）单击"直线"按钮，在立即菜单中选择"两点线"、"正交"，键入"0，30"，按 Enter 键，向右拖动光标，生成辅助线P4，如图2-105所示。

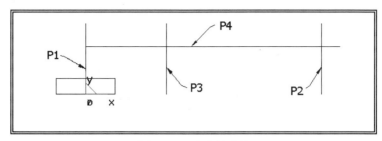

图2-105　生成辅助线

（7）在"直线"立即菜单中选择"角度线"、"X轴夹角"、"角度：30"，拾取直线P3、P4交点，拖动光标，单击鼠标左键，生成直线P5，如图2-106所示。

（8）单击"等距线"按钮，设置距离值为6，拾取直线P4、P5，生成两曲线的等距线。

（9）在立即菜单中设置等距距离为8，拾取直线P2，在其右侧生成等距线。完成后的结果如图2-107所示。

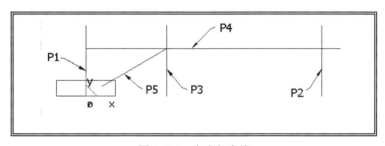

图2-106　生成角度线

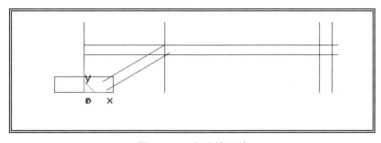

图2-107　生成等距线

（10）单击"曲线裁剪"按钮，将曲线的多余部分裁掉，完成后的结果如图2-108所示。

（11）使用等距线和圆角过渡功能，完成其余部分，生成主视图如图2-109所示。

（12）单击"平移"按钮，在立即菜单中选择"两点"、"移动"、"正交"，框选所有图线，向上移动图线。

（13）单击"圆"按钮，在立即菜单中选择"圆心_半径"方式，拾取原点为圆心，输入半径19，按 Enter 键，重复该操作，输入16，按 Enter 键，输入7，按 Enter 键，生成三个同心圆。

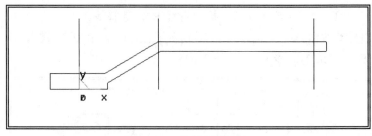

图 2-108 裁剪后的结果

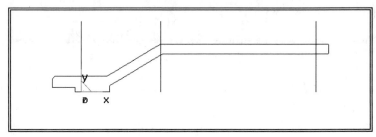

图 2-109 生成主视图

（14）单击"直线"按钮，在立即菜单中选择"两点线"、"正交"，拾取原点为起点，向右拖动光标，生成水平辅助线 P6。

（15）单击"等距线"按钮，设置距离为 10，拾取直线 P6，在直线两侧生成等距线。

（16）单击"曲线拉伸"按钮，拾取辅助线 P2，将其向下拉伸，采用同样方法，将辅助线 P3 向下拉伸，结果如图 2-110 所示。

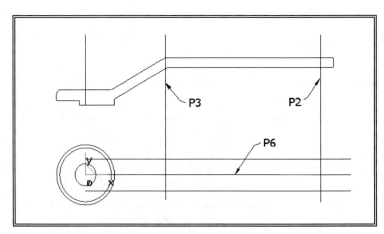

图 2-110 生成辅助线

（17）单击"圆"按钮，在立即菜单中选择"圆心_半径"，拾取直线 P2 和直线 P6 的交点为圆心，输入半径 8，按 Enter 键，输入 4，按 Enter 键，生成两个同心圆。

（18）单击"直线"按钮，在立即菜单中选择"两点线"、"非正交"，拾取图中点 1 为起点，单击 T 键，拾取右侧 R8 圆，生成相切直线 P7。采用同样方法，生成另一侧直线 P8，结果如图 2-111 所示。

提示：利用辅助线帮助图线定位是个比较好的选择。

（19）将所有辅助线隐藏或删除。

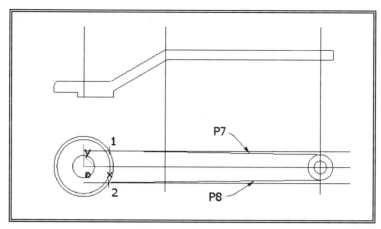

图 2-111 生成两点线

(20) 单击"矩形"按钮□，在立即菜单中选择"中心_长_宽"项，设置长度和宽度为 11，将矩形放置在原点上。

(21) 单击"平面旋转"按钮，在立即菜单中选择"移动"，"角度：45"，拾取矩形，点击鼠标右键，将矩形旋转 45°。

(22) 单击"曲线裁剪"按钮，将曲线中所有的多余部分剪掉，完成后的结果如图 2-112 所示。

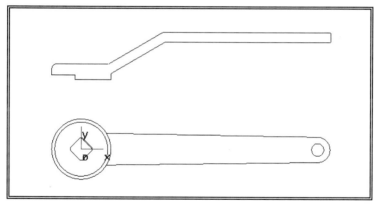

图 2-112 完成的结果

(23) 单击"保存"按钮□，以"扳手"为文件名保存文件。

本例小结

(1) 平面图形的绘制是 CAXA 制造工程师的最基本知识，应该熟练地掌握它。有了平面图形，就可以通过几何变换功能将三视图转换为空间线架造型。

(2) 在绘制具有对位关系的图形时，通过绘制辅助线和辅助点可以保证图形的准确性并提高作图的效率。

【**实例 3**】 完成支架（见图 2-113）的三维线架造型。

操作步骤如下。

(1) 单击"矩形"按钮□，在 XY 面绘制一长为 100、宽为 70 的矩形。

(2) 单击"圆"按钮⊙，拾取右侧竖直线中点为圆心，拾取竖直线终点为圆上点，生成 $R35$ 圆，使用键盘输入 12.5，生成 $\phi25$ 的同心圆。

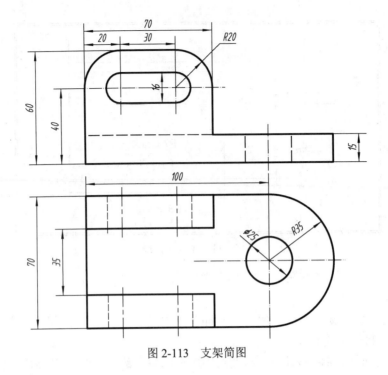

图 2-113 支架简图

（3）对图形进行裁剪和删除操作，结果如图 2-114 所示。

（4）单击 F8 键，以轴测方式显示视图，单击"平移"按钮，如图 2-115 所示设置立即菜单，在绘图区中框选拾取所有图线，产生复制平移图线，如图 2-116 所示。

（5）单击 F7 键，将当前坐标平面切换到 XZ 面。

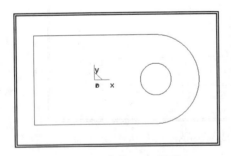

图 2-114 步骤（3）图形

图 2-115 设置立即菜单

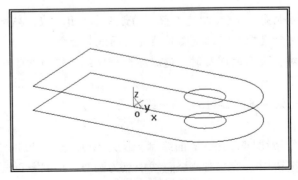

图 2-116 平移操作结果

（6）单击"矩形"按钮□，在 XZ 面绘制一长为 70、宽为 45 的矩形。

（7）单击"曲线过渡"按钮，设置过渡半径为 20，拾取需过渡的曲线，生成如图 2-117 所示的圆角过渡。

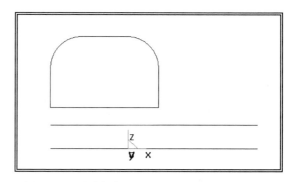

图 2-117　过渡操作

（8）单击"等距线"按钮，如图设置立即菜单，拾取直线 P1、圆弧 P2、P3，生成等距线如图 2-118 所示。

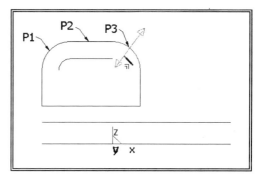

图 2-118　生成等距线

（9）在等距线立即菜单中设置距离为 16，拾取直线 P2 的等距线，选择等距方向向下，生成等距线。

（10）单击"曲线过渡"按钮，在立即菜单中选择"尖角"过渡方式，拾取需过渡曲线，完成的结果如图 2-119 所示。

（11）单击 F8 键，以轴测方式显示图形，如图 2-120 所示。

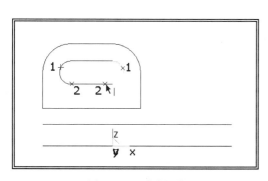
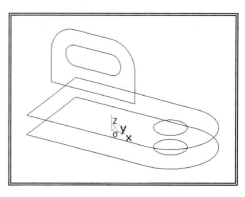

图 2-119　过渡操作　　　　　　　　　　图 2-120　轴测显示结果

（12）单击"平移"按钮，在立即菜单中选择"两点"、"移动"、"非正交"，在绘图区中作如图 2-121 所示框选图线，点击鼠标右键，确认拾取，拾取图形左侧角点为基点，拾取底板顶面角点为目标点，将图线移动到正确位置，如图 2-122 所示。

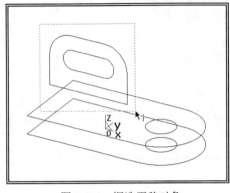 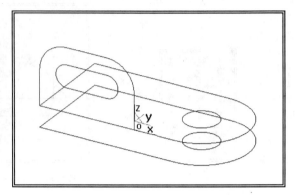

图 2-121　框选平移对象　　　　　　　　图 2-122　平移结果

（13）在立即菜单中选择平移方式为"偏移值"、"拷贝"，设置参数"DY：17.5"，框选拾取曲线，生成平移曲线。采用同样方法，生成其他偏移曲线。

（14）补齐其他曲线，完成线架造型，如图 2-123 所示。

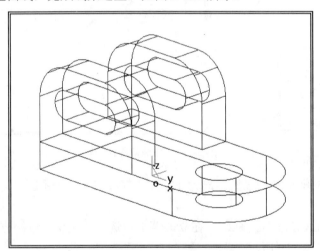

图 2-123　支架的三维线架造型

本例小结

三维线架是曲面造型的基础，如同扎灯笼，线架好比是灯笼的骨架。所以，正确并且熟练地掌握线架造型是很重要的。

本章小结

现在已掌握了以下内容。
（1）曲线的绘制方法。
（2）曲线的编辑和变换功能。
（3）利用曲线的绘制和编辑功能绘制平面图形。
（4）利用曲线的绘制、编辑和变换功能绘制三维线架造型。

思考与练习（二）

一、思考题
（1）什么是当前平面？当前平面对曲线的绘制有什么作用？
（2）CAXA 制造工程师提供了几种绘制直线的方法？分别是什么？
（3）CAXA 制造工程师提供了几种绘制圆的方法？分别是什么？
（4）等距线、平行线和平移变换三者的功能有何异同？

二、填空题
（1）CAXA 制造工程师提供了逼近和插值两种方式生成样条曲线。采用逼近方式生成的样条曲线有比较少的控制顶点，并且曲线品质比较_____，适用于数据点比较_____的情况；采用插值方式生成的样条曲线，可以控制生成样条的_____，使其满足一定的_____条件。
（2）曲线裁剪共有四种方式：_____、_____、_____、_____。其中，_____和_____具有延伸特性。
（3）几何变换只对_____和_____可用，而对_____无效。

三、练习题
（1）绘制下列平面图形（见题图 2-1～题图 2-6）。

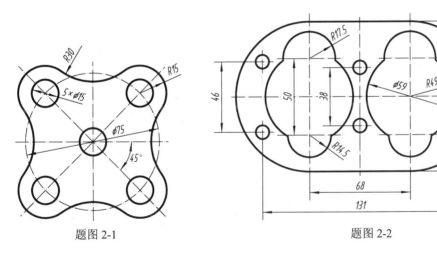

题图 2-1

题图 2-2

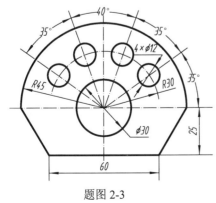

题图 2-3

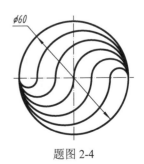

题图 2-4

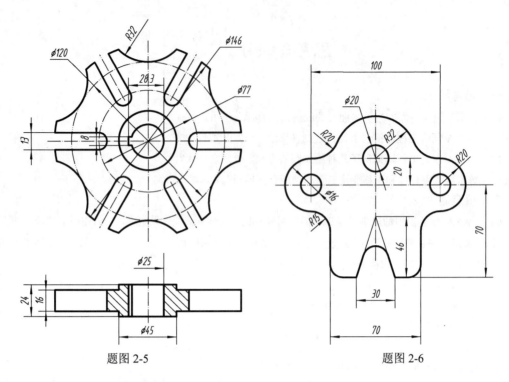

题图 2-5 题图 2-6

（2）绘制下列图形的三维线架造型（见题图 2-7～题图 2-10）。

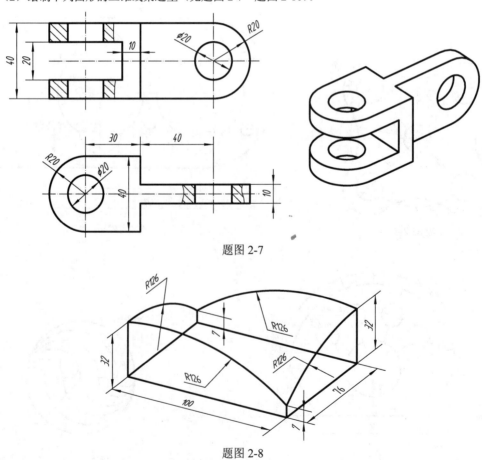

题图 2-7

题图 2-8

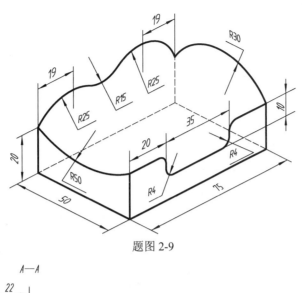

题图 2-9

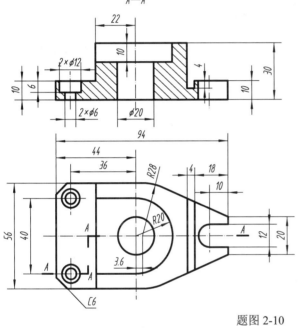
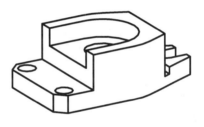

题图 2-10

第三章 实体特征造型

特征设计是CAXA制造工程师的重要组成部分。CAXA制造工程师采用精确的特征实体造型技术,它完全抛弃了传统的体素合并和交并差的繁琐方式,采用基于特征的设计方式建构实体。使用户在建模和编辑过程中节省大量的时间和精力,提高工作效率和准确性。

CAXA制造工程师提供了拉伸、旋转、放样、导动等轮廓特征,圆角、倒角、抽壳、拔模等编辑特征,孔、筋板等成形特征,利用特征树可以方便地对特征进行管理。通过本章的学习,读者将掌握使用这些特征生成和特征编辑手段建构实体造型的方法和技巧。

第一节 草图的绘制

草图是为特征造型准备的、与实体模型相关联的二维图形,是特征生成赖以存在的基础。绘制草图的过程如下。

(1)确定草图基准平面。
(2)进入草图状态。
(3)草图的绘制与编辑。
(4)退出草图状态。

下面按草图的绘制过程依次进行介绍。

一、确定基准平面

基准平面是绘制草图对象的平面。如同盖房子需要选择一块地面一样,草图中的所有图线都存在于基准平面上。确定基准平面的方法有以下两种。

1. 选择基准平面

可供选择的基准平面有两种,一种是系统预置的基本坐标平面(XY平面、XZ平面和YZ平面);另一种是已生成实体的表面(平面)。

图 3-1 预置基准平面

对于第一种情况,系统在特征树中显示三个基准平面(见图 3-1),选择时只需用鼠标点取其中的任何一个即可;对于第二种情况,选择时使用鼠标在绘图区点取已生成实体的某个平面即可。

2. 构造基准平面

对于不能通过选择方法确定的基准平面,CAXA制造工程师提供了构造基准平面的方法。

系统提供了"等距平面确定基准平面"、"过直线与平面成夹角确定基准平面"、"生成曲面上某点的切平面"、"过点且垂直于曲线确定基准平面"、"过点且平行于平面确定基准平面"、"过点和直线确定基准平面"、"三点确定基准平面"和"根据当前坐标系构造基准平面"八种基准平面的构造方法。

单击"构造基准面"按钮 ,或单击【造型】→【特征生成】→【基准面】命令,系统弹出"构造基准面"对话框,如图 3-2 所示,在对话框中选择所需的基准面构造方法,依照

"构造方法"栏的提示设置相应参数，根据状态栏提示进行操作，单击 确定 按钮，完成基准平面的构造，此时，在特征树中会出现所构造的基准平面。

二、进入草图状态

只有在草图状态下，才可以对草图进行绘制和编辑。进入草图状态包括以下两种情况。

1. 创建新草图

选择一个基准平面后，单击"草图器"按钮（或按 F2 键），该按钮呈按下状态，表示已进入草图状态，此时，在特征树中添加了一个草图项目，开始一个新草图。

图 3-2 "构造基准面"对话框

2. 编辑已有草图

当需要编辑某基准平面上的已有草图时，在特征树中选取该草图，单击"草图器"按钮（或按 F2 键），即打开了草图，进入到草图编辑状态。

三、草图的绘制与编辑

进入草图状态后，才可以使用曲线功能对草图进行绘制和编辑操作，有关曲线的绘制、编辑和几何变换功能请参阅第二章的相关内容。除此之外，CAXA 制造工程师还提供了几项专门用于草图的功能，现分别进行介绍。

（一）曲线投影

1. 功能

将曲线（包括空间曲线、实体的边和曲面的边）沿草图基准平面的法向投射到草图平面上，生成曲线在草图平面上的投影线。

2. 操作

（1）单击"曲线投影"按钮，或单击【造型】→【曲线生成】→【曲线投影】命令。

（2）拾取曲线，生成投影线。

3. 说明

只有在草图状态下，曲线投影功能才可用。

（二）尺寸标注

1. 功能

在草图状态下，对所绘制的图形对象标注尺寸。

2. 操作

（1）单击"尺寸标注"按钮，或单击【造型】→【尺寸】→【尺寸标注】命令。

（2）拾取一条或两条图线，系统能够根据拾取选择，智能地判断出所需要的尺寸标注类型，并实时地在屏幕上显示出来，拖动光标，指定尺寸线的位置，生成尺寸标注。

（三）尺寸编辑

1. 功能

在草图状态下，对标注的尺寸进行标注位置的改变。

2. 操作

（1）单击"尺寸编辑"按钮，或单击【造型】→【尺寸】→【尺寸编辑】命令。

(2)拾取需要编辑的尺寸标注，调整尺寸线位置，完成尺寸编辑。

（四）尺寸驱动

1. 功能

通过修改某一尺寸标注的数值，驱动相关图线的位置和尺寸等发生改变，而图形的几何关系（如相切、相连等）保持不变。

2. 操作

(1)单击"尺寸驱动"按钮，或单击【造型】→【尺寸】→【尺寸驱动】命令。

(2)拾取要驱动的尺寸，系统弹出数据输入框。键入新的尺寸值，完成尺寸驱动。

3. 说明

尺寸驱动要求所标注的尺寸是非过约束的，如果出现过约束，将导致无法满足所有的尺寸要求，系统会通过对话框提示用户。系统允许出现欠约束情况，但是欠约束太多时，某些图形对象会产生驱动不到位的现象。

（五）草图环检查

1. 功能

用来检查草图环是否封闭。

2. 操作

单击"草图环检查"按钮，或单击【造型】→【草图环检查】命令，系统将通过对话框提示用户草图环检查的结果。

3. 说明

当草图环封闭时，系统提示"草图不存在开口环"。当草图环不封闭时，系统提示"草图在标记处为开口状态"，并将草图中不封闭的位置用红色的点标记出来。

四、退出草图

当完成草图的绘制或编辑操作后，再次单击"草图器"按钮（或按 F2 键），该按钮呈弹起状态，表示已退出草图状态。

五、问题讨论

（1）如何解决草图不闭合的问题？

草图是用来生成特征实体特征的，它所描述的是特征实体造型的截面轮廓，通常情况下，草图图线应该是一个封闭的曲线环。

对于在绘制及编辑草图的过程中所出现的图线不闭合的情况，在利用特征生成实体时，系统会通过对话框通知用户，此时，可利用草图环检查功能帮助检查草图的封闭性，但不要期望它总是能给出一个正确的判断结论和解决问题的方法。

仔细分析一下，不难发现，出现草图图线不闭合的情形不外乎以下四种情况，即开口、分叉、交叉和多线。图 3-3 显示了一种典型的草图图线不闭合的情形。

对于图线中出现的分叉和交叉，只要注意观察通常都可以找到出现问题的位置。观察的方法为：从草图轮廓的任一曲线开始向前搜索，如出现两曲线相交即为交叉，如在曲线的终点位置连接有多条曲线或在曲线的中间位置存在相切的曲线则为分叉，此时，只需将图线中的多余部分裁剪或删除即可。

对于开口，在很多情况下，并不能直观地观察到开口的存在，此时，可使用尖角过渡功能对所有的相邻曲线进行尖角过渡操作，即可解决开口问题。

多线是指多条曲线重叠在一起，这种问题是无法直接观察到的，对于可能存在的多线问题，可将需要的草图图线隐藏，这样，所有的重叠图线自然就显示出来，将所有的重叠曲线删除，即可解决多线的问题。需要注意的是：隐藏草图图线时，不要使用框选方法，否则，将使重叠的多余曲线也隐藏起来，而无法解决多线的问题。

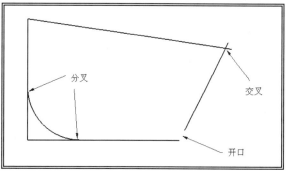

图 3-3　草图不闭合示例

（2）草图轮廓线是否只支持单个闭环？

CAXA 制造工程师的草图不仅可以支持单层闭环（见图 3-4）和双层嵌套闭环（见图 3-5），而且可以支持多重嵌套闭环（见图 3-6），这是 CAXA 制造工程师不同于其他 CAD、CAM 系统的独特之处。

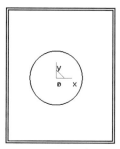  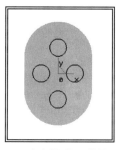 

（a）单个单层闭环草图　　（b）生成特征实体　　（c）多个单层闭环草图　　（d）生成特征实体

图 3-4　单层闭环草图及其特征实体

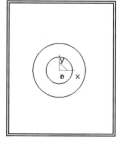  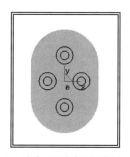 

（a）单个双层嵌套闭环草图　（b）生成特征实体　（c）多个双层嵌套闭环草图　（d）生成特征实体

图 3-5　双层嵌套闭环草图及其特征实体

说明：在生成拉伸薄壁特征、筋板、草图分模、输出剖视图时，绘制的草图不要求闭合。

（3）为什么图 3-7 所示草图符合闭合要求，却不能生成实体造型？

草图描述的是（实体）零件的某个截面轮廓，图 3-7 所示草图所描述的截面形状可由图 3-8 所示的阴影区域表示，如果造型成功，应生成两个不相接触的实体（一个中空圆柱体和一个实心圆柱体），而不是一个（实体）零件，因而不能生成特征实体造型。

  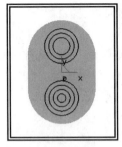 

(a) 单个多重嵌套闭环草图　　(b) 生成特征实体　　(c) 多个多重嵌套闭环草图　　(d) 生成特征实体

图 3-6　多重嵌套闭环草图及其特征实体

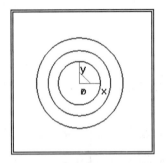 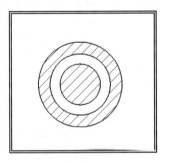

图 3-7　草图轮廓线　　　　　　　　图 3-8　草图截面示意

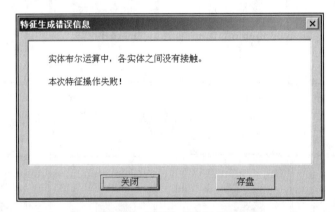

图 3-9　特征生成错误信息

对于此类问题，在利用草图生成特征实体造型时，系统会弹出如图 3-9 所示对话框，通知用户造型失败，并提示造型失败的原因。

（4）草图中的辅助线是否一定要删除？

草图要求图线形成封闭环，而草图中的辅助线是无法满足这个要求的，若将所有的辅助线都删掉，即可以满足草图图线的闭合要求，但在编辑草图时会带来一些不必要的麻烦。

针对这种情况，CAXA 制造工程师提供了一种解决问题的方法，即在利用特征生成实体时，只使用那些没有被隐藏的图线作为草图轮廓线，而忽略草图中被隐藏的图线。所以，需要做的是在草图绘制完成后，将辅助线隐藏起来，在编辑草图时，再将其显示出来。

第二节 特征生成

一、拉伸特征

（一）拉伸增料

1. 功能

将草图轮廓根据指定的方式进行拉伸操作，以生成一个增加材料的特征。

2. 操作

（1）单击"拉伸增料"按钮，或单击【造型】→【特征生成】→【增料】→【拉伸】命令，系统弹出"拉伸增料"对话框，如图3-10所示。

（2）选取拉伸类型，输入参数，拾取需拉伸的草图，单击 确定 按钮，完成操作。

图3-10 "拉伸增料"对话框

3. 参数

（1）类型 包括"固定深度"、"双向拉伸"和"拉伸到面"三种。

● 固定深度 从草图的基准面拉伸草图轮廓到给定的深度值，以生成增料特征，如图3-11(a)所示。

● 双向拉伸 从草图基准面向两个方向对称拉伸草图轮廓，以生成增料特征，如图3-11(b)所示。

● 拉伸到面 从草图的基准面拉伸草图轮廓到某一指定曲面，以生成增料特征，如图3-11(c)所示。

（2）深度 拉伸深度的尺寸值。可以直接输入所需数值，也可以单击按钮▲或▼来调节。

（3）拉伸对象 拉伸特征的操作对象。拾取完成后，在该框内显示所拾取对象的名称。

（4）反向拉伸 向绘图区中预显的拉伸方向的相反方向拉伸草图。

（5）增加拔模斜度 使拉伸的实体带有锥度。

● 角度 拔模时母线与中心线的夹角。

● 向外拔模 与默认方向相反的方向进行拔模操作。

（6）拉伸为 包括"实体特征"和"薄壁特征"两种。

● 实体特征 将草图轮廓拉伸为实体特征，如图3-11所示。

● 薄壁特征 将草图轮廓偏置后拉伸为薄壁特征。

（7）薄壁类型 包括"单一方向"、"中面"和"两个方向"三种。

● 单一方向 将草图图线沿给定的壁厚值偏置，以生成增料特征，如图3-12(a)所示。

● 中面 将草图图线向两个方向对称偏置，以生成增料特征，如图3-12(b)所示。

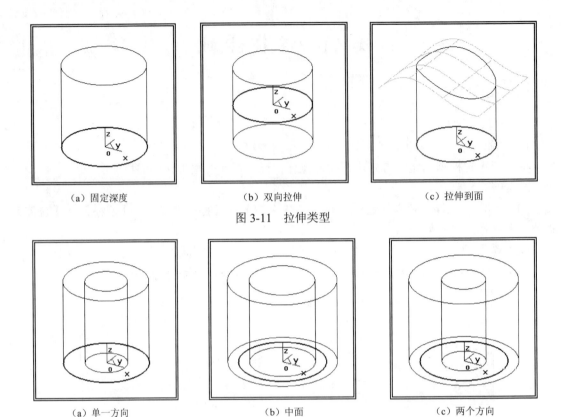

(a) 固定深度　　　　　　　（b) 双向拉伸　　　　　　　（c) 拉伸到面

图 3-11　拉伸类型

(a) 单一方向　　　　　　　（b) 中面　　　　　　　　（c) 两个方向

图 3-12　薄壁特征

- **两个方向**　将草图图线向两个方向以给定的壁厚偏置，以生成增料特征，如图 3-12(c) 所示。

4. 说明

（1）选择拉伸为"实体特征"时，要求草图封闭；选择拉伸为"薄壁特征"时，不要求草图封闭，但图线必须是连续的。

（2）选择"拉伸到面"类型时，要使草图沿草图基准面的法向完全投影到曲面上，否则将导致操作失败。

（二）拉伸除料

1. 功能

将草图轮廓根据指定的距离进行拉伸操作，以生成一个去除材料的特征。

2. 操作

（1）单击"拉伸除料"按钮，或单击【造型】→【特征生成】→【除料】→【拉伸】命令，系统弹出"拉伸除料"对话框，如图 3-13 所示。

（2）选取拉伸类型，输入参数，拾取需拉伸的草图，单击 确定 按钮，完成操作。

3. 参数

（1）类型　包括"固定深度"、"双向拉伸"、"拉伸到面"和"贯穿"四种。

- **固定深度**　从草图的基准面拉伸草图轮廓到给定的深度值，以生成除料特征。
- **双向拉伸**　从草图基准面向两个方向对称拉伸草图轮廓，以生成除料特征。
- **拉伸到面**　从草图的基准面拉伸草图轮廓到某一指定曲面，以生成除料特征。

图 3-13 "拉伸除料"对话框

- 贯穿　从草图的基准面拉伸草图轮廓特征直至贯穿整个几何体。

（2）深度　拉伸深度的尺寸值。可以直接输入所需的数值，也可以单击按钮▲或▼来调节。

（3）拉伸对象　拉伸特征的操作对象。拾取完成后，在该框内显示所拾取对象的名称。

（4）反向拉伸　向绘图区中预显的拉伸方向的相反方向拉伸特征。

（5）增加拔模斜度　使拉伸的实体带有锥度。

- 角　度　拔模时母线与中心线的夹角。
- 向外拔模　与默认方向相反的方向进行拔模操作。

（6）拉伸为　包括"实体特征"和"薄壁特征"两种。

- 实体特征　将草图轮廓拉伸为实体特征。
- 薄壁特征　将草图轮廓偏置后拉伸为薄壁特征。

（7）薄壁类型　包括"单一方向"、"中面"和"两个方向"三种。

- 单一方向　将草图图线沿给定的壁厚值偏置，以生成除料特征。
- 中　面　将草图图线向两个方向对称偏置，以生成除料特征。
- 两个方向　将草图图线向两个方向以给定的壁厚偏置，以生成除料特征。

4. 说明

（1）选择拉伸为"实体特征"时，要求草图封闭；选择拉伸为"薄壁特征"时，不要求草图封闭。

（2）选择"拉伸到面"类型时，要使草图沿草图基准面的法向完全投影到这个曲面上，否则将产生操作失败。

（3）选择"贯穿"类型时，"深度"、"反向拉伸"和"增加拔模斜度"不可用。

【例1】　生成如图 3-14 所示填料压盖的实体造型。

操作步骤如下：

（1）在特征树中单击◇平面XY，按下"草图器"按钮⌀（或按 F2 键），进入草图状态。

（2）在草图状态下，绘制草图，如图 3-15 所示。

（3）再次单击"草图器"按钮⌀，退出草图。按 F8 键，以轴测方式显示视图。

（4）单击"拉伸增料"按钮⌘，系统弹出"拉伸增料"对话框，如图 3-16 所示填写特征参数。在绘图区或特征树中拾取草图，单击 确定 按钮，生成拉伸特征实体，如图 3-17 所示。

（5）移动光标至实体表面，当光标提示为⌀时，表示拾取到实体的一个平面，点击鼠标右键，选择"创建草图"，进入到草图状态，如图 3-18 所示。

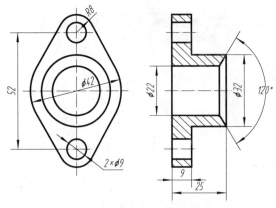
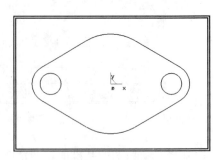

图 3-14　填料压盖　　　　　　　　　图 3-15　拉伸特征的草图

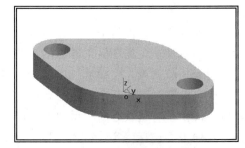

图 3-16　填写拉伸特征参数（一）　　　图 3-17　生成拉伸增料特征（一）

（6）在草图状态下，绘制如图 3-19 所示草图。

（7）单击"拉伸增料"按钮，系统弹出"拉伸增料"对话框，如图 3-20 所示填写特征参数。在绘图区或特征树中拾取生成的草图，单击 确定 按钮，生成拉伸增料特征实体造型，如图 3-21 所示。

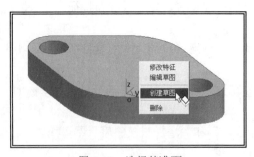
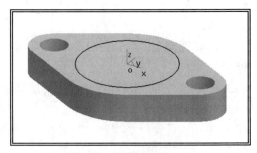

图 3-18　选择基准面　　　　　　　　　图 3-19　绘制草图（一）

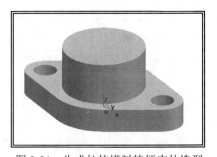

图 3-20　填写拉伸特征参数（二）　　　图 3-21　生成拉伸增料特征实体造型

（8）移动光标至实体上表面，单击鼠标左键拾取草图基准面，按 F2 键，进入到草图状态。

（9）在草图状态下，绘制草图，如图 3-22 所示。

（10）单击"拉伸除料"按钮，系统弹出"拉伸除料"对话框，在"类型"中选择"贯穿"，左键拾取生成的草图，单击 确定 按钮，生成拉伸特征实体，如图 3-23 所示。

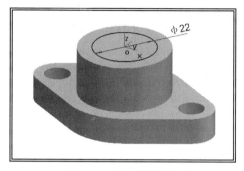 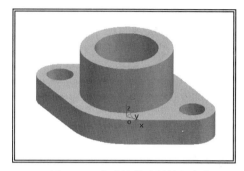

图 3-22　绘制草图（二）　　　　　　　图 3-23　生成拉伸除料特征实体

（11）拾取实体上表面为基准面，单击"草图器"按钮，进入草图状态。

（12）单击"曲线投影"按钮，移动光标至实体边界，当光标显示为 时，表示拾取到该实体边，单击鼠标左键，生成投影线，单击"草图器"按钮，退出草图。

（13）单击"拉伸除料"按钮，系统弹出"拉伸除料"对话框，如图 3-24 所示填写参数，左键拾取生成的草图，单击 确定 按钮，完成特征实体造型，如图 3-25 所示。

 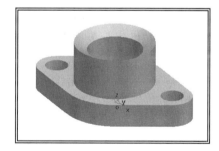

图 3-24　填写拉伸特征参数（三）　　　图 3-25　生成拉伸除料特征实体造型

提示：此处的拉伸深度只需保证满足除料要求即可，数值可适当放大。

二、旋转特征

（一）旋转增料

1. 功能

通过绕一条空间直线旋转草图轮廓，生成一个增加材料的特征。

2. 操作

（1）单击"旋转增料"按钮，或单击【造型】→【特征生成】→【增料】→【旋转】命令，系统弹出"旋转"增料对话框，如图 3-26 所示。

（2）选取旋转类型，输入参数，拾取草图和轴线，

图 3-26　"旋转"增料对话框

单击 确定 按钮，完成操作。

3．参数

（1）类型　包括"单向旋转"、"对称旋转"和"双向旋转"。

- 单向旋转　从草图的基准面开始旋转草图轮廓到给定的角度值，以生成增料特征。
- 对称旋转　从草图基准面开始向两个方向对称旋转草图轮廓，以生成增料特征。
- 双向旋转　以草图基准面开始向两个方向旋转到给定的角度值，以生成增料特征。

（2）角度　旋转的尺寸值，可以直接输入所需数值，也可以单击按钮▲或▼来调节。

（3）反向旋转　与默认方向相反的方向进行旋转。

（4）拾取项　旋转特征的操作对象。拾取完成后，在该框内显示所拾取对象的名称。

4．说明

（1）轴线是空间曲线，需要退出草图状态后绘制。

（2）草图曲线不能与轴线相交，但可以重合。

（3）旋转轴应在草图所在平面内。

（二）旋转除料

1．功能

通过绕一条空间直线旋转草图轮廓，生成一个去除材料的特征。

2．操作

（1）单击"旋转除料"按钮 ，或单击【造型】→【特征生成】→【除料】→【旋转】命令，系统弹出"旋转"除料对话框，如图3-27所示。

（2）选取旋转类型，输入参数，拾取草图和轴线，单击 确定 按钮，完成操作。

3．参数

（1）类型　包括"单向旋转"、"对称旋转"和"双向旋转"。

- 单向旋转　从草图的基准面开始旋转草图轮廓到给定的角度值，以生成除料特征。
- 对称旋转　从草图基准面开始向两个方向对称旋转草图轮廓，以生成除料特征。
- 双向旋转　以草图基准面开始向两个方向旋转到给定的角度值，以生成除料特征。

（2）角度　是指旋转的尺寸值，可以直接输入所需数值，也可以单击按钮▲或▼来调节。

（3）反向旋转　与默认方向相反的方向进行旋转。

（4）拾取项　旋转特征的操作对象。拾取完成后，在该框内显示所拾取对象的名称。

4．说明

（1）轴线是空间曲线，需要退出草图状态后绘制。

（2）草图曲线不能与轴线相交，但可以重合。

图3-27　"旋转"除料对话框

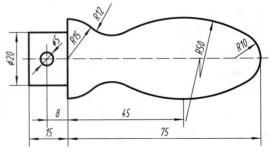

图3-28　手柄平面图

(3)旋转轴应在草图所在平面内。

【例2】 生成图3-28所示手柄的实体造型。

操作步骤如下。

(1)打开文件"手柄.mxe"文件。

(2)单击"直线"按钮，在立即菜单中选择"两点线"、"正交"、"点方式"，绘制如图3-29所示正交线。

(3)在特征树中单击 平面XY，单击"草图器"按钮，进入草图状态，单击"曲线投影"按钮，如图3-29所示框选投影对象，使用裁剪和删除功能，绘制草图，如图3-30所示。

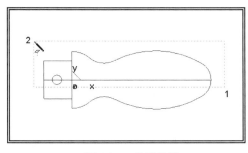 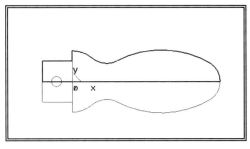

图3-29 曲线投影　　　　　　　　图3-30 编辑草图

(4)单击"旋转增料"按钮，系统弹出"旋转"增料对话框，如图3-31所示填写特征参数，左键拾取草图和轴线，单击 确定 按钮，完成实体造型，如图3-32所示。

 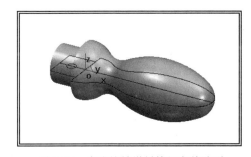

图3-31 填写旋转特征参数　　　　图3-32 生成旋转增料特征实体造型

(5)在特征树中单击 平面XY，单击"草图器"按钮，进入草图状态，单击"曲线投影"按钮，拾取绘图区左侧φ5圆为投影对象，按 F2 键，退出草图状态。

(6)单击"拉伸除料"按钮，弹出"拉伸除料"对话框，如图3-33所示填写特征参数，左键拾取生成的草图，单击 确定 按钮，生成除料特征，单击【编辑】→【隐藏】命令，按 Space 键，选择"拾取所有"或使用框选方法，将所有曲线隐藏，按 F8 键和 F3 键，完成实体造型，如图3-34所示。

三、放样特征

(一)放样增料

1. 功能

根据多个草图轮廓生成一个实体。

图 3-33 填写拉伸除料参数

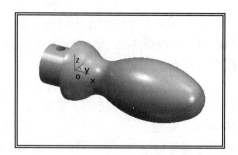
图 3-34 完成的手柄实体造型

2．操作

（1）单击"放样增料"按钮，或单击【造型】→【特征生成】→【增料】→【放样】命令，系统弹出"放样"对话框，如图 3-35 所示。

（2）依次选取轮廓线，单击 确定 按钮完成操作。

3．参数

- 轮廓　显示需要放样的草图名称及排列顺序。
- 上和下　调节拾取草图的顺序。

4．说明

（1）轮廓按照操作中的拾取顺序排列。

（2）需进行放样特征的草图要求段数相同。如段数不同，可使用曲线打断或曲线组合功能进行调整。

图 3-35 "放样"增料特征对话框

（3）拾取轮廓时，要注意绘图区的指示，拾取不同的边、不同的位置，会产生不同的草图对位结果，如图 3-36、图 3-37 所示。

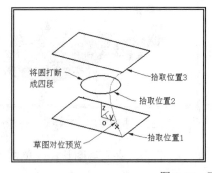

图 3-36 不同的拾取位置

图 3-37 不同的放样特征实体

（二）放样除料

1. 功能

根据多个草图轮廓去除一个实体。

2. 操作

（1）单击"放样除料"按钮，或单击【造型】→【特征生成】→【除料】→【放样】命令，系统弹出"放样"对话框，如图 3-38 所示。

（2）依次选取轮廓线，单击 确定 按钮完成操作。

3. 参数

- 轮廓　显示需要放样的草图名称及排列顺序。
- 上和下　调节拾取草图的顺序。

图 3-38　"放样"除料特征对话框

4. 说明

（1）轮廓按照操作中的拾取顺序排列。

（2）需进行放样特征的草图要求段数相同。如段数不同，可使用曲线打断或曲线组合功能进行调整。

（3）拾取轮廓时，要注意绘图区的指示，拾取不同的边，不同的位置，会产生不同的草图对位结果。

【例3】　生成如图 3-39 所示零件的实体造型。

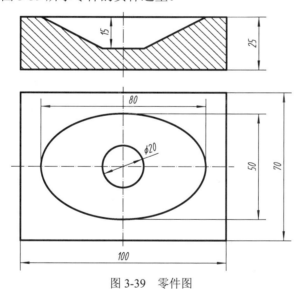

图 3-39　零件图

操作步骤如下。

（1）在特征树中单击 平面XY，单击"草图器"按钮，进入草图，在草图状态下，单击"矩形"按钮，绘制一长为 100、宽为 70 的矩形（见图 3-40），单击"草图器"按钮，结束草图绘制。

（2）单击"拉伸增料"按钮，在拉伸增料对话框中输入"深度：25"，在绘图区中拾取草图，单击 确定 按钮，生成拉伸特征实体，如图 3-41 所示。

（3）左键单击实体顶面，点击鼠标右键，选择"创建草图"，进入草图状态，单击"椭圆"按钮，在立即菜单中设置参数："长半轴：40"、"短半轴：25"，移动光标，将椭圆放

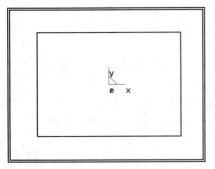

图 3-40　绘制草图（三）

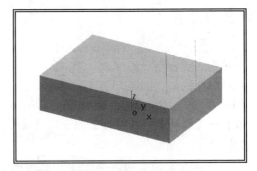

图 3-41　生成拉伸特征实体（一）

置在坐标原点位置，点击鼠标右键退出，生成如图 3-42 所示草图轮廓。单击"草图器"按钮 ，结束草图绘制。

（4）单击"构造基准面"按钮 ，在弹出的"构造基准面"对话框中选择"等距平面"，设置等距距离为 10，在特征树中拾取"平面 XY"，单击 确定 按钮，生成基准面。

（5）在特征树的"平面 1"节点上点击鼠标右键，选择"创建草图"，进入草图状态。单击"圆"按钮 ，在立即菜单中选择"圆心_半径"方式，拾取原点为圆心，使用键盘输入"10"，生成 $\phi20$ 的整圆，如图 3-43 所示。单击"草图器"按钮 ，结束草图绘制。

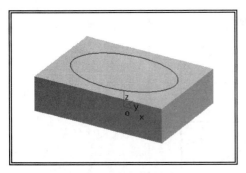

图 3-42　放样草图（一）

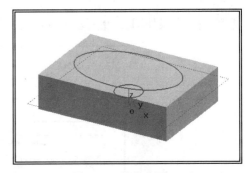

图 3-43　放样草图（二）

提示：作为一个标准的 Windows 软件，CAXA 制造工程师无处不在的快捷菜单，为用户提供了极大的方便，请读者自行尝试在不同情况下使用右键菜单。

（6）单击"放样除料"按钮 ，系统弹出"放样"除料对话框，如图 3-44 所示填写特征参数，左键拾取生成的两个草图轮廓，单击 确定 按钮，生成放样除料特征，完成实体造型，如图 3-45 所示。

图 3-44　选择放样草图轮廓

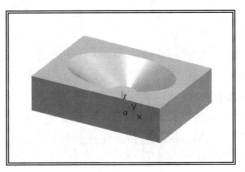

图 3-45　生成放样特征

四、导动特征

（一）导动增料

1. 功能

将草图轮廓沿一条轨迹线扫描，生成一个增加材料的特征。

2. 操作

（1）单击"导动增料"按钮，或单击【造型】→【特征生成】→【增料】→【导动】命令，系统弹出"导动"增料对话框，如图3-46所示。

（2）选择导动方式，拾取导动轨迹线，点击鼠标右键结束拾取。

（3）拾取草图轮廓线，单击 确定 按钮，完成操作。

3. 参数

- 轮廓截面线　需要导动的草图轮廓。
- 轨迹线　草图导动所沿的路径。
- 选项控制　包括"平行导动"和"固接导动"两种方式。

平行导动：截面线沿导动线扫描过程中始终平行它的初始位置，如图3-47所示。

固接导动：截面线在沿导动线扫描过程中，截面线和导动线保持固接关系，即让截面线平面与导动线的切矢方向保持相对角度不变，而且截面线在自身相对坐标架中的位置关系保持不变，如图3-48所示。

- 重新拾取　重新拾取截面线和轨迹线。

图3-46　"导动"增料对话框　　图3-47　平行导动示意　　图3-48　固接导动示意

4. 说明

（1）如果截面线在沿导动线扫描过程中出现自身相交，则会造成特征失败。

（2）如果导动线起点不在草图平面上，系统会先将导动线平移，使导动线起点处于草图平面内，再将草图轮廓沿导动线扫描，生成导动特征。

（二）导动除料

1. 功能

将草图轮廓沿一条轨迹线扫描，生成一个去除材料的特征。

2. 操作

（1）单击"导动除料"按钮，或单击【造型】→【特征生成】→【除料】→【导动】命令，系统弹出"导动"除料对话框，如图3-49所示。

（2）选取草图和导动轨迹线，选择导动方式，单击 确定 按钮，完成操作。

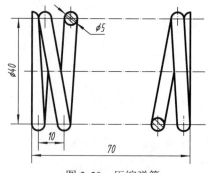

图 3-49 "导动"除料对话框　　　　图 3-50 压缩弹簧

3．参数
- 轮廓截面线　需要导动的草图轮廓。
- 轨迹线　草图导动所沿的路径。
- 选项控制　包括"平行导动"和"固接导动"两种方式。

平行导动：截面线沿导动线扫描过程中始终平行于它的初始位置。

固接导动：截面线在沿导动线扫描过程中，截面线和导动线保持固接关系，即让截面线平面与导动线的切矢方向保持相对角度不变，而且截面线在自身相对坐标架中的位置关系保持不变。

- 重新拾取　重新拾取截面线和轨迹线。

4．说明

（1）如果截面线在沿导动线扫描过程中出现本身相交，则会造成特征失败。

（2）如果导动线起点不在草图平面上，系统会先将导动线平移，使导动线起点处于草图平面内，再将草图轮廓沿导动线扫描，生成导动特征。

【例 4】　压缩弹簧簧丝直径 $d=5$mm，中径 $D_2=40$mm，节距 $t=10$mm，有效圈数 $n=6$，支承圈 $n_2=2.5$，作出压缩弹簧（见图 3-50）的实体造型。

操作步骤如下。

（1）单击"公式曲线"按钮 ，在弹出的"公式曲线"对话框中，单击 提取 按钮，在出现的公式库中，选择"螺旋线"，在对话框中如图 3-51 所示设置参数，单击 确定 按钮，生成公式曲线，如图 3-52 所示。

提示：如果出现螺旋线方位错误，请观察当前坐标平面是否为 XY 面。

（2）在特征树中选择"平面 XZ"，单击"草图器"按钮 ，进入草图，单击"圆"按钮 ，在立即菜单中选择"圆心_半径"，拾取螺旋线起点为圆心，输入圆的半径 2.5，单击 Enter 键，生成 φ5 整圆，点击鼠标右键退出命令。再次单击"草图器"按钮 ，退出草图。

（3）单击"导动增料"按钮 ，系统弹出"导动"增料对话框，如图 3-53 所示，单击 确定 按钮，生成导动增料特征实体造型，如图 3-54 所示。

（4）单击"公式曲线"按钮 ，在"公式曲线"对话框中，如图 3-55 所示设置参数，单击 确定 按钮，单击 Enter 键，在数据输入框中输入",,60"，生成螺旋线。

注意：如将螺旋线节距设为 5，则会因为运算精度的原因，造成特征实体自身相交，所以必须将此处节距设置为略大于弹簧丝直径；半侧支承圈为 1.25 圈，即 360×1.25=450。

（5）在特征树中选择"平面 XZ"，单击"草图器"按钮 ，进入草图，单击"圆"按钮 ，绘制以螺旋线起点为圆心、直径为 5 的整圆，单击"草图器"按钮 ，退出草图。

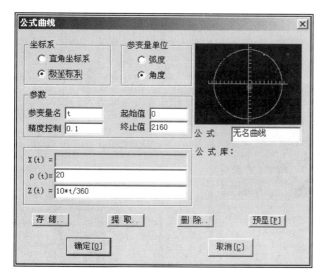
图 3-51 设置公式曲线参数

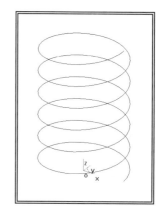
图 3-52 生成螺旋线

图 3-53 设置导动特征参数

图 3-54 生成导动特征实体造型

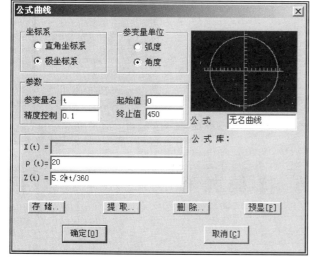
图 3-55 设置螺旋线参数（一）

图 3-56 生成导动增料实体造型（一）

（6）单击"导动增料"按钮，在"导动"增量对话框选择导动方式为固接导动，拾取螺旋线和草图，单击 确定 按钮，生成导动增料特征，如图 3-56 所示。

（7）采用同样方法，生成另一侧支承圈螺旋线，如图 3-57 所示设置公式曲线参数；以 XZ 面为基准面，生成 φ5 整圆的草图轮廓，使用固接导动方法，生成增料特征，如图 3-58 所示。

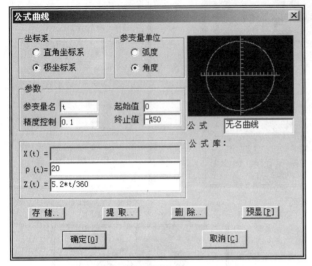
图 3-57 设置螺旋线参数（二）

图 3-58 生成导动增料实体造型（二）

（8）以 XZ 面为基准面，生成草图轮廓，如图 3-59 所示。
（9）单击"拉伸除料"按钮，选择拉伸方式为"贯穿"，生成实体造型，如图 3-60 所示。

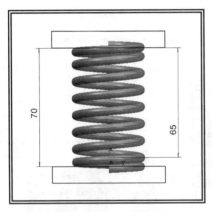
图 3-59 生成除料草图

图 3-60 完成后的压缩弹簧实体造型

第三节 特征操作

一、过渡

1. 功能

对选定的边以给定半径或半径变化规律进行倒圆来修改一个实体。

2. 操作

（1）单击"过渡"按钮，或单击【造型】→【特征生成】→【过渡】命令，系统弹出

"过渡"对话框，如图 3-61 所示。

（2）输入过渡半径，选择过渡方式和结束方式，拾取需过渡的元素，单击 确定 按钮，完成操作。

3. 参数

（1）半径　过渡圆角的尺寸值，可直接输入所需数值，也可单击▲或▼按钮调节。

（2）过渡方式　包括等半径和变半径两种。
- 等半径　整条边或面以固定的尺寸值进行过渡。
- 变半径　在边或面以渐变的尺寸值进行过渡。

（3）结束方式　包括缺省方式、保边方式和保面方式三种。
- 缺省方式　以系统默认的保边或保面方式进行过渡。
- 保边方式　以线面过渡方式生成圆角，如图 3-62(a) 所示。
- 保面方式　以面面过渡方式生成圆角，如图 3-62(b) 所示。

图 3-61　"过渡"对话框

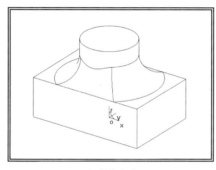
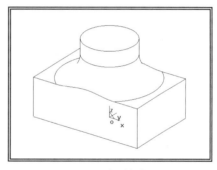

（a）保边方式　　　　　　　　　　　　（b）保面方式

图 3-62　结束方式

（4）线性变化　在变半径过渡时，过渡边界为直线，如图 3-63(a) 所示。

（5）光滑变化　在变半径过渡时，过渡边界为光滑的曲线，如图 3-63(b) 所示。

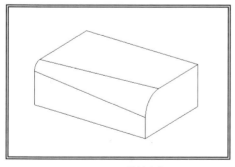
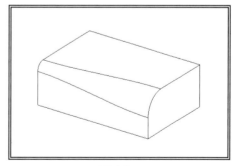

（a）线性变化　　　　　　　　　　　　（b）光滑变化

图 3-63　半径变化规律

（6）需过渡的元素　对需要过渡的实体的边或面的选取。

（7）顶点　在变半径过渡时，所拾取的边上的顶点。

（8）沿切面延顺　在相切的几个表面的边界上，拾取一条边时，可以将整个边界全部过渡。

（9）过渡面后退　使过渡变得缓慢光滑。

4．说明

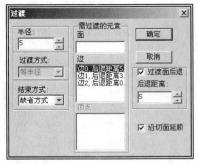

图 3-64　设置过渡面后退参数

（1）使用"过渡面后退"功能时，首先勾选"过渡面后退"选项，然后拾取过渡边，并给定每条边所需要的后退距离，每条边的后退距离可以是相等的也可以是不相等的，如图 3-64 所示。

（2）如果拾取了过渡边而没有勾选"过渡面后退"选项，那么必须重新拾取所有过渡边，这样才能实现过渡面后退功能。

（3）在"过渡"对话框中选择适当的半径值和过渡方式，单击 确定 按钮完成操作，如图 3-65 所示。图 3-66 所示为没有过渡面后退的情况。

（4）在进行变半径过渡时，只能拾取边，不能拾取面。

（5）变半径过渡时，注意控制点的顺序。

（6）使用过渡面后退功能时，过渡边不能少于 3 条曲线，而且要有公共点。

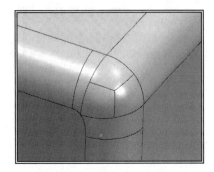

图 3-65　过渡面后退的情况

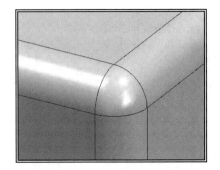

图 3-66　没有过渡面后退的情况

二、倒角

1．功能

通过定义所需的倒角尺寸，在实体的棱边上形成斜角（见图 3-67）。

2．操作

（1）单击"倒角"按钮 ，或单击【造型】→【特征生成】→【倒角】命令，系统弹出"倒角"对话框，如图 3-68 所示。

（2）填入距离和角度，拾取需要倒角的棱边，单击 确定 按钮完成操作。

3．参数

● 距离　倒角的尺寸值，可以直接输入数值，也可以单击 ▲ 或 ▼ 按钮来调节。

● 角度　倒角的角度值，可以直接输入所需数值，也可以单击 ▲ 或 ▼ 按钮来调节。

● 需倒角的元素　对需要过渡的实体边的选取。

● 反方向　与默认方向相反的方向进行操作。

4．说明

只有当实体的棱边为直线时才可以进行倒角操作。

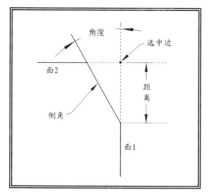

图 3-67 倒角示意

图 3-68 "倒角"对话框

三、抽壳

1. 功能

根据指定壳体的厚度,将实心物体抽成内空的薄壳体。

2. 操作

(1) 单击"抽壳"按钮,或单击【造型】→【特征生成】→【抽壳】命令,系统弹出"抽壳"对话框,如图 3-69 所示。

(2) 输入抽壳厚度,拾取需抽去的面,单击 确定 按钮完成操作。

3. 参数

● 厚度 抽壳后实体的壁厚。

● 需抽去的面 选择在"抽壳"操作中需要打开的实体表面。

● 向外抽壳 与默认抽壳方向相反,在同一个实体上分别按照两个方向生成实体。

图 3-69 "抽壳"对话框

【例 5】 生成如图 3-70 所示支架的实体造型。

操作步骤如下。

(1) 以 YZ 面为基准面,单击 F2 键,进入草图,绘制如图 3-71 所示草图轮廓线。

(2) 单击"拉伸增料"按钮,在"拉伸"对话框中选择"固定深度"、"深度:30",单击 确定 按钮,生成实体造型,如图 3-72 所示。

(3) 单击"抽壳"按钮,在弹出的"抽壳"对话框(见图 3-73)中单击"需抽去的面"下拉列表框,在绘图区中拾取面 2、面 3、面 4、面 5、面 6(见图 3-74),单击"多厚度面"列表框,在绘图区中拾取面 0、面 1,在"抽壳"对话框的"多厚度面"列表框中单击"面<0>",在"厚度"输入框中输入"7",单击"面<1>",在"厚度"输入框中输入"5",单击 确定 按钮,生成抽壳特征。

提示:拾取实体面后,该棱边红色亮显,如出现拾取错误,可再次拾取以取消该实体面。

(4) 单击"过渡"按钮,在弹出的"过渡"对话框中选择"过渡方式:等半径"、"半径:6",在绘图区中拾取过渡边(见图 3-75),单击 确定 按钮,生成过渡特征。

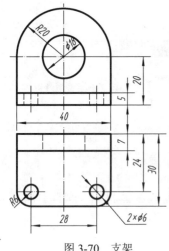
图 3-70 支架

图 3-71 生成草图　　图 3-72 拉伸特征实体造型

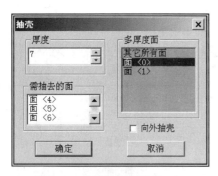
图 3-73 设置抽壳参数（一）

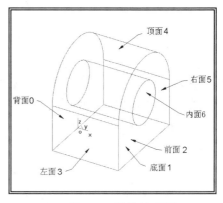
图 3-74 拾取抽壳面

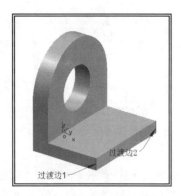
图 3-75 拾取过渡边（一）

图 3-76 完成后的实体造型

（5）拾取底板顶面作为基准面，创建草图，利用拉伸除料特征生成螺栓孔，完成支架的实体造型，如图 3-76 所示。

提示：通常情况下，会考虑使用两个拉伸特征生成该实体造型，但此处使用了特征处理的方法生成实体，采用的是另一种思路，不仅操作过程简单，而且其参数编辑能力更强，这一点请读者认真体会。在很多情况下，合理地使用特征处理生成实体会收到很好的效果。

四、拔模

拔模是指以指定的角度斜削模型中所选的面。CAXA 制造工程师提供了中立面拔模和分型线拔模两种方式（见图 3-77）。

（一）中立面拔模

1. 功能

保持中性面与拔模面的交线不变，按指定拔模角度对拔模面进行旋转操作。

2. 操作

（1）单击"拔模"按钮 ![icon]，或单击【造型】→【特征生成】→【拔模】命令，系统弹出"拔模"对话框，在"拔模类型"中选择"中立面"，如图 3-77(a) 所示。

（2）填写拔模角度，拾取中性面和拔模面，单击 确定 按钮完成操作。

(a) 中立面拔模

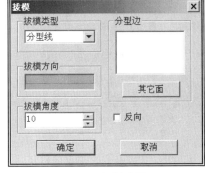
(b) 分型线拔模

图 3-77 "拔模"对话框

3. 参数

- 拔模角度　拔模面法线与中立面所夹的锐角。
- 中性面　拔模起始的位置。
- 拔模面　需要进行拔模的实体表面。
- 向里　与默认拔模方向相反。

（二）分型线拔模

1. 功能

保持分型线不变，对分型边所在的面进行按指定的拔模角度进行旋转操作。

2. 操作

（1）单击"拔模"按钮 ![icon]，或单击【造型】→【特征生成】→【拔模】命令，系统弹出"拔模"对话框，在"拔模类型"中选择"分型线"，如图 3-77(b) 所示。

（2）填入拔模角度，选择拔模方向，拾取分型边，单击 确定 按钮完成操作。

3. 参数

- 拔模方向　以所拾取的面的法线或实体棱边来定义拔模方向矢量。
- 拔模角度　拔模面法线与中立面所夹的锐角。
- 分型边　拔模时不变的实体边界。
- 其他面　切换拔模面。
- 反向　与默认拔模方向相反。

4. 说明

拾取分型边时，系统以从分型边开始的箭头方向指示拔模面，单击 其它面 按钮，可切换拔模面。

五、筋板

1. 功能

在指定位置增加加强筋。

2. 操作

（1）单击"筋板"按钮，或单击【造型】→【特征生成】→【筋板】命令，系统弹出"筋板特征"对话框，如图3-78所示。

图3-78 "筋板特征"对话框

（2）选取筋板加厚方式，填写厚度，拾取草图，单击 确定 按钮完成操作。

3. 参数

● 单向加厚　按照固定的方向和厚度生成实体。

● 反向　与默认给定的单向加厚方向相反。

● 双向加厚　从筋板草图的基准面向两个方向对称加厚生成实体。

● 加固方向反向　沿默认加固方向的反方向加厚。

● 拾取草图　拾取需要生成筋板的草图轮廓。

4. 说明

（1）加固方向应指向实体，否则操作失败。

（2）草图形状可以不封闭，且图线具有延伸功能。

【例6】 生成如图3-79所示轴架的实体造型。

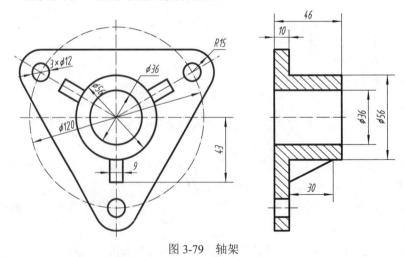

图3-79 轴架

操作步骤如下。

（1）以XY面为基准面，单击 F2 键，进入草图状态，绘制如图3-80所示草图轮廓线，单击 F2 键退出草图，单击"拉伸增料"按钮，在"拉伸"对话框中选择"固定深度"、"深度：10"，单击 确定 按钮，生成实体造型，如图3-81所示。

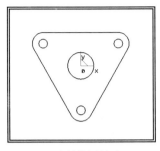
图 3-80 绘制草图轮廓（一）

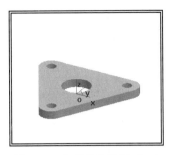
图 3-81 生成拉伸特征（一）

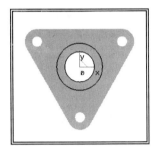
图 3-82 绘制草图轮廓（二）

图 3-83 生成拉伸特征（二）

（2）点选实体上表面，点击鼠标右键，选择"创建草图"，进入草图状态，单击"圆"按钮 ⊙，在立即菜单中选择"两点_半径"，拾取原点为圆心，键入 18、键入 28，绘制两 φ36、φ56 的同心圆，如图 3-82 所示，单击 F2 键退出草图状态。单击"拉伸增料"按钮 ，在"拉伸"对话框中选择"固定深度"、"深度：36"，单击 确定 按钮，生成实体造型，如图 3-83 所示。

（3）以 YZ 面为基准面，单击 F2 键，进入草图状态，单击"直线"按钮 ，键入"-43，0"，键入"@（43-56/2），30"，生成直线；单击"平移"按钮 ，在立即菜单中选择"偏移量"、"移动"、"DX：0"、"DY：10"，拾取直线，将其上移 10，完成的草图如图 3-84 所示，单击 F2 键退出草图状态。单击"筋板"按钮 ，在"筋板特征"对话框中选择"双向加厚"、"厚度：9"，拾取草图，单击 确定 按钮，生成实体造型，如图 3-85 所示。

图 3-84 绘制筋板草图

图 3-85 生成筋板特征

（4）单击"直线"按钮 ，绘制一条沿 Z 轴方向的辅助线，单击"环形阵列"按钮 ，在弹出的"环形阵列"对话框中，如图 3-86 所示填写阵列参数，在绘图区中拾取筋板为阵列对象、拾取 Z 向直线为基准轴，单击 确定 按钮，生成环形阵列，如图 3-87 所示。

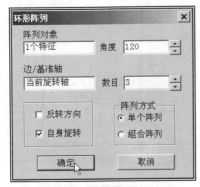
图3-86 填写环形阵列参数

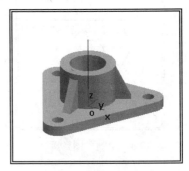
图3-87 生成环形阵列

六、孔

1. 功能

指在平面上直接去除材料生成各种类型的孔特征。

2. 操作

（1）单击"打孔"按钮 ，或单击【造型】→【特征生成】→【孔】命令，系统弹出"孔的类型"对话框，如图3-88(a)所示。

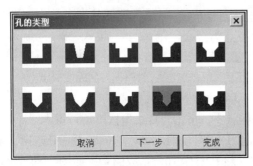

（a）"孔的类型"对话框　　　　（b）"孔的参数"对话框

图3-88 "打孔"对话框

（2）拾取打孔平面，选择孔的类型，指定孔的定位点，单击 下一步 按钮，系统弹出"孔的参数"对话框，如图3-88(b)所示。

（3）填写孔的参数，单击 完成 按钮，生成孔特征。

3. 说明

（1）通孔时，"深度"项不可用。

（2）指定孔的定位点时，拾取打孔平面后，单击 Enter 键，可在弹出的数据输入框内直接输入打孔位置的坐标值。

七、线性阵列

1. 功能

沿一条或两条直线方向生成选定特征的多个实例。

2. 操作

（1）单击"线性阵列"按钮 ，或单击【造型】→【特征生成】→【线性阵列】命令，系统弹出"线性阵列"对话框,如图3-89所示。

(2)分别在第一和第二阵列方向,拾取阵列对象和边/基准轴,填写阵列距离和数目,单击 确定 按钮完成操作。

3. 参数

(1)方向　设置阵列的第一方向和第二方向。

(2)阵列对象　要进行阵列的特征。

(3)边/基准轴　阵列所沿的指示方向的边或者基准轴。

(4)距离　阵列对象相距的尺寸值。

(5)数目　阵列对象的个数。

(6)反转方向　沿默认方向相反的方向进行阵列。

图3-89　"线性阵列"对话框

4. 说明

(1)如果特征A附着(依赖)于特征B,当阵列特征B时,特征A不会被阵列。

(2)两个阵列方向都要选取。

八、环形阵列

1. 功能

绕一旋转轴以圆周阵列的方式,生成选定特征的多个实例。

2. 操作

(1)单击"环形阵列"按钮 ,或单击【造型】→【特征生成】→【环形阵列】命令,系统弹出"环形阵列"对话框,如图3-90所示。

(2)拾取阵列对象和边/基准轴(旋转轴),输入角度和数目,单击 确定 按钮完成操作。

3. 参数

(1)阵列对象　要进行阵列的特征。

(2)边/基准轴　阵列所沿的指示方向的边或者直线。

(3)角度　阵列对象所夹的角度值。

(4)数目　阵列对象的个数。

(5)反转方向　沿默认方向的反方向进行阵列。

(6)自身旋转　在阵列过程中,所选对象在绕阵列中心旋转的同时,也绕自身的中心旋转。

4. 说明

(1)旋转轴应为空间直线。

(2)如果特征A附着(依赖)于特征B,当阵列特征B时,特征A不会被阵列。

【例7】　生成如图3-91所示齿轮泵泵盖的实体造型。

操作步骤如下。

(1)绘制底板草图。以XY面为基准面,生成如图3-92所示草图轮廓。

(2)生成底板。单击"拉伸增料"按钮 ,在"拉伸"对话框中选择"固定深度"、"深度:10",拾取草图,单击 确定 按钮,生成基础体。

(3)构造凸台草图基准面。单击"构造基准面"按钮 ,在"构造基准面"对话框中选择等距平面,在特征树中拾取XY平面,输入"距离:22",单击 确定 按钮,生成基准面。

101

图 3-90 "环形阵列"对话框

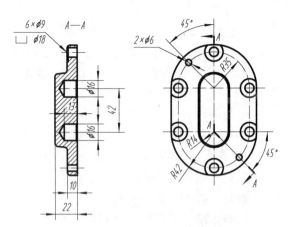

图 3-91 泵盖零件简图

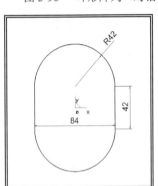

图 3-92 绘制底板草图

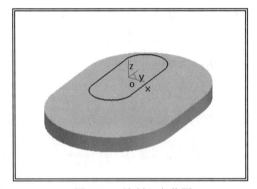

图 3-93 绘制凸台草图

(4) 生成凸台草图。单击"草图器"按钮 , 进入草图状态; 单击"曲线投影"按钮 , 拾取底板所有边界线, 生成投影线; 单击"等距线"按钮 , 设置等距距离为 28, 将所有投影线向内等距 28 mm, 生成草图轮廓, 如图 3-93 所示。

(5) 生成凸台。单击"拉伸增料"按钮 , 在弹出的"拉伸增料"对话框中(如图 3-94 所示)设置参数,在绘图区中拾取草图作为拉伸对象,拾取底板顶面作为拉伸终点,单击 按钮,生成凸台特征,如图 3-95 所示。

图 3-94 设置拉伸参数

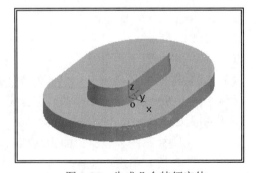

图 3-95 生成凸台特征实体

(6) 生成圆角过渡。单击"过渡"按钮 , 设置过渡半径为 3~5, 注意选中"沿切面顺延"选项, 在绘图区中如图 3-96 所示拾取边界, 单击 按钮, 生成圆角过渡特征。

提示: 因已选中"沿切面顺延"选项, 拾取边界时, 分别拾取三个边界轮廓中的任一条实体边即可。

(7) 定位打孔位置。单击"相关线"按钮，在立即菜单中选择"实体边界"，拾取底板底面的所有实体边，生成边界线。单击"等距线"按钮，设置等距距离为 7，如图 3-97 所示拾取边界线，向内等距生成等距线。单击"点"按钮，在立即菜单中选择"批量点"、"等分点"、"段数：4"，在绘图区中拾取边界圆弧，生成打孔定位点。

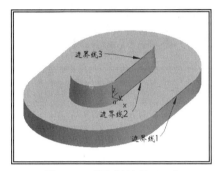
图 3-96 拾取过渡边（二）

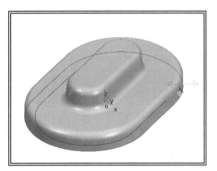
图 3-97 生成等距线

提示：在很多情况下，采用构造曲线的方法要比绘制曲线的方法方便。

(8) 生成螺栓孔。单击"打孔"按钮，依状态栏提示拾取底板顶面为打孔平面，在"孔的类型"对话框中如图 3-98(a) 所示选择孔型，在绘图区拾取等距线的端点为孔的定位点。单击 下一步 按钮，在弹出的"孔的参数"对话框中如图 3-98(b) 所示设置参数，单击 完成 按钮，生成螺栓孔。

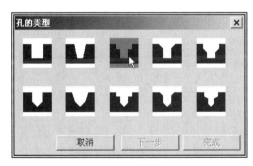
(a) 选择孔型

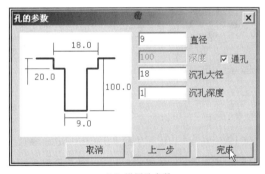
(b) 设置孔参数

图 3-98 设置打孔参数（一）

提示：通常情况下，造型应本着先主后次、先简后繁（可加快建模速度）的原则进行，但在本例中，采用了先过渡、后打孔的建构顺序，其原因在于如果先打孔、后生成过渡，将导致因实体边界过于复杂而造型失败。

(9) 绘制旋转轴。单击"直线"按钮，在立即菜单中选择"两点线"、"正交"，单击 C 键，拾取圆弧边界线，以圆心为直线起点，按 F9 键，切换当前平面为 YZ 面或 XZ 面，拖动光标，单击 S 键，在适当位置单击鼠标左键，生成旋转轴。

(10) 生成环形阵列。单击"环形阵列"按钮，在弹出的"环形阵列"对话框中如图 3-99 所示设置阵列参数，单击"阵列对象"文本框，拾取孔特征，单击"边/基准轴"文本框，拾取轴线，单击 确定 按钮，生成环形阵列，如图 3-100 所示。按步骤（7）、步骤（8），生成另一侧螺栓孔。

图3-99 设置环形阵列参数（一）

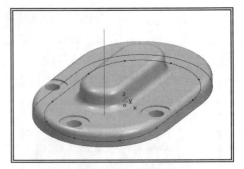
图3-100 生成环形阵列（二）

提示：如在绘图区中不能拾取到孔特征，可以在特征树中单击"打孔"节点。

（11）生成定位销孔。单击"打孔"按钮，依状态栏提示拾取底板顶面为打孔平面，在"孔的类型"对话框中，如图3-101(a)所示选择孔型，在绘图区拾取孔的定位点。在弹出的"孔的参数"对话框中，如图3-101(b)所示设置孔的参数，单击 完成 按钮，生成销孔。采用同样方法，生成另一销孔。

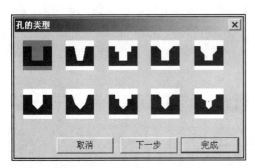
(a) 选择孔型

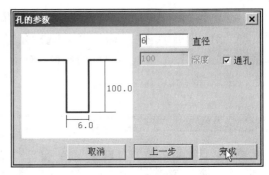
(b) 设置孔参数

图3-101 设置打孔参数（二）

（12）生成轴孔。单击"打孔"按钮，依状态栏提示拾取底板底面为打孔平面，在"孔的类型"对话框中，如图3-102(a)所示选择孔型，在绘图区拾取轴线端点为孔的定位点。单击 下一步 按钮，在弹出的"孔的参数"对话框中，如图3-102(b)所示设置孔的参数，单击 完成 按钮，生成轴孔。采用同样方法，生成另一轴孔。

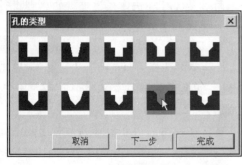
(a) 选择孔型

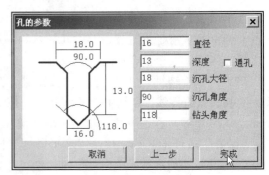
(b) 设置孔参数

图3-102 设置打孔参数

(13) 将所有的辅助线删除或隐藏，完成泵盖的实体造型，如图3-103所示。

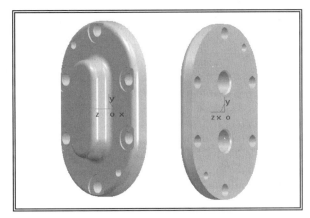

图3-103 泵盖的实体造型

九、缩放

1. 功能

给定基准点对零件进行放大或缩小。

2. 操作

(1) 单击"缩放"按钮，或单击【造型】→【特征生成】→【缩放】命令，系统弹出"缩放"对话框，如图3-104所示。

(2) 选择基点或输入数据点，单击 确定 按钮，完成操作。

3. 参数

(1) 基点 包括零件质心、拾取基准点和给定数据点三种。

● 零件质心 以零件的质心为基点进行缩放。

● 拾取基准点 根据拾取的工具点为基点进行缩放。

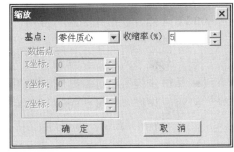

图3-104 "缩放"对话框

● 给定数据点 以输入坐标的点为基点进行缩放。

(2) 收缩率 放大或缩小的比率。正值表示放大，负值表示缩小。

十、型腔

1. 功能

以零件为型腔，生成包围此零件的模具。

2. 操作

(1) 单击"型腔"按钮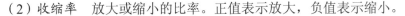，或单击【造型】→【特征生成】→【型腔】命令，系统弹出"型腔"对话框，如图3-105所示。

(2) 分别输入收缩率和毛坯放大尺寸，单击 确定 按钮完成操作。

3. 参数

● 收缩率 放大或缩小的比率。正值表示放大，负值表示缩小。

● 毛坯放大尺寸 可以直接输入所需数值，也可以单击按钮来调节。

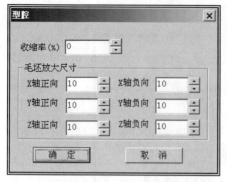

图 3-105 "型腔"对话框

图 3-106 "分模"对话框

4. 说明

收缩率介于-20%~20%之间。

十一、分模

1. 功能

使模具按照给定的方式分成几个部分。

2. 操作

（1）单击"分模"按钮 ，或单击【造型】→【特征生成】→【分模】命令，系统弹出"分模"对话框，如图 3-106 所示。

（2）选择分模形式和除料方向，拾取草图或曲面，单击 确定 按钮完成操作。

3. 参数

（1）分模形式　包括草图分模和曲面分模两种方式。

● 草图分模　通过所绘制的草图进行分模。

● 曲面分模　通过曲面进行分模，参与分模的曲面可以是多张边界相连的曲面。

（2）除料方向选择　选择除去哪一部分实体。

第四节　特征生成实例

【实例 1】　生成如图 3-107 所示扳手的实体造型。

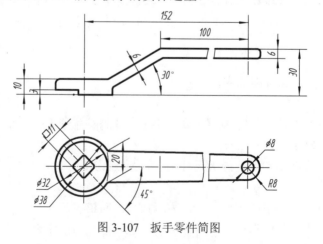

图 3-107　扳手零件简图

操作步骤如下。

1. 调整图线位置

（1）打开"扳手.mxe"文件。

（2）单击"旋转"按钮 ⊙，在立即菜单中选择"移动"、"角度：90"，依状态栏提示，如图 3-108 所示拾取旋转轴起点和终点，拾取绘图区上部所有图线作为旋转对象，点击鼠标右键确认，将图线旋转 90°。

（3）单击"平移"按钮 ⊙，在立即菜单中选择"两点"、"移动"、"正交"，拾取平移图线，选择基点，拖动光标至目标点（见图 3-109），单击鼠标左键，将图线放置在正确的位置上。

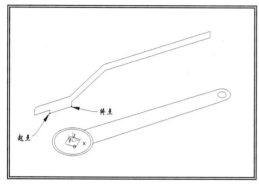

图 3-108　旋转图线

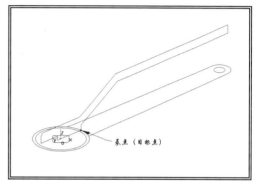

图 3-109　平移图线（一）

2. 生成拉伸增料特征

（1）以 XZ 面为基准面，进入草图状态。

（2）单击"曲线投影"按钮 ⊙，拾取曲线，生成投影线，将投影线 P1、P2 适当延长，单击"直线"按钮 ⁄，将草图图线连接成封闭轮廓线，如图 3-110 所示。

（3）单击"拉伸增料"按钮 ⊙，在弹出的"拉伸"对话框中选择"双向拉伸"、"深度：30"，拾取草图，单击 确定 按钮，生成拉伸特征实体，如图 3-111 所示。

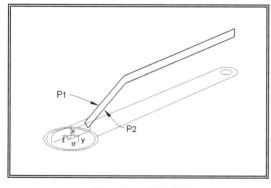

图 3-110　生成草图

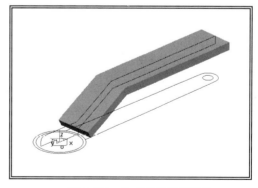

图 3-111　生成拉伸特征实体

注意：拉伸深度值只需大于手柄宽度即可。

3. 生成拉伸除料特征

（1）以 XY 面为基准面，进入草图状态。

（2）单击"曲线投影"按钮 ⊙，拾取曲线，生成投影线，单击"矩形"按钮 ⊡，绘制一个矩形，将投影线 P3、P4 适当延长，将图线的多余部分裁掉，使草图图线形成封闭的轮廓线，如图 3-112 所示。

（3）单击"拉伸除料"按钮，在弹出的"拉伸"对话框中选择"贯穿"项，拾取草图，单击 确定 按钮，生成拉伸除料特征，如图 3-113 所示。

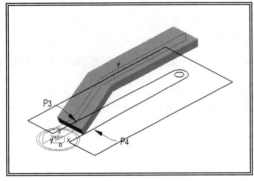

图 3-112 生成除料草图

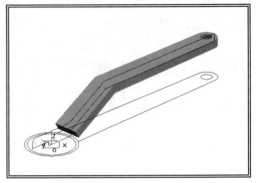

图 3-113 生成拉伸除料特征

4. 生成圆柱体

（1）以 XY 面为基准面，进入草图状态。

（2）单击"曲线投影"按钮，拾取 φ38 圆，生成投影线，单击 F2 键，退出草图状态。

（3）单击"拉伸增料"按钮，在弹出的"拉伸"对话框中选择"固定深度"、"深度：10"，拾取草图，单击 确定 按钮，生成拉伸特征实体，如图 3-114 所示。

5. 生成圆角过渡

（1）单击"过渡"按钮，在立即菜单中设置过渡半径为 1～3，如图 3-114 所示拾取过渡边 1、过渡边 2，单击 确定 按钮，生成圆角过渡。

（2）单击"过渡"按钮，在立即菜单中设置过渡半径为 1～3，选中"沿切面顺延"选项，如图 3-115 所示拾取过渡边 3、过渡边 4，单击 确定 按钮，生成圆角过渡。

图 3-114 生成拉伸特征实体

图 3-115 生成过渡特征

（3）单击"过渡"按钮，在立即菜单中设置过渡半径为 3，拾取圆柱体顶面实体边界，单击 确定 按钮，系统弹出"错误信息"对话框，提示用户过渡失败的原因，单击 取消(C) 按钮，结束操作。

6. 删除特征

（1）在特征树的圆柱体拉伸增料节点上点击鼠标右键，选择"删除"命令，将特征删除。

（2）在生成该特征的草图节点上点击鼠标右键，选择"删除"命令，将该拉伸增料草图删除。

7. 重生成圆柱体

（1）以 XY 面为基准面，进入草图状态。

（2）单击"曲线投影"按钮 ![icon]，拾取投影线，经编辑生成如图 3-116 所示草图。

（3）单击"直线"按钮 ![icon]，绘制沿 Z 轴方向的旋转轴线。

（4）单击"旋转增料"按钮 ![icon]，在弹出的"拉伸"对话框中选择"单向旋转"、"角度：360"，拾取轴线和草图，单击 ![确定] 按钮，生成旋转特征。

8. 修改实体造型

以 XY 面为基准面，进入草图状态，利用曲线投影功能生成草图，利用拉伸除料功能生成如图 3-117、图 3-118 所示除料特征。

9. 生成圆角过渡

单击"过渡"按钮 ![icon]，在立即菜单中设置过渡半径为 1～3，选中"沿切面顺延"选项，如图 3-119 所示拾取过渡边，单击 ![确定] 按钮。如出现造型失败提示，则单击 ![取消(C)] 按钮，取消过渡操作。

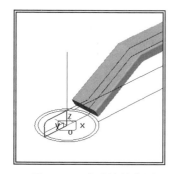
图 3-116　生成旋转草图

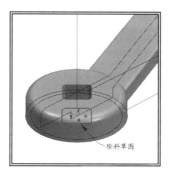
图 3-117　生成除料特征（一）

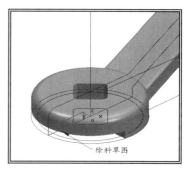
图 3-118　生成除料特征（二）

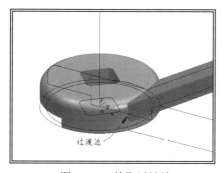
图 3-119　拾取过渡边

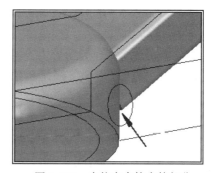
图 3-120　未能完全接合的部分

10. 修改草图

（1）注意观察该实体造型，可发现零件实体的两部分未能完全接合，如图 3-120 所示。

（2）如图 3-121 所示在手柄上单击鼠标左键，点击鼠标右键，在弹出的快捷菜单中选择"编辑草图"命令；或在特征树的对应节点上点击鼠标右键，选择"编辑草图"命令，如图 3-122 所示。

（3）在草图状态下，如图 3-123 所示编辑草图。

（4）单击 F2 键，系统对特征进行重生成。

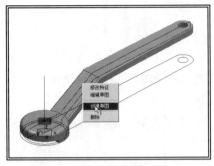  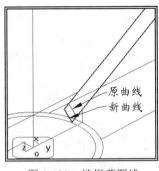

图 3-121　快捷菜单（拾取实体）　　图 3-122　快捷菜单（特征树）　　图 3-123　编辑草图线

11. 生成圆角过渡

单击"过渡"按钮 ⊙，在立即菜单中设置过渡半径为 1~3，选中"沿切面顺延"选项，拾取过渡边，单击 确定 按钮，生成扳手的实体造型，如图 3-124 所示。

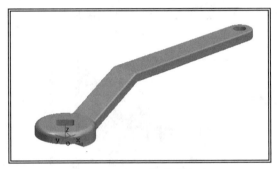

图 3-124　扳手的实体造型

本例小结

（1）CAXA 制造工程师提供了草图和特征的编辑功能，在实体造型过程中，系统按时间顺序对特征进行排列，并可随时对草图及特征进行修改，系统将根据特征树中的特征顺序对模型进行重生成，本案例利用这一功能，对造型过程中所出现的问题进行了及时的修改。

（2）在建构实体造型时，首先需要在头脑中建立零件的整体形状，然后结合系统所提供的功能，将零件分解为几个部分，并合理安排特征顺序，以提高操作效率和成功率。

【**实例 2**】　生成如图 3-125 所示轮轴的实体造型。

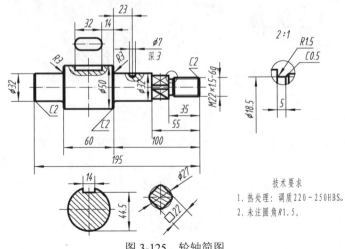

图 3-125　轮轴简图

110

操作步骤如下。

方法一

1. 生成轮轴主体

以 YZ 面为基准面,进入草图状态,绘制 φ22 圆,单击"拉伸增料"按钮,在对话框中选择"固定深度"、"深度:30"、选中"反向拉伸",单击 确定 按钮,生成圆柱体。采用同样方法,根据轮轴平面图生成轮轴主体的其他部分,如图 3-126 所示。

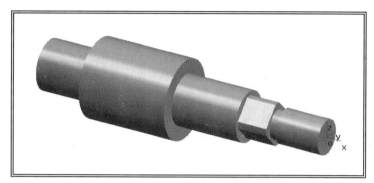

图 3-126 轮轴主体部分的特征实体造型

2. 生成键槽

(1) 生成基准面。单击"构造基准面"按钮,使用等距平面方式生成距 XY 面 19.5 mm 的基准面。

(2) 绘制草图。单击 F2 键,进入草图状态,单击"矩形"按钮,绘制 32×14 矩形,并将其放置在原点,利用过渡功能生成两侧圆角,单击"平移"按钮,选择"两点"、"移动",拾取所有的草图图线,点击鼠标右键确认。拾取右侧圆弧中点为基点,单击 C 键,移动光标,拾取如图 3-127 所示的实体边界,图线被平移到该实体边的圆心,在草图平面的投影位置,在立即菜单中选择"偏移量"、"移动"、"DX:-14",拾取所有草图图线,点击鼠标右键确认,将草图图线移动到正确的位置上,如图 3-127 所示。

提示:在绘制图线时,采用先定形后定位的方法可有效降低计算量。

(3) 生成除料特征。单击"拉伸除料"按钮,使用拉伸除料功能生成键槽(见图 3-128)。

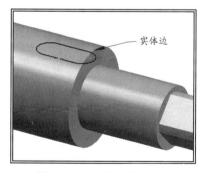

图 3-127 平移图线(二)

图 3-128 完成定位的草图

3. 生成轴孔

(1) 生成基准面。单击"相关线"按钮,在立即菜单中选择"实体边界"拾取轴肩处实体边界线,生成相关曲线。单击"点"按钮,在立即菜单中选择"单个点",单击 K 键,如图 3-129 所示拾取相关线，生成孤立点。单击"构造基准面"按钮，在弹出的"构造基准面"对话框中选择"过点且平行于平面"，在特征树中拾取 XY 面，在绘图区拾取生成的孤立点，生成基准面。

（2）绘制草图。以孤立点为圆心，生成 φ7 圆，使用平移功能将圆右移 23mm，完成的草图如图 3-130 所示。

图 3-129　生成孤立点

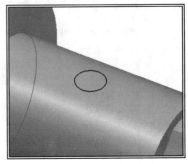
图 3-130　除料草图

（3）生成特征。使用拉伸除料特征，生成深度为 3 的除料特征。

提示：因打孔特征不能在曲面上生成，故此处采用拉伸除料特征生成孔特征。

4. 生成钻头孔

（1）选择草图平面。在孔底平面点击鼠标右键，选择"创建草图"命令，如图 3-131 所示。

（2）绘制草图。单击"曲线投影"按钮，如图 3-132 所示拾取实体边界，生成投影线，单击 F2 键，退出草图状态。

图 3-131　进入草图状态

图 3-132　生成投影线

注意：不能利用轴孔顶部边界生成投影线。因该边界线为样条曲线，经投射生成的投影线同样为样条曲线，会导致在利用草图生成特征时因运算过于复杂而造型失败。

（3）生成除料特征。单击"拉伸除料"按钮，在出现的"拉伸"对话框中，如图 3-133 所示设置参数，单击 确定 按钮，生成拉伸除料特征，完成的定位孔如图 3-134 所示。

提示：深度值只需大于实际深度即可。系统将忽略由拉伸特征所生成的第二个除料实体。

5. 生成圆角过渡和倒角过渡

利用过渡和倒角特征，生成圆角过渡和倒角过渡，完成轮轴的实体造型，如图 3-135 所示。

图 3-133 设置拉伸参数

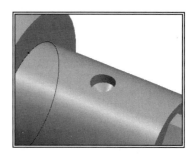
图 3-134 完成后的孔特征

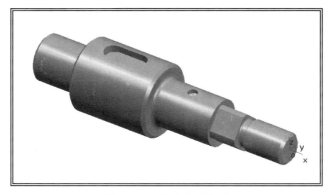
图 3-135 轮轴实体造型

方法二

1. 生成旋转特征实体

（1）选择草图平面。以 XZ 面为基准面，进入草图状态。

（2）绘制草图。单击"直线"按钮 ，使用键盘输入：

0↵（以"0，0"点为直线起点）

11↵（绘制直线 1）

@，－30↵（绘制直线 2）

@（18.5－22）/2↵（绘制直线 3）

@，－5↵（绘制直线 4）

@（27－18.5）/2↵（绘制直线 5）

@，－20↵（绘制直线 6）

@（32－27）/2↵（绘制直线 7）

@，－45↵（绘制直线 8）

@（50－32）↵（绘制直线 9）

@，－60↵（绘制直线 10）

@（32－50）/2↵（绘制直线 11）

@，－35↵（绘制直线 12）

@－16↵（绘制直线 13）

0↵（绘制直线 14）

绘制完成后的曲线如图 3-136 所示，使用曲线编辑的圆弧过渡和倒角过渡功能，对草图进行修整，完成的草图轮廓如图 3-137 所示。

113

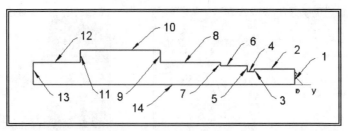

图 3-136　旋转草图轮廓

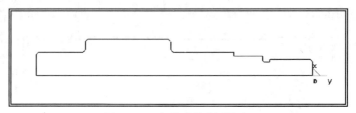

图 3-137　完成后的草图轮廓

（3）绘制旋转轴。单击 F2 键，退出草图状态，单击"直线"按钮，绘制一条沿 X 轴方向的直线。

（4）生成旋转特征。单击"旋转增料"按钮，拾取草图和旋转轴，生成旋转特征实体，如图 3-138 所示。

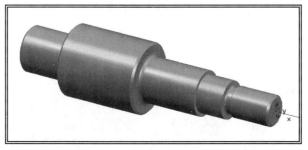

图 3-138　生成旋转特征实体

2．修整实体

（1）选择草图平面。如图 3-139 所示拾取实体表面，点击鼠标右键，选择"创建草图"命令，进入草图状态。

（2）绘制草图。使用矩形绘制功能，绘制 22×22 矩形，单击"平面旋转"按钮，将矩形旋转 45°，单击"圆"按钮，绘制一圆，如图 3-140 所示。

图 3-139　选择基准面

图 3-140　绘制草图（三）

（3）生成拉伸特征。单击"拉伸除料"按钮 ▣，在弹出的"拉伸除料"对话框中选择"拉伸到面"，在绘图区中如图 3-141 所示拾取草图和曲面，单击 确定 按钮，生成的特征如图 3-142 所示。

提示：出现这种现象是因为在使用草图外轮廓线除料时，将实体分割为两部分，系统只能保留其中的一个部分而造成的。

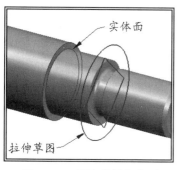 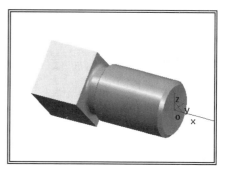

图 3-141　拾取草图和曲面　　　　　　图 3-142　生成拉伸特征（三）

（4）单击"撤销"按钮 ↶▼，取消前次操作。如图 3-139 所示选择基准面，点击鼠标右键，选择"创建草图"命令，进入草图状态。单击"曲线投影"按钮 ⬚，拾取圆和矩形右侧两条边，生成投影线，单击"直线"按钮 ╱，绘制直线，经修整后生成封闭的草图轮廓。

（5）对前一草图进行修整，完成后的两个草图如图 3-143 所示。

（6）分别使用两草图进行拉伸除料特征操作，除料结果如图 3-144 所示。

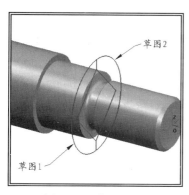 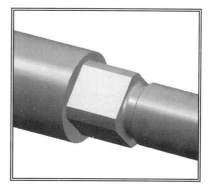

图 3-143　修整草图　　　　　　图 3-144　生成拉伸除料特征（二）

3. 生成定位孔和键槽

生成定位孔和键槽的方法，与方法一相同，此处不再赘述。

本例小结

（1）在本实例中，使用了两种方法生成齿轮轴的基础体造型，使用拉伸方法生成基础体时，草图相对比较简单，在编辑草图和修改特征时很方便，是一种比较灵活的方法，但这种方法的特征数较多，在特征重生成时速度较慢；使用旋转方法生成基础体时，草图比较复杂，修改草图时很不方便，但省掉了许多的过渡和倒角特征，因而特征数比较少，在特征重生成时速度比较快，造型成功率较高。

（2）在特征实体建模过程中，复杂的草图在模型重建时速度比较快，如草图圆角的重建速度比圆角特征快，而且因减少了特征数，造型成功率比较高，但是复杂草图的绘制和编辑都比较麻烦。

在建立特征实体造型时,应综合考虑草图和特征的两方面因素,合理选用建构方法。

【**实例3**】 生成如图 3-145 所示系列玩具积木的实体造型。

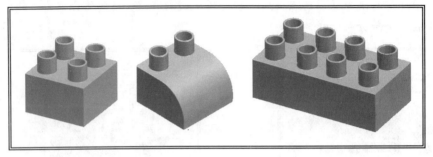

图 3-145 系列玩具积木的实体造型

(1) 在特征树的 ◇ 平面XY 节点上点击鼠标右键,选择"创建草图"命令,进入草图状态,单击"矩形"按钮 □,绘制 31.5×31.5 的矩形,将其放置在原点,单击 F2 键退出草图状态,单击"拉伸增料"按钮 ⓖ,在"拉伸"对话框中设置拉伸方式为"固定深度"、"深度:19",单击 确定 按钮,生成拉伸特征实体。

(2) 单击"抽壳"按钮 ⓖ,在弹出的"抽壳"对话框中如图 3-146 所示设置参数,在绘图区中拾取立方体底面为抽去的面,单击 确定 按钮,生成抽壳特征,如图 3-147 所示。

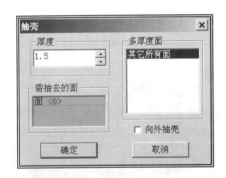

图 3-146 设置抽壳参数

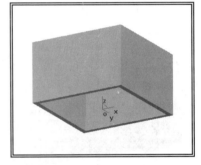

图 3-147 生成抽壳特征

(3) 如图 3-148 所示拾取实体面,点击鼠标右键,选择"创建草图"命令,进入草图状态。单击"圆"按钮 ⊙,在立即菜单中选择"圆心_半径",拾取原点为圆心,输入"7.25",按 Enter 键,键入"6.5",按 Enter 键,绘制两个 φ14.5、φ13 的同心圆。单击"矩形"按钮 □,绘制 12.5×12.5 的矩形,将其放置在原点,单击"曲线裁剪"按钮 ⓖ,将曲线的多余部分裁掉,完成的草图如图 3-149 所示。单击"拉伸增料"按钮 ⓖ,在"拉伸"对话框中选择"固定深度"、"深度:15",在绘图区中拾取草图,单击 确定 按钮,生成拉伸增料特征。

(4) 以立方体顶面为基准面,单击 F2 键,进入草图状态,绘制如图 3-150 所示草图,单击 F2 键退出草图状态。单击"拉伸增料"按钮 ⓖ,在"拉伸"对话框中选择"固定深度"、"深度:8",在绘图区中拾取草图,单击 确定 按钮,生成拉伸增料特征,如图 3-151 所示。

(5) 如图 3-148 所示选择基准面,单击 F2 键,进入草图状态。单击"矩形"按钮 □,绘制 1.5×1 的矩形,将其放置在原点,单击"平移"按钮 ⓖ,在立即菜单中选择"两点"、

116

图 3-148 选择草图基准面

图 3-149 绘制草图

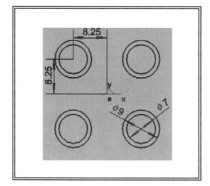

图 3-150 生成草图

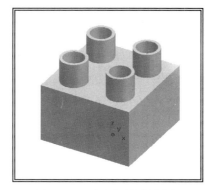

图 3-151 生成拉伸增料特征

"移动",拾取矩形作为平移对象,如图 3-152 所示拾取基点和目标点,将矩形平移,在立即菜单中选择"偏移量"、"移动"、"DX:-6"、"DY:0",拾取矩形,点击鼠标右键确认。将矩形左移,单击"阵列"按钮 ,在立即菜单中选择"圆形"、"均布"、"份数:4",在绘图区中拾取矩形为旋转对象,点击鼠标右键确认。拾取原点为中心点,生成圆形阵列,如图 3-153 所示。单击"平面镜像"按钮 ,在立即菜单中选择"拷贝",如图 3-154 所示拾取镜像轴首点和末点,框选所有图线为镜像对象,点击鼠标右键确认,完成的草图如图 3-154 所示。

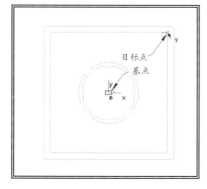

图 3-152 定位图线

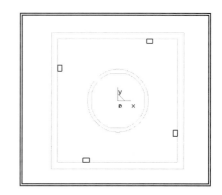

图 3-153 阵列图线

单击"拉伸增料"按钮 ,在"拉伸"对话框中选择"固定深度"、"深度:8",在绘图区中拾取草图,单击 确定 按钮,生成拉伸增料特征,如图 3-155 所示。

(6)在特征树中拾取 XZ 面节点,点击鼠标右键,选择"创建草图"命令,单击"直线"按钮 ,绘制一沿 Y 轴方向的正交线。单击平移按钮 ,将直线向 X 轴正向移动 7mm,旋

117

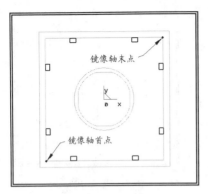

图 3-154　镜像图线

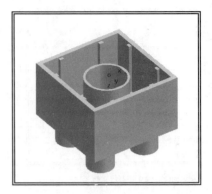

图 3-155　生成拉伸增料特征

转视向至底面可见，单击"曲线拉伸"按钮，使图线位于左、右边界之间，如图 3-156 所示。单击"筋板"按钮，在弹出的"筋板"对话框中，选择"双向加厚"、"厚度：0.5"，在绘图区拾取草图，单击 确定 按钮，生成筋板特征，如图 3-157 所示。

（7）绘制一沿 Z 轴方向的直线作为旋转轴，单击"环形阵列"按钮，如图 3-158 所示设置参数，在绘图区中拾取筋板作为阵列对象，拾取 Z 向直线为旋转轴，单击 确定 按钮，生成环形阵列，如图 3-159 所示。

（8）单击"过渡"按钮，在"过渡"对话框中设置过渡半径为 0.5，拾取需过渡面，单击 确定 按钮，生成圆角过渡，完成积木块的实体造型，如图 3-160 所示。

（9）单击"保存"按钮，以"积木块 1.mxe"为文件名保存文件。

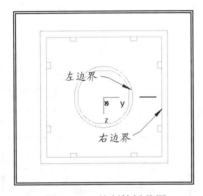

图 3-156　绘制筋板草图

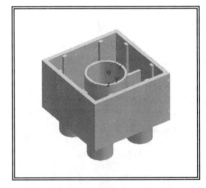

图 3-157　生成筋板特征

图 3-158　设置环形阵列参数

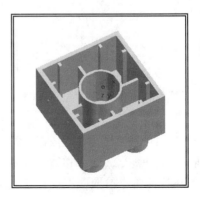

图 3-159　生成环形阵列

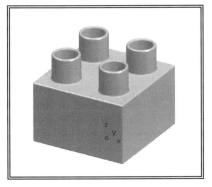 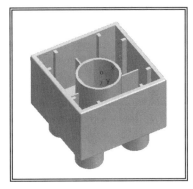

图 3-160　积木块的实体造型

（10）在特征树的"过渡 0"节点上点击鼠标右键，选择"删除"命令，将所有的圆角过渡删除。在特征树的"阵列 0"节点上点击鼠标右键，选择"修改特征"命令，在弹出的"环形阵列"对话框中如图 3-161 所示修改阵列参数，单击 确定 按钮，完成的形状如图 3-162 所示。

（11）单击"过渡"按钮，设置过渡半径为 13.5，如图 3-163 所示拾取过渡边，单击 确定 按钮，生成圆角过渡特征，如图 3-164 所示。

 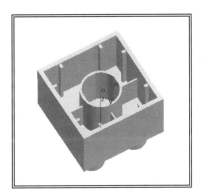

图 3-161　修改阵列参数　　　　　　　　图 3-162　修改后的形状

 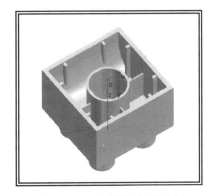

图 3-163　拾取过渡边　　　　　　　　　图 3-164　生成圆角过渡特征

（12）单击"过渡"按钮，设置过渡半径为 15，如图 3-165 所示拾取过渡边，单击 确定 按钮，生成圆角过渡特征，如图 3-166 所示。

（13）单击"过渡"按钮，在"过渡"对话框中设置过渡半径为 0.5，拾取需过渡的实

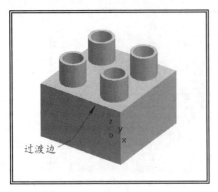

图 3-165 拾取过渡边

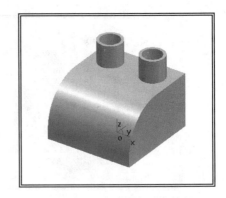

图 3-166 生成圆角过渡特征

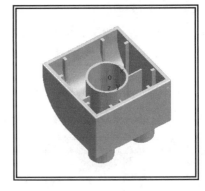

图 3-167 积木块的实体造型（二）

体面，单击 确定 按钮，生成圆角过渡，完成积木块的实体造型，如图 3-167 所示。

（14）单击【文件】→【另存为】命令，在弹出的"存储文件"对话框中以"积木块 2.mxe"为文件名保存文件。

（15）打开"积木块 1.mxe"文件，在特征树的"过渡 0"节点上点击鼠标右键，选择"删除"命令，将所有的圆角过渡删除。采用同样方法，将阵列特征删除。

（16）在特征树的"拉伸增料 0"节点上点击鼠标右键，选择"编辑草图"命令，进入草图状态，单击"尺寸标注"按钮，在绘图区中如图拾取图线，生成尺寸标注；单击"尺寸驱动"按钮，拾取标注，在弹出的数据输入框中键入"63"，如图 3-168 所示。图线经驱动后，如图 3-169 所示。

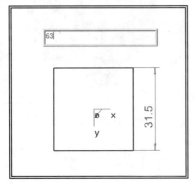

图 3-168 生成尺寸标注

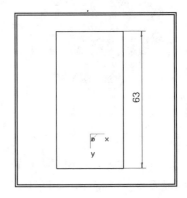

图 3-169 驱动尺寸标注

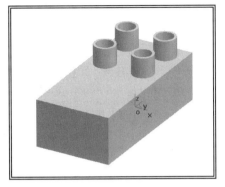 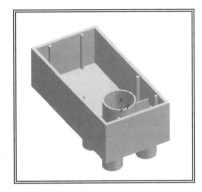

图 3-170　特征重生成后的实体造型

单击 F2 键，系统对特征重生成，经草图编辑后所生成的零件形状如图 3-170 所示。

提示：草图经编辑后，与该特征相关的草图将被系统自动更新。

（17）在特征树的"拉伸增料 1"节点上点击鼠标右键，选择"编辑草图"命令，进入草图编辑状态，利用平移功能对图线进行复制，完成的草图轮廓如图 3-171 所示。单击 F2 键，系统对特征重生成，经草图编辑后的零件形状如图 3-172 所示。

（18）采用同样方法，对"拉伸增料 2"和"拉伸增料 3"进行草图编辑，经草图编辑后重生成的零件形状如图 3-173、图 3-174 所示。

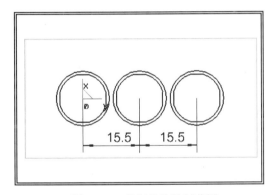 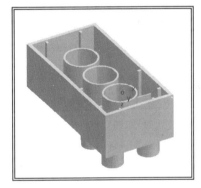

图 3-171　绘制拉伸除料草图　　　　　　图 3-172　生成拉伸除料特征（三）

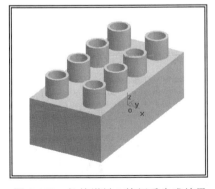 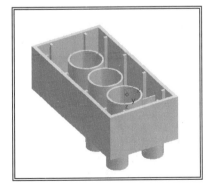

图 3-173　拉伸增料 2 特征重生成结果　　　图 3-174　拉伸增料 3 特征重生成结果

（19）单击"线性阵列"按钮，如图 3-175(a)、图 3-175(b) 所示填写对话框，拾取筋板作为阵列对象，单击 确定 按钮，生成线性阵列特征，如图 3-176 所示。

技巧：如第二方向距离设置为理论值 21.5，则在实体进行布尔运算时，会因处于临界状态而导致特征失败。

（20）方法同步骤（6），补齐图 3-177 所示的筋板。

（21）单击"过渡"按钮，设置过渡半径为 0.5，拾取过渡面，单击 确定 按钮，生成圆角过渡，完成积木实体造型，如图 3-178 所示。

（22）单击【文件】→【另存为】命令，在弹出的"存储文件"对话框中以"积木块 3.mxe"为文件名保存文件。

（a）第一方向阵列参数设置

（b）第二方向阵列参数设置

图 3-175 设置线性阵列参数

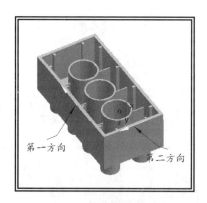

图 3-176 生成线性阵列特征

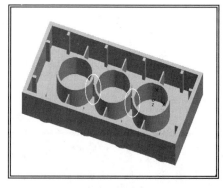

图 3-177 生成筋板特征（三）

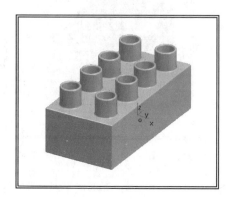

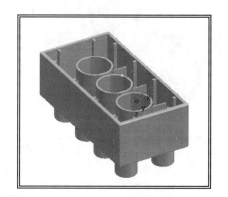

图 3-178 完成后的积木实体造型

本例小结

利用 CAXA 制造工程师所提供的草图和特征的编辑功能，不仅可以通过修改草图或特征参数来解决模型建构过程中出现的错误及调整设计中的部件参数，而且可以用来进行系列产品的建模或设计，极大地提高了设计的效率和准确性。

思考与练习（三）

一、思考题

（1）绘制草图包括哪些步骤？
（2）草图图线不闭合的情形包括哪几种？应如何解决？
（3）筋板特征功能对草图有何要求？筋板草图是否只能为直线？其草图基准面方位应如何设定？
（4）抽壳厚度可以设置为不等厚吗？
（5）使用变半径方式生成过渡特征时，半径的变化规律是否可任意设定？
（6）在例 7 中，凸台特征的生成如果采用以底板顶面为基准面生成拉伸特征，再利用拔模的方法建构模型是否合理？

二、填空题

（1）CAXA 制造工程师提供了_____、_____、_____、_____四种特征生成方法。
（2）在生成圆角过渡特征时，系统提供了_____和_____两种方式，其中以线面过渡方式生成圆角特征的方式为_____；以面面过渡方式生成圆角特征的方式为_____。
（3）CAXA 制造工程师提供了_____、_____和_____三种用于模具生成的特征功能。
（4）拔模是指以指定的____斜削模型中所选的面。CAXA 制造工程师提供了_____拔模和_____拔模两种方式。

三、练习题

（1）根据题图 3-1 所示零件简图，生成零件的实体造型。

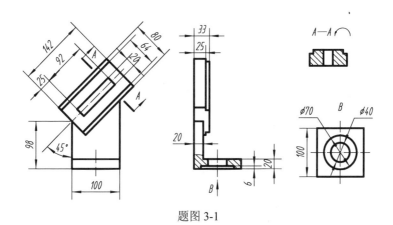

题图 3-1

（2）根据题图 3-2 所示零件简图，生成零件的实体造型。
（3）根据题图 3-3 所示零件简图，生成零件的实体造型。
（4）生成题图 3-4、题图 3-5 所示零件的实体造型。
（5）根据题图 3-6 曲轴的零件简图，生成曲轴的实体造型。

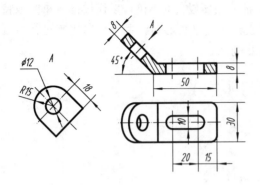

题图 3-2

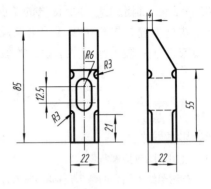

题图 3-3

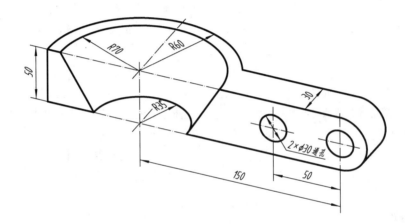

题图 3-4

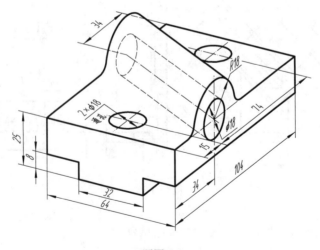

题图 3-5

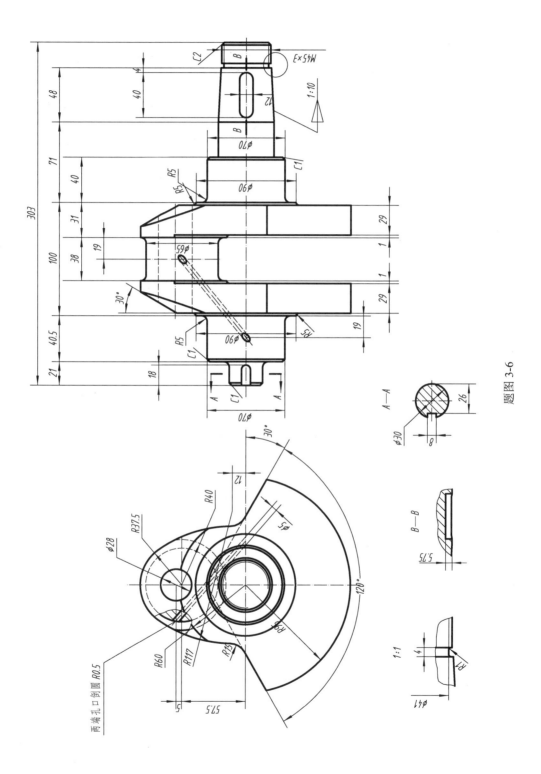

题图 3-6

（6）根据题图 3-7、题图 3-8 所示零件简图，生成零件的实体造型。

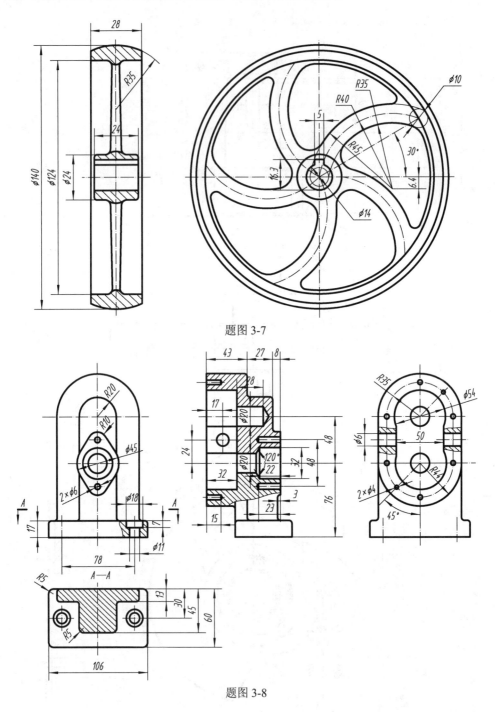

题图 3-7

题图 3-8

第四章 曲面造型

利用特征建模功能建立各种实体造型非常方便，结合草图与特征参数的编辑功能，可随时对实体模型进行修改。但特征造型方法对建立复杂曲面的限制较多，很多情况下无法完全满足需求。曲面造型的方法克服了这些限制，利用 CAXA 制造工程师所提供的曲面生成和曲面编辑功能，可以顺利地进行复杂曲面的构建，同时，采用不同方法生成的曲面造型，对生成刀路轨迹起着重要的作用。

CAXA 制造工程师提供了丰富的曲面造型手段，构造出决定曲面形状的关键线框后，就可以在线框的基础上，选用各种曲面的生成方法和编辑方法，在线框上构造所需定义的曲面来描述零件的形状。

第一节 曲面生成

根据曲面特征线的不同组合方式，可以组织不同的曲面生成方式。CAXA 制造工程师提供了 10 种曲面生成方式，即直纹面、旋转面、扫描面、导动面、等距面、平面、边界面、放样面、网格面和实体表面。曲面生成的工具条，如图 4-1 所示。

一、直纹面

直纹面是由一根直线两端点分别在两图形对象上匀速扫动而形成的轨迹曲面。生成直纹面有三种方式，即曲线+曲线、点+曲线、曲线+曲面。

单击"直纹面"按钮，或单击【造型】→【曲面生成】→【直纹面】命令，在立即菜单中选择相应的生成方式，依状态栏提示操作，生成直纹面。

（一）曲线 + 曲线

1. 功能

在两条自由曲线之间生成直纹面。

2. 操作

（1）单击"直纹面"按钮，在立即菜单中选择"曲线＋曲线"生成方式，如图 4-2(a) 所示。

（2）依状态栏提示，拾取第一条空间曲线，再拾取第二条空间曲线，生成直纹面，如图 4-3 所示。

图 4-1 曲面生成工具条

图 4-2 直纹面立即菜单

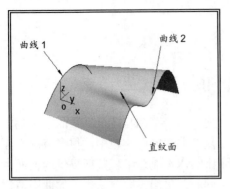
图 4-3 曲线+曲线直纹面示意

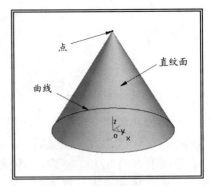
图 4-4 点+曲线直纹面示意

3．说明

在拾取曲线时，要注意拾取点的位置，应拾取曲线的同侧对应位置。否则，将使两曲线的方向相反，生成的直纹面发生扭曲。

（二）点+曲线

1．功能

在一个点和一条曲线之间生成直纹面。

2．操作

（1）单击"直纹面"按钮，在立即菜单中选择"点＋曲线"生成方式，如图 4-2(b) 所示。

（2）依状态栏提示，拾取空间点，再拾取空间曲线，生成直纹面，如图 4-4 所示。

（三）曲线+曲面

1．功能

在一条曲线和一个曲面之间生成直纹面。生成方法是：曲线沿着一个指定方向向曲面投影，同时以一定的锥度扩张或收缩，生成一条投影曲线，在这两条曲线之间生成直纹面。

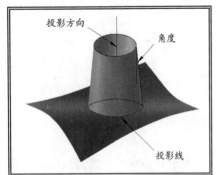
图 4-5 曲线+曲面直纹面示意

2．操作

（1）单击"直纹面"按钮，在立即菜单中选择"曲线+曲面"生成方式，如图 4-2(c) 所示。

（2）依状态栏提示，拾取曲面，再拾取空间曲线，输入投影方向，选择锥度方向，生成直纹面，如图 4-5 所示。

3．参数

● 角度　锥体母线与中心线的夹角。

● 精度　曲面与构面曲线的最大误差值。

4．说明

（1）输入方向时可利用矢量工具菜单。在需要使用工具菜单时，单击 Space 键即可弹出。

（2）当曲线沿指定方向，以一定的锥度向曲面投影作直纹面时，如曲线的投影不能全部落在曲面内时，直纹面将无法作出。

（3）曲面精度越高，对计算机计算能力的要求就越高，生成该曲面的时间越长。对于一般的工程制造来说，曲面精度设置在 0.001～0.01 的范围内即可。

【例1】 绘制如图4-6所示天圆地方的曲面造型。

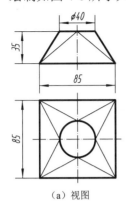
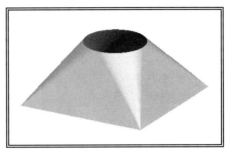

(a)视图　　　　　　　　　　　　　　(b)轴测图

图 4-6　天圆地方

绘制步骤如下。

(1) 设置当前平面为 XY 面,单击"矩形"按钮▢,在立即菜单中选择"中心_长_宽"方式,设置矩形的长度和宽度值均为 85,拾取原点为矩形中心点,完成矩形绘制,点击鼠标右键,退出当前命令。单击 F8 键,显示轴测图。

(2) 单击"圆"按钮⊕,在立即菜单中选择"圆心_半径"方式,单击 Enter 键,在弹出的数据输入框中键入",,35",单击 Enter 键,键入"20",绘制φ40圆,如图4-7所示。

(3) 单击"曲线打断"按钮,拾取φ40圆,单击 K 键,如图4-8所示拾取打断点,将圆打断为两个圆弧。

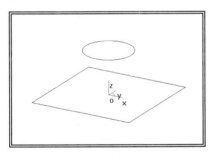
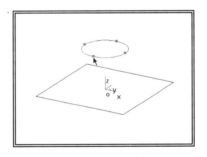

图 4-7　绘制关键线架　　　　　　　图 4-8　打断曲线

(4) 单击"直纹面"按钮,在立即菜单中选择"点+曲线"方式,单击 S 键,切换点拾取类型为缺省点,如图4-9所示拾取点,拾取曲线,生成三角形平面。

(5) 如图4-10所示拾取点,拾取曲线,生成圆锥面。

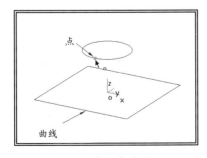
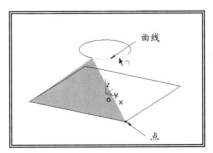

图 4-9　生成直纹面1　　　　　　　图 4-10　生成直纹面2

(6)单击"平面旋转"按钮，如图 4-11 所示设置立即菜单，在绘图区中拾取原点为旋转中心点，拾取两直纹面为旋转对象，点击鼠标右键确认，生成天圆地方的曲面造型，如图 4-12 所示。

提示：在操作过程中要保证当前平面为 XY 面。

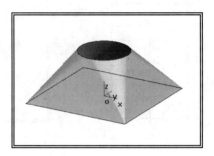

图 4-11 设置平面旋转参数　　　　图 4-12 完成后的曲面造型

二、旋转面

1. 功能

按给定的起始角度、终止角度，将曲线绕旋转轴旋转而生成的轨迹曲面。

2. 操作

（1）单击"旋转面"按钮，或单击【造型】→【曲面生成】→【旋转面】命令。

（2）在弹出的立即菜单（见图 4-13）中设置起始角和终止角的角度值。

（3）拾取空间直线为旋转轴，并选择旋转方向。

（4）拾取空间曲线为母线，拾取完毕即可生成旋转面，如图 4-14 所示。

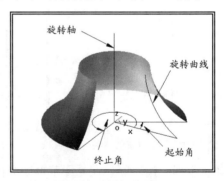

图 4-13 旋转面立即菜单　　　　图 4-14 旋转面示意

3. 参数
- 起始角　生成曲面的起始位置，与母线和旋转轴构成平面的夹角。
- 终止角　生成曲面的终止位置，与母线和旋转轴构成平面的夹角。

4. 说明

曲线的旋转方向遵循右手螺旋法则。

三、扫描面

1. 功能

按照给定的起始位置和扫描距离，将曲线沿指定方向以一定的锥度扫描，生成曲面。

2. 操作

(1) 单击"扫描面"按钮,或单击【造型】→【曲面生成】→【扫描面】命令。
(2) 在立即菜单(见图 4-15)中设置起始距离、扫描距离、扫描角度和精度等参数。
(3) 选择扫描方向。
(4) 拾取空间扫描曲线。
(5) 若扫描角度不为零,选择扫描夹角方向,生成扫描面,如图 4-16 所示。

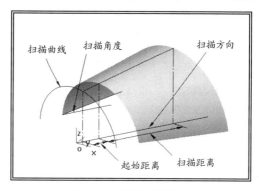

图 4-15　扫描面立即菜单　　　　图 4-16　扫描面示意

3. 参数
- 起始距离　生成曲面的起始位置,与曲线平面沿扫描方向上的距离。
- 扫描距离　生成曲面的起始位置,与终止位置沿扫描方向上的距离。
- 扫描角度　生成的曲面母线,与扫描方向的夹角。
- 精度　曲面与构面曲线之间的最大允许误差。

4. 说明

扫描方向不同的选择可以产生不同的效果。

四、导动面

特征截面线沿着轨迹线的某一方向扫动,生成曲面。

为了满足不同曲面形状的要求,CAXA 制造工程师提供了 6 种方式生成导动面,即平行导动、固接导动、导动线&平面、导动线&边界线、双导动线和管道曲面。导动面的立即菜单,如图 4-17 所示。

通过让截面线和轨迹线之间保持不同的位置关系,如截面线在沿轨迹线扫动过程中,可以让截面线绕自身旋转,也可以绕轨迹线扭转,还可以对截面线进行变形处理,这样就可以生成形状各异的导动曲面。

单击"导动面"按钮,或单击【造型】→【曲面生成】→【导动面】命令,在弹出的立即菜单中选择导动方式,根据不同导动方式的状态栏提示进行操作,生成导动面。

(一)平行导动

1. 功能

在截面线沿着导动线扫动过程中保持固定的方向,没有任何旋转,始终平行于自身初始方位移动而生成曲面。

2. 操作

(1) 单击"导动面"按钮,在弹出的立即菜单中选择"平行导动"方式,如图 4-17(a) 所示。

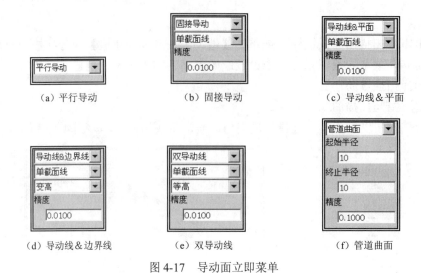

图 4-17 导动面立即菜单

(2) 拾取导动线,并选择方向。
(3) 拾取截面曲线,可生成导动面,如图 4-18 所示。

（二）固接导动

1. 功能

在截面线沿着导动线扫动过程中,截面线和导动线保持固接关系,即让截面线平面与导动线的切矢方向保持相对角度不变,而且截面线在自身相对坐标架中的位置关系保持不变,截面线沿导动线变化的趋势导动生成曲面。

2. 操作

（1）单击"导动面"按钮，在弹出的立即菜单中选择"固接导动"方式,如图 4-17(b) 所示,选择单截面线或者双截面线。

（2）拾取导动线,并选择导动方向。

（3）拾取截面线。如果是双截面线导动,应拾取两条截面线,生成导动面,如图 4-19 所示。

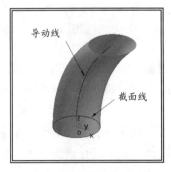

图 4-18 平行导动面示意

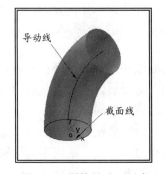

图 4-19 固接导动面示意

3. 参数

● 单截面线　导动时使用一条截面线。

● 双截面线　导动时使用两条截面线,第一截面线在沿导动线扫动过程中进行放缩和方位调整,以保证在扫动结束时逼近到第二截面线。

- 精度　曲面与构面曲线之间的最大允许距离。

（三）导动线&平面

1. 功能

截面线按以下规则沿一条平面或空间导动线（脊线）扫动生成曲面。

（1）截面线平面的方向与导动线上每一点的切矢方向之间相对夹角始终保持不变。

（2）截面线的平面方向与所定义的平面法矢的方向始终保持不变。

2. 操作

（1）单击"导动面"按钮，在弹出的立即菜单中选择"导动线&平面"方式，如图4-17(c)所示。

（2）拾取单截面线或者双截面线。

（3）输入平面法矢方向。

（4）拾取导动线，并选择导动方向。

（5）拾取截面线。如果是双截面线导动，应拾取两条截面线，生成导动面，如图4-20所示。

3. 参数

- 单截面线　导动时使用一条截面线。

- 双截面线　导动时使用两条截面线，第一截面线在沿导动线扫动过程中进行放缩和方位调整，以保证在扫动结束时逼近到第二截面线。

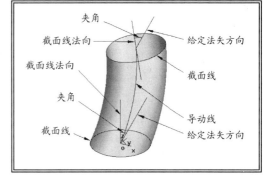

图4-20　导动线&平面曲面示意

- 精度　曲面与构面曲线之间的最大允许距离。

4. 说明

（1）平面法矢的方向不能与导动线相切。

（2）平面法矢方向的确定方式由矢量工具菜单决定。

（3）对于双截面线导动，在拾取截面线时要注意拾取位置，以保证截面线的方向一致。

（四）导动线&边界线

1. 功能

截面线按以下规则沿一条导动线扫动生成曲面。

（1）在运动过程中，截面线平面始终与导动线垂直。

（2）在运动过程中，截面线平面与两边界线需要有两个交点。

（3）对截面线进行放缩，将截面线横跨于两个交点上。截面线沿导动线按此规律运动时，与两条边界线一起扫动生成曲面。

2. 操作

（1）单击"导动面"按钮，在弹出的立即菜单中选择"导动线&边界线"方式，如图4-17(d) 所示，设置曲面参数。

（2）拾取导动线，并选择导动方向。

（3）依次拾取第一条边界线、第二条边界线。

（4）拾取截面曲线。如果是双截面线导动，拾取两条截面线（在第一条边界线附近），生成导动面，如图4-21所示。

3. 参数

- 单截面线　导动时使用一条截面线。

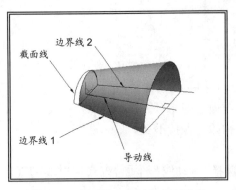

图 4-21 导动线&边界线曲面示意

● 双截面线　导动时使用两条截面线,第一截面线在沿导动线扫动过程中进行放缩和方位调整,以保证在扫动结束时逼近到第二截面线。

● 等高　对截面线进行放缩变换时,仅变化截面线的长度,而保持截面线的高度不变。

● 变高　对截面线进行放缩变换时,不仅变化截面线的长度,同时等比例地变化截面线的高度。

● 精度　曲面与构面曲线之间的最大允许距离。

4. 说明

在导动过程中,截面线始终在垂直于导动线的平面内摆放,并求得截面线平面与边界线的两个交点。在两截面线之间进行混合变形,并对混合截面进行放缩变换,使截面线正好横跨在两条边界线的交点上。

（五）双导动线

1. 功能

将一条或两条截面线沿着两条导动线匀速地扫动生成曲面。

2. 操作

（1）单击"导动面"按钮，在弹出的立即菜单中选择"双导动线"方式,如图 4-17(e) 所示,设置曲面参数。

（2）拾取第一条导动线,并选择方向。

（3）拾取第二条导动线,并选择方向。

（4）拾取截面曲线（在第一条导动线附近）。如果是双截面线导动,拾取两条截面线（在第一条导动线附近）,生成导动面,如图 4-22 所示。

3. 参数

● 单截面线　导动时使用一条截面线。

● 双截面线　导动时使用两条截面线,第一截面线在沿导动线扫动过程中进行放缩和方位调整,以保证在扫动结束时逼近到第二截面线。

● 等高　对截面线进行放缩变换时,仅变化截面线的长度,而保持截面线的高度不变。

● 变高　对截面线进行放缩变换时,不仅变化截面线的长度,同时等比例地变化截面线的高度。

● 精度　曲面与构面曲线之间的最大允许误差。

（六）管道曲面

1. 功能

给定起始半径和终止半径的圆形截面,沿指定的中心线扫动生成曲面。

截面线为一整圆,在导动过程中,其圆心总是位于导动线上,且圆所在平面总是与导动线垂直。

2. 操作

（1）单击"导动面"按钮，在弹出的立即菜单中选择"管道曲面"方式,如图 4-17(f) 所示,设置曲面参数。

（2）拾取导动线,并选择方向,生成导动面,如图 4-23 所示。

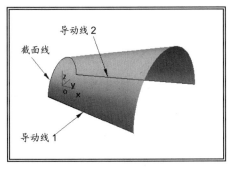
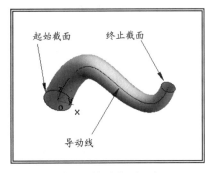

图 4-22 双导动线曲面示意　　　　　图 4-23 管道曲面示意

3. 参数
- **起始半径**　管道曲面导动开始时圆的半径。
- **终止半径**　管道曲面导动终止时圆的半径。
- **精度**　曲面与构面曲线之间的最大允许距离。

【**例 2**】 生成如图 4-24 所示零件的曲面造型。

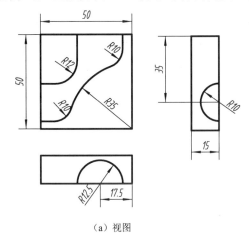

（a）视图　　　　　　　　　　　　　（b）轴测图

图 4-24 零件简图

绘制过程如下。

1. 绘制关键线架

（1）单击"矩形"按钮 ▭，在立即菜单中选择"中心_长_宽"项，设置矩形长度为 50，宽度为 50，拾取原点为矩形中心，生成矩形图线。

（2）单击"等距线"按钮 ⇗，设置距离为 15，拾取直线 P1，选择等距方向，生成等距线。采用同样方法，生成与直线 P2 距离为 17.5 的等距线，如图 4-25 所示。

（3）单击 F8 键，以轴测视向显示视图，单击 F9 键，将当前平面切换到 YZ 面，单击"圆"按钮 ⊕，选择"圆心_半径"，如图 4-26 所示拾取 C3 为圆心，键入圆的半径 10，切换当前平面为 XZ 面，拾取 C4 点为圆心，键入半径 12.5，如图 4-26 所示。

（4）单击"曲线裁剪"按钮 ✂，拾取圆 P3、P4 的上半部分，将其裁掉，单击【编辑】→【隐藏】命令，拾取两条辅助直线，点击鼠标右键确认，如图 4-27 所示。

（5）单击 F9 键，切换当前平面为 XY 面，单击"直线"按钮 ⁄，选择"两点线"、"单个"、"正交"，绘制四条正交直线，如图 4-28 所示。

135

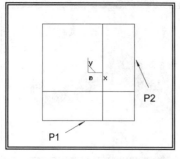
图 4-25 生成等距线

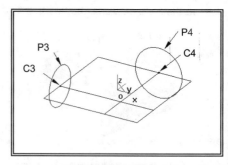
图 4-26 绘制整圆

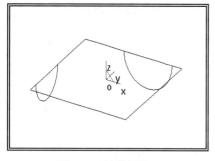
图 4-27 编辑图线

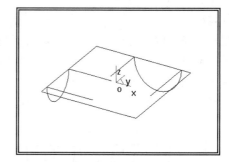
图 4-28 绘制正交线

（6）单击"圆"按钮⊙，在立即菜单中选择"圆心_半径"，如图 4-29 所示拾取 C5 点为圆心，键入圆的半径 35，生成整圆 P5，单击"曲线裁剪"按钮，将多余部分裁掉。

（7）单击"曲线过渡"按钮，在立即菜单中设置过渡半径为 12，拾取过渡曲线，生成圆角过渡，采用同样方法，生成 R10 过渡，如图 4-30 所示。

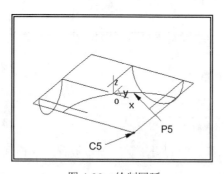
图 4-29 绘制圆弧

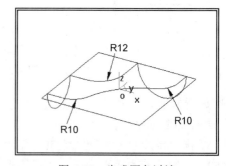
图 4-30 生成圆角过渡

（8）单击"平移"按钮，在立即菜单中选择"偏移量"、"拷贝"，设置偏移量为"DX：0"、"DY：0"、"DZ：-15"，在绘图区拾取矩形的四条边，点击鼠标右键确认，生成偏移曲线，如图 4-31 所示。

（9）单击"直线"按钮，补齐四条竖直直线，单击"曲线裁剪"按钮，将曲线的多余部分裁掉，完成线架的造型，如图 4-32 所示。

2. 生成曲面造型

（1）单击"直纹面"按钮，在立即菜单中选择"曲线+曲线"，拾取直线 P6、P7，生成直纹面 1。采用同样方法，生成其他直纹面，如图 4-33 所示。

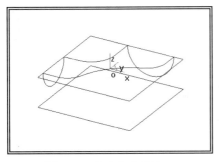

图 4-31　生成偏移曲线

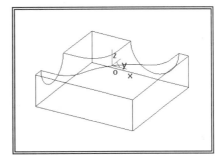

图 4-32　完成后的线架

提示：如所生成的直纹面发生扭曲。请单击 按钮，重新拾取曲线，生成直纹面。拾取曲线时要注意拾取点的位置，应保证曲线的同侧对应关系。

（2）单击"曲面裁剪"按钮 ，在立即菜单中选择"线裁剪"、"裁剪"，拾取直纹面 4，依状态栏提示拾取剪刀线，此时单击 Space 键，在工具菜单中选择"单个拾取"，拾取圆弧 P3 为剪刀线，任意选择搜索方向，点击鼠标右键确认，该平面被裁剪。采用同样方法，对直纹面 5 进行裁剪操作，如图 4-34 所示。

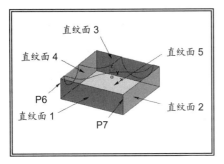

图 4-33　生成直纹面

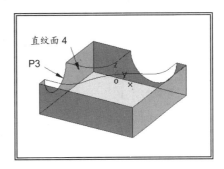

图 4-34　裁剪曲面

（3）生成导动线。单击"曲线组合"按钮 ，在立即菜单中选择"删除原曲线"，单击 Space 键，选择"单个拾取"，如图 4-35 所示顺序拾取两组曲线，拾取结束后，点击鼠标右键确认，生成组合曲线（样条线）。

（4）单击"导动面"按钮 ，在立即菜单中选择"双导动线"、"双截面线"、"变高"，如图 4-36 所示拾取导动线和截面线，生成导动面。

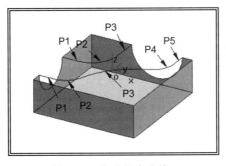

图 4-35　生成组合曲线

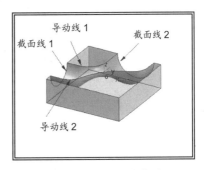

图 4-36　生成导动曲面

（5）单击"平面"按钮 ，在立即菜单中选择"裁剪平面"，如图 4-37 所示顺序拾取曲线，拾取结束后点击鼠标右键确认，生成裁剪平面。采用同样方法，生成另一裁剪平面，完

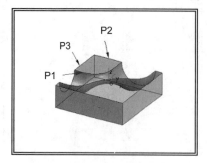
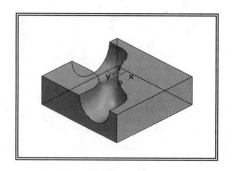

图 4-37　生成裁剪平面　　　　　图 4-38　完成后的曲面造型

成零件的曲面造型，如图 4-38 所示。

【例 3】　生成如图 4-39 所示扭簧的曲面造型。

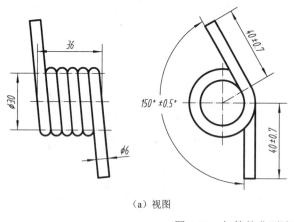

（a）视图　　　　　　　　　　　　（b）轴测图

图 4-39　扭簧的曲面造型

绘制步骤如下。

（1）单击"公式曲线"按钮 f(x)，系统弹出"公式曲线"对话框，单击 提取 按钮，在"公式曲线"对话框右侧显示公式库，选择"螺旋线"，在参数表达式中会出现螺旋线公式，按图 4-40 所示修改螺旋线相应参数，单击 确定(O) 按钮，拾取原点为曲线定位点，生成螺旋线，如图 4-41 所示。

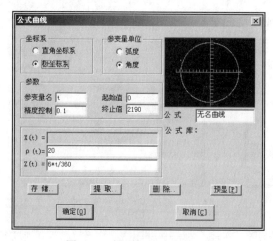
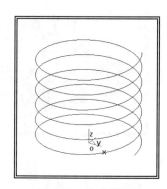

图 4-40　设置螺旋线参数　　　　　图 4-41　生成螺旋线

提示：如果未进行第二章例 4 的操作练习，请直接在对话框中如图 4-40 填写参数。

（2）单击"直线"按钮，在立即菜单中选择"切线/法线"、"切线"、"长度：80"，拾取螺旋线为相切曲线，拾取螺旋线端点为直线中点，生成切线，拾取螺旋线另一侧端点为直线中点，生成切线，单击"曲线裁剪"按钮，将直线的多余部分裁掉，单击"曲线组合"按钮，在立即菜单中选择"删除原曲线"，拾取任一条直线，生成组合曲线（见图 4-42）。

提示：请注意观察工具状态提示栏，确认选中"链拾取"。

（3）单击"导动面"按钮，在立即菜单中选择"管道曲面"、"起始半径：3"、"终止半径：3"，拾取样条线为导动线，生成曲面，如图 4-43 所示。

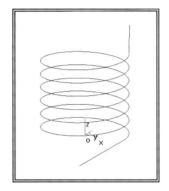 

图 4-42　绘制导动线　　　　　　图 4-43　生成管道曲面

（4）单击"线架显示"按钮或"消隐显示"按钮，拾取曲面，系统即以红色加亮的线架显示该曲面造型，如图 4-44 所示。

提示：CAXA 制造工程师对比较复杂的曲面有时会出现不能正常显示的情况，可通过线架显示的方法检查模型的正确性。

（5）单击"相关线"按钮，在立即菜单中选择"曲面边界"、"单根"，移动光标至曲面边界，拾取曲面，生成曲面边界线。

（6）单击"平面"按钮，在立即菜单中选择"裁剪平面"，拾取边界线，任意选择一个搜索方向，点击鼠标右键确认，生成平面，采用同样方法，生成另一平面，完成扭簧的曲面造型，如图 4-45 所示。

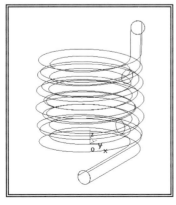 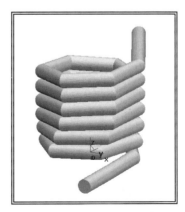

图 4-44　线架显示曲面　　　　　　图 4-45　扭簧的曲面造型

五、等距面

1. 功能

按给定距离与等距方向生成与已知平面（曲面）等距的平面（曲面）。

2. 操作

（1）单击"等距面"按钮凹，或单击【造型】→【曲面生成】→【等距面】命令，在立即菜单（见图4-46）中输入等距距离。

（2）拾取平面，选择等距方向，生成等距面，如图4-47所示。

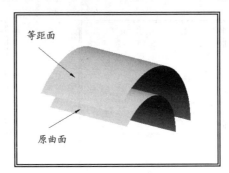

图4-46 等距面立即菜单　　图4-47 等距面示意

3. 参数

等距距离　是指生成平面在所选方向上，离开已知平面的距离。

4. 说明

如果曲面的曲率变化太大，等距的距离应小于最小曲率半径。

六、平面

利用多种方式生成所需平面。

（一）裁剪平面

1. 功能

由封闭内轮廓进行裁剪形成的一个或者多个边界的平面。封闭内轮廓可以有多个。

2. 操作

（1）单击"平面"按钮⌒，或单击【造型】→【曲面生成】→【平面】命令，在立即菜单（见图4-48）中选择"裁剪平面"。

（2）拾取平面外轮廓线，并确定链搜索方向；拾取内轮廓线，并确定链搜索方向，每拾取一个内轮廓线，确定一次链搜索方向。

（3）拾取完毕，点击鼠标右键，生成裁剪平面，如图4-49所示。

（二）工具平面

1. 功能

生成包括 XOY 平面、YOZ 平面、ZOX 平面、三点平面、矢量平面、曲线平面和平行平面 7 种方式的工具平面。

（1）XOY 平面　绕 X 轴或 Y 轴旋转一定角度，生成一个指定长度和宽度的平面。

（2）YOZ 平面　绕 Y 轴或 Z 轴旋转一定角度，生成一个指定长度和宽度的平面。

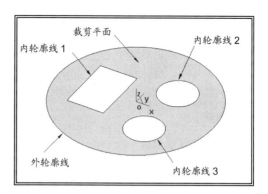

图 4-49 裁剪平面示意

图 4-48 裁剪平面立即菜单

（3）ZOX 平面　绕 Z 轴或 X 轴旋转一定角度，生成一个指定长度和宽度的平面。XOY 平面的立即菜单和平面示意，如图 4-50、图 4-51 所示。

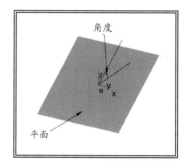

图 4-50　XOY 平面立即菜单　　　　图 4-51　XOY 平面示意图

（4）三点平面　按给定三点生成一指定长度和宽度的平面，其中第一点为平面中点。三点平面的立即菜单和平面示意，如图 4-52、图 4-53 所示。

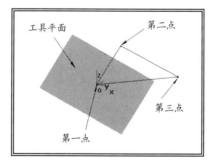

图 4-52　三点平面立即菜单　　　　图 4-53　三点平面示意图

（5）矢量平面　生成一个指定长度和宽度的平面，其法线的端点为给定的起点和终点。矢量平面的立即菜单和平面示意，如图 4-54、图 4-55 所示。

（6）曲线平面　在给定曲线的指定点上，生成一个指定长度和宽度的法向平面或切向平面。有法平面和包络面两种方式。曲线平面的立即菜单和平面示意，如图 4-56、图 4-57 所示。

（7）平行平面　按指定距离，移动给定平面或生成一个复制平面（也可以是曲面）。平行平面的立即菜单和平面示意，如图 4-58、图 4-59 所示。

 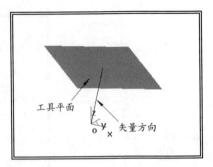

图 4-54 矢量平面立即菜单　　　　图 4-55 矢量平面示意图

 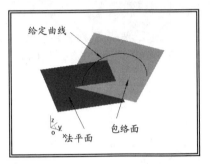

图 4-56 曲线平面立即菜单　　　　图 4-57 曲线平面示意图

 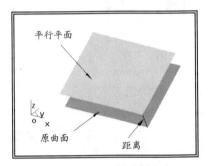

图 4-58 平行平面立即菜单　　　　图 4-59 平行平面示意图

2. 操作

(1) 单击"平面"按钮◿，或单击【造型】→【曲面生成】→【平面】命令，在弹出的立即菜单中选择"工具平面"。

(2) 选择工具平面的类型，按状态栏提示完成操作。

3. 参数

- 角度　生成平面绕旋转轴旋转，与参考平面所夹的锐角。
- 长度　生成平面的长度尺寸值。
- 宽度　生成平面的宽度尺寸值。

4. 说明

(1) 平行平面功能与等距面功能相似，但等距面后的平面（曲面），不能再对其使用平行平面，只能使用等距面；而平行平面后的平面（曲面），可以再对其使用等距面或平行平面。

(2) 工具平面与基准面都是平面，但两者有本质上的区别。基准面是绘制草图的参考面，而平面则是一个实际存在的面。

七、边界面

在由已知曲线围成的边界区域上生成曲面。边界面有两种类型，即四边面和三边面。

（一）四边面

1. 功能

通过四条空间曲线所围成的边界区域生成曲面。

2. 操作

（1）单击"边界面"按钮 ◇，或单击【造型】→【曲面生成】→【边界面】命令，在弹出的立即菜单中选择"四边面"。

（2）顺序拾取空间曲线，生成四边面，如图 4-60 所示。

3. 说明

拾取的四条曲线必须首尾相连成封闭环，并且拾取的曲线应当是光滑曲线。

（二）三边面

1. 功能

通过三条空间曲线所围成的边界区域生成平面。

2. 操作

（1）单击"边界面"按钮 ◇，或单击【造型】→【曲面生成】→【边界面】命令，在弹出的立即菜单中选择"三边面"。

（2）拾取空间曲线，生成三边面，如图 4-61 所示。

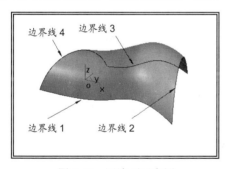
图 4-60　四边面示意图

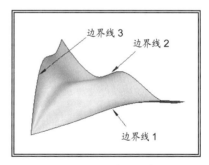
图 4-61　三边面示意图

3. 说明

拾取的三条曲线必须首尾相连成封闭环，并且拾取的曲线应当是光滑曲线。

八、放样面

以一组互不相交、方向相同、形状相似的特征线或截面线为骨架，进行形状控制，通过这些曲线蒙面生成曲面。

放样面包括"截面曲线"和"曲面边界"两种类型，其立即菜单如图 4-62 所示。

（一）"截面曲线"放样面

1. 功能

通过一组空间曲线作为截面来生成曲面。

（a）截面曲线

（b）曲面边界

图 4-62　放样面立即菜单

2. 操作

(1) 单击"放样面"按钮，或单击【造型】→【曲面生成】→【放样面】命令，在弹出的立即菜单中选择"截面曲线"类型。

(2) 按状态栏提示，拾取空间曲线为截面曲线，拾取结束后点击鼠标右键，生成放样曲面，如图 4-63 所示。

3. 说明

(1) 拾取的一组特征曲线互不相交，方向一致，形状相似，否则生成结果将发生扭曲。

(2) 截面线需保证其光滑性。

(3) 拾取曲线时，需按截面线摆放的方位顺序拾取。

(4) 拾取曲线时，需保证截面线方向的一致性。

(二)"曲面边界"放样面

1. 功能

生成通过已知曲面的边界线和空间曲线，并且与已知曲面相切的曲面。

2. 操作

(1) 单击"放样面"按钮，或单击【造型】→【曲面生成】→【放样面】命令，在弹出的立即菜单中选择"曲面边界"类型。

(2) 拾取空间曲线为截面曲线，拾取完毕后点击鼠标右键确定，完成操作。

(3) 在第一条曲面边界线上拾取其所在平面。

(4) 拾取截面曲线，点击鼠标右键确定。

(5) 在第二条曲面边界线上拾取其所在平面，生成放样曲面，如图 4-64 所示。

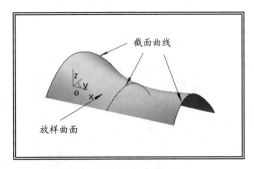

图 4-63 截面曲线放样面示意图

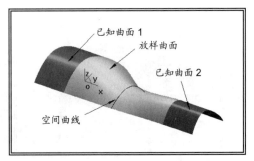

图 4-64 曲面边界放样面示意图

3. 说明

(1) 拾取的一组特征曲线互不相交，方向一致，形状相似，否则生成结果将发生扭曲。

(2) 需保证截面线的光滑性。

(3) 拾取曲线时，需按截面线摆放的方位顺序拾取。

(4) 拾取曲线时，需保证截面线方向的一致性。

【例 4】 绘制如图 4-65 所示花瓶的曲面造型。

操作步骤如下：

(1) 单击"圆"按钮，在立即菜单中选择"圆心_半径"方式，拾取原点为圆心，键入圆的半径"30"、"20"，生成 $\phi60$、$\phi40$ 的两个同心圆；点击鼠标右键，键入"-45"、"95"，绘制以"-45, 0, 0"为圆心、半径为 95

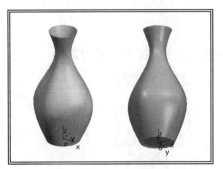

图 4-65 花瓶轴测图

的圆；单击"曲线拉伸"按钮，拖拽曲线，将圆拉伸成圆弧；单击"阵列"按钮，在立即菜单中选择"圆形"、"均布"、"份数：4"，拾取圆弧为阵列对象，点击鼠标右键确认，拾取原点为阵列中心，生成圆形阵列，如图 4-66 所示。

（2）单击"曲线过渡"按钮，在立即菜单中选择"圆角过渡"、"半径：30"，拾取 R95 圆弧，生成过渡，如图 4-67 所示。

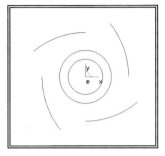
图 4-66　生成圆形阵列

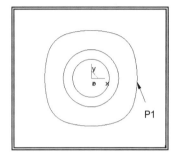
图 4-67　生成过渡

（3）单击"曲线打断"按钮，拾取圆弧 P1 为打断曲线，拾取曲线中点为打断点，将曲线打断为两段。单击"曲线组合"按钮，在立即菜单中选择"删除原曲线"，如图 4-68 所示拾取曲线和搜索方向，将九段圆弧组合为一条样条线。

提示：注意观察状态栏的工具状态提示，如果不是"链搜索"，请单击 Space 键，在弹出的工具菜单中更改搜索类型。

（4）单击 F8 键，切换视角到轴测视图，单击"平移"按钮，在立即菜单中选择"拷贝"、"DX：0"、"DY：0"、"DZ：200"，拾取 φ60 圆，点击鼠标右键确认，将 φ60 圆向 Z 轴正方向移动 200mm。采用同样方法，将 φ40 圆向 Z 轴正方向移动 160mm，将组合曲线沿 Z 轴正向移动 60mm，完成线架造型，如图 4-69 所示。

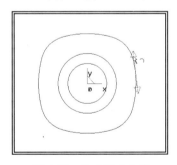
图 4-68　生成组合曲线

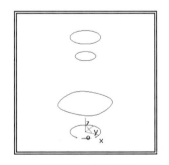
图 4-69　曲线定位

（5）单击 F9 键，切换当前平面为 XZ 面，单击"直线"按钮，绘制 X 向正交线 P1；单击"等距线"按钮，在立即菜单中设置等距距离为 2，拾取直线 P1，生成直线 P2；单击"圆弧"按钮，在立即菜单中选择"两点_半径"，拾取直线 P1 终点为第一点，单击 T 键，拾取直线 P2 的切点为第二点，拖拽光标到合适的位置，键入半径 4，生成圆弧 P3，如图 4-70 所示。

（6）单击"平移"按钮，将圆弧沿 X 轴负向移动 2mm。单击"曲线裁剪"按钮，将曲线的多余部分裁掉，如图 4-71 所示。

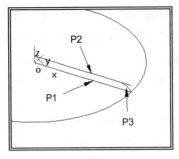
图 4-70 生成底面线架

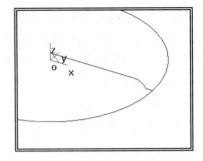
图 4-71 完成后的关键线架

（7）单击"直线"按钮，绘制一条沿 Z 向的正交线，单击"旋转面"按钮，拾取 Z 向直线为旋转轴，拾取直线 P1 为旋转母线，生成旋转面。采用同样方法，利用直线 P2 和圆弧 P3 生成旋转曲面，如图 4-72 所示。

（8）单击"放样面"按钮，在立即菜单中选择"截面曲线"、"不封闭"，如图 4-73 所示顺序拾取曲线，生成放样曲面。

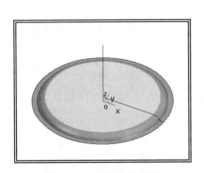
图 4-72 生成旋转曲面

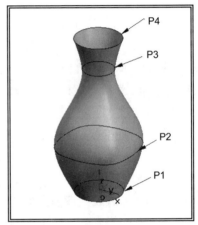
图 4-73 完成后的曲面造型

九、网格面

1. 功能

以网格曲线确定曲面的初始骨架形状，然后用自由曲面插值特征网格线生成曲面。

2. 操作

（1）单击"网格面"按钮，或单击【造型】→【曲面生成】→【网格面】命令。

（2）拾取空间曲线为 U 向截面线，拾取结束后点击鼠标右键确认。

（3）拾取空间曲线为 V 向截面线，拾取结束后点击鼠标右键确认，生成网格面，如图 4-74 所示。

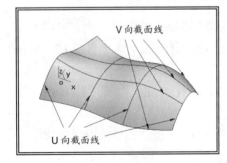
图 4-74 网格面示意

3. 说明

（1）每一组曲线都必须按其方位顺序拾取，而且曲线的方向必须保持一致。曲线的方向由拾取点的位置来确定。

（2）拾取的曲线应是光滑曲线。

（3）网格曲线组成网状四边形网格，每条 U 向曲线与所有的 V 向曲线都必须有交点，规则四边网格与不规则四边网格均可，如图 4-75 所示。

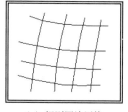
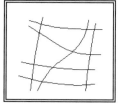
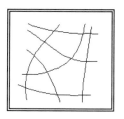

(a) 规则四边网格　　　　　(b) 不规则四边网格　　　　　(c) 不规则网格

图 4-75　符合要求的曲线网格

【例 5】　绘制如图 4-76 所示可乐瓶底的曲面造型。

操作过程如下。

（1）单击 F7 键，切换当前平面为 XZ 面，绘制如图 4-77 所示线框，利用曲线裁剪和删除功能，对图线进行修整，结果如图 4-78 所示。

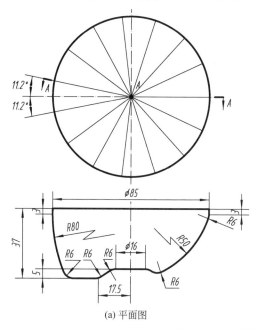

(a) 平面图　　　　　　　　(b) 轴测图

图 4-76　可乐瓶底造型

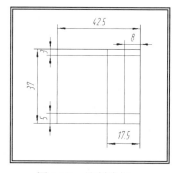
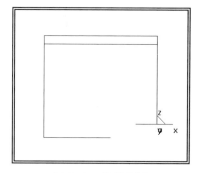

图 4-77　绘制线框　　　　　　　　图 4-78　修剪线框

(2)单击"圆"按钮⊙,在立即菜单中选择"两点_半径",拾取点 C1,单击 T 键,拾取直线 P1,键入半径"80",生成过 C1 点、与直线 P1 相切、半径为 80 的圆;单击"曲线裁剪"按钮,将圆的多余部分裁掉;采用同样方法,生成过 C2 点、与直线 P2 相切、半径为 6 的圆;单击"直线"按钮,在立即菜单中选择"两点线",拾取点 C3 和 R6 圆的切点,生成直线,如图 4-79 所示。

(3)单击"曲线过渡"按钮,在直线 P1、P2 之间生成 R6 圆角过渡;在直线 P2、圆弧 P3 之间生成 R6 过渡,利用曲线裁剪和删除功能,对图线进行修整,如图 4-80 所示。

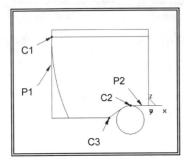 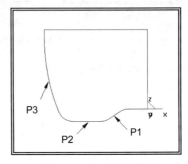

图 4-79　绘制相切圆弧　　　　　　图 4-80　生成过渡曲线

(4)单击"平面镜像"按钮,在立即菜单中选择"拷贝",拾取 C1、C2 点为镜像轴首点和末点,拾取图线 P1、P2、P3、P4 为镜像对象,点击鼠标右键确认拾取,生成镜像图线,如图 4-81 所示。

(5)单击"圆"按钮⊙,在立即菜单中选择"两点_半径",拾取 C1 点,单击 T 键,拾取圆弧 P1,键入半径 6,生成过 C1 点、与圆弧 P1 相切、半径为 6 的圆 P3;采用同样方法,生成过 C2 点、与直线 P2 相切、半径为 6 的圆 P4;单击"圆弧"按钮,在立即菜单中选择"两点_半径",拾取圆 P3 和 P4 的切点,拖曳光标至合适位置,键入半径 50,生成与圆 P3、P4 相切、半径为 50 的圆弧,如图 4-82 所示。

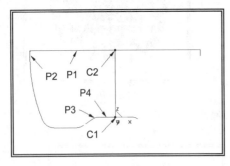 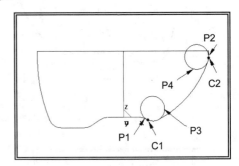

图 4-81　生成镜像曲线　　　　　　图 4-82　生成圆弧过渡

(6)单击"曲线裁剪"按钮,将曲线的多余部分裁掉,单击"删除"按钮,将不需要的曲线删除。单击"曲线组合"按钮,将多条曲线组合为两条样条线。

(7)单击 F8 键,切换视角到轴测视图,单击 F9 键,将当前平面切换到 XY 面,单击"平面旋转"按钮,在立即菜单中选择"拷贝"、"份数:1"、"角度:11.2",拾取原点为旋转中心,拾取如图 4-83 所示的左侧样条线为旋转对象,点击鼠标右键确认,生成旋转图线;在立即菜单中选择"移动"、"角度:-11.2",拾取原点为旋转中心,拾取左侧样条线为旋转对象，点击鼠标右键确认，生成旋转图线，如图 4-83 所示。

（8）单击"阵列"按钮▦，在立即菜单中选择"圆形"、"均布"、"份数：5"，拾取三条样条线，点击鼠标右键确认；拾取原点为阵列中心，生成圆形阵列图线，单击"圆"按钮⊕，在立即菜单中选择"圆心_半径"，拾取 C1 点为圆心，拾取任一样条线端点为圆上一点，生成 P1；采用同样方法，生成以原点为圆心的圆 P2，完成三维线架造型，如图 4-84 所示。

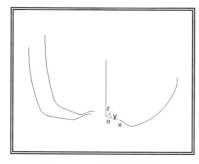 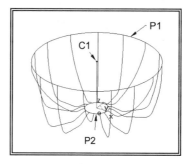

图 4-83 定位样条曲线　　　　　　　　　图 4-84 完成后的关键线架

（9）单击"平面"按钮，在立即菜单中选择"裁剪平面"，拾取圆 P2，生成曲面。

（10）单击"网格面"按钮，为方便对应拾取曲线，单击 F5 键，切换视角到 XY 平面，按图 4-85 所示顺序及拾取位置拾取 U 向线，拾取结束后点击鼠标右键确认，按图 4-85 所示顺序及拾取位置拾取 V 向线，拾取结束后点击鼠标右键确认，生成网格面，如图 4-86 所示。

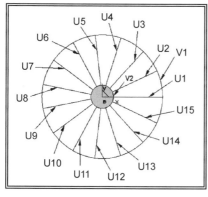 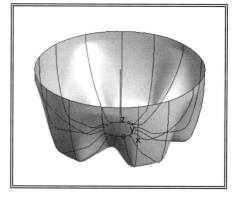

图 4-85 拾取顺序及拾取位置　　　　　　图 4-86 生成网格面

十、实体表面

1. 功能
把通过特征生成的使其表面剥离出来而形成的一个独立的曲面。

2. 参数
- 拾取表面　将拾取的实体表面单独地剥离出来。
- 所有表面　将拾取实体的所有表面剥离出来。

3. 操作
（1）单击"实体表面"按钮，或单击【造型】→【曲面生成】→【实体表面】命令。
（2）设置拾取参数，拾取实体表面，曲面生成。

第二节 曲 面 编 辑

曲面编辑是指编辑已有的曲面而生成另外一种新的曲面的技巧。本节主要介绍常用的编辑命令及操作方法。CAXA 制造工程师提供了曲面裁剪、曲面过渡、曲面拼接、曲面缝合、曲面延伸、曲面优化和曲面重拟合 7 种曲面编辑功能，如图 4-87 所示。

图 4-87 线面编辑工具条

一、曲面裁剪

曲面裁剪是指使用各种曲线和曲面对曲面进行修剪，去掉不需要的部分，获得所需要的曲面形态。

曲面裁剪有五种方式，即投影线裁剪、等参线裁剪、线裁剪、面裁剪和裁剪恢复。

在各种曲面裁剪方式中，均可以选择裁剪或分裂的方式。对于分裂方式，系统用剪刀线将曲面分成多个部分，并保留裁剪生成的所有曲面部分；对于裁剪方式，系统只保留所需要的曲面部分，其他部分将被裁掉。系统根据拾取曲面时光标的位置来确定需要保留的部分，即剪刀线将曲面分成多个部分，在拾取曲面时光标单击某个部分，就保留那一部分曲面。

单击"曲面裁剪"按钮，或单击【造型】→【线面编辑】→【曲面裁剪】命令，在立即菜单（见图 4-88）中选择曲面裁剪的方式，根据状态栏提示操作，完成裁剪操作。

（a）投影线裁剪　　　（b）等参线裁剪　　　（c）线裁剪　　　（d）面裁剪

图 4-88 曲面裁剪立即菜单

（一）投影线裁剪

1. 功能

投影线裁剪是将空间曲线沿给定的方向投影到曲面上，形成剪刀线来裁剪曲面，如图 4-89 所示。

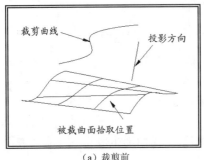 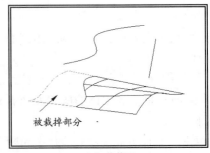

（a）裁剪前　　　　　　　　　　　　（b）裁剪后

图 4-89 投影线裁剪示意

2. 操作

(1) 单击"曲面裁剪"按钮，在立即菜单［见图 4-88(a)］中选择"投影线裁剪"。

(2) 拾取被裁剪的曲面（选取需保留的部分）。

(3) 选择投影方向，拾取剪刀线，拾取曲线，曲线变红，完成裁剪。

3. 说明

(1) 拾取的裁剪曲线沿指定投影方向向被裁剪曲面投影时必须有投影线，否则无法裁剪曲面。

(2) 剪刀线与曲面边界线重合或部分重合及相切时，可能得不到正确的裁剪结果。

（二）等参线裁剪

1. 功能

以曲面上给定的等参线为剪刀线来裁剪或分裂曲面。参数线的给定可以通过立即菜单选择过点，或者指定参数来确定，如图 4-90 所示。

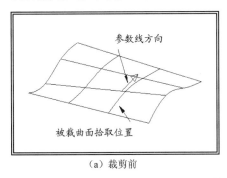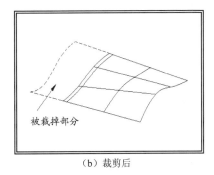

(a) 裁剪前　　　　　　　　　　　　(b) 裁剪后

图 4-90　等参线裁剪示意

2. 操作

(1) 单击"曲面裁剪"按钮，在立即菜单［见图 4-88(b)］中选择"等参线裁剪"、"过点"或"指定参数"。

(2) 拾取曲面（选取需保留的部分），选择参数线方向，完成裁剪。

（三）线裁剪

1. 功能

曲面上的曲线沿曲面法矢方向投影到曲面上，形成剪刀线来裁剪曲面。

2. 操作

(1) 单击"曲面裁剪"按钮，在立即菜单［见图 4-88(c)］中选择"线裁剪"。

(2) 拾取被裁剪的曲面（选取需保留的部分）。

(3) 拾取剪刀线，确定搜索方向，完成裁剪，如图 4-91 所示。

3. 说明

(1) 若裁剪曲线不在曲面上，则系统将曲线按距离最近的方式投影到曲面上，获得投影曲线，然后利用投影曲线对曲面进行裁剪，若投影曲线不存在时，则裁剪失败。

(2) 若裁剪曲线与曲面边界无交点，且不在曲面内部封闭，则系统将其延长到曲面边界后实行裁剪。

(3) 与曲面边界线重合或部分重合及相切的曲线对曲面进行裁剪时，可能得不到正确的结果，应尽量避免这种情况发生。

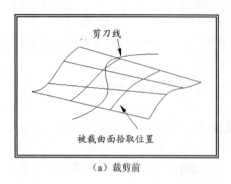
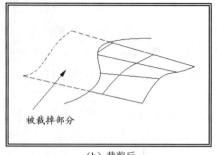

（a）裁剪前　　　　　　　　　　　（b）裁剪后

图 4-91　线裁剪示意

（四）面裁剪

1．功能

剪刀曲面和被裁剪曲面求交，用求得的交线作为剪刀线来裁剪曲面。

2．操作

（1）单击"曲面裁剪"按钮，在立即菜单［见图 4-88(d)］中选择"面裁剪"、"相互裁剪"或"裁剪曲面 1"。

（2）拾取被裁剪的曲面（选取需保留的部分）。

（3）拾取剪刀曲面，裁剪完成，如图 4-92 所示。

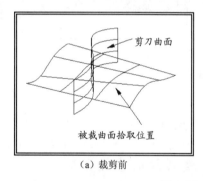

（a）裁剪前　　　　　　　　　　　（b）裁剪后

图 4-92　面裁剪示意

3．说明

（1）两曲面必须有交线，否则无法裁剪曲面。

（2）两曲面在边界线处相交或部分相交及相切时，可能得不到正确的结果。

（3）若曲面交线与被裁剪曲面边界无交点，且不在其内部封闭，则系统将交线延长到被裁剪曲面边界后实行裁剪，一般应尽量避免这种情况发生。

（五）裁剪恢复

1．功能

将拾取到的曲面裁剪部分恢复到没有裁剪的状态。如拾取的裁剪边界是内边界，系统将取消对该边界施加的裁剪。如拾取的是外边界，系统将把外边界恢复到原始边界状态。

2．操作

（1）单击"曲面裁剪"按钮，在立即菜单上选择"裁剪恢复"、选择"保留原裁剪面"或"删除原裁剪面"。

（2）拾取需恢复的裁剪曲面，完成操作。

二、曲面过渡

曲面过渡是指用截面是圆弧的曲面将两张曲面光滑地连接起来,在给定的曲面之间以一定的方式,作给定半径或半径规律的圆弧过渡面,以实现曲面之间的光滑过渡。

曲面过渡支持等半径过渡和变半径过渡。变半径过渡是指沿着过渡面半径是变化的过渡方式。不管是线性变化半径还是非线性变化半径,系统都能提供有力的支持。用户可以通过给定导引边界线,或给定半径变化规律的方式来实现变半径过渡。

曲面过渡共有 7 种方式,即两面过渡、三面过渡、系列面过渡、曲线曲面过渡、参考线过渡、曲面上线过渡和两线过渡。

单击"曲面过渡"按钮 ,或单击【造型】→【线面编辑】→【曲面过渡】命令,在立即菜单中选择曲面过渡的方式,根据状态栏提示操作,生成过渡曲面。

(一)两面过渡

1. 功能

在两个曲面之间进行给定半径或给定半径变化规律的过渡,生成的过渡面的截面,将沿两曲面的法矢方向摆放。

2. 操作

(1)等半径过渡

① 单击"曲面过渡"按钮 ,在立即菜单[见图 4-93(a)]中选择"两面过渡"、"等半径",并输入过渡半径值。

② 拾取第一张曲面,选择过渡面的曲率中心的方向。

③ 拾取第二张曲面,选择过渡面的曲率中心的方向,生成过渡曲面,如图 4-94(b) 所示。

(a)等半径过渡　　(b)变半径过渡

图 4-93 "两面过渡"立即菜单

(2)变半径过渡

① 单击"曲面过渡"按钮 ,在立即菜单[见图 4-93(b)]中选择"两面过渡"、"变半径"。

② 拾取第一张曲面,选择过渡面的曲率中心的方向。

③ 拾取第二张曲面,选择过渡面的曲率中心的方向。

④ 拾取参考曲线,指定参考曲线上的点并定义半径,指定点后,弹出立即菜单,在立即菜单中输入半径值,可以指定多个点及其半径,完成后点击鼠标右键确认,生成过渡曲面,如图 4-94(c) 所示。

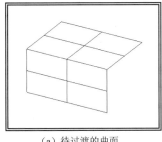
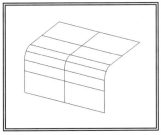

(a)待过渡的曲面　　(b)生成等半径过渡曲面　　(c)生成变半径过渡曲面

图 4-94 两面过渡示意

3. 说明

(1)需正确地指定曲率中心的方向。不同的方向选择,会导致完全不同的过渡结果;不合理的方向选择，将导致过渡失败。

（2）进行过渡的两曲面在指定方向上，与距离等于半径的等距面必须相交，否则将导致曲面过渡失败。

（3）若曲面形状复杂，变化过于剧烈，使得曲面的局部曲率小于过渡半径时，过渡面将发生自交，形状难以预料。

（4）变半径两面过渡可以拾取参考线，定义半径变化规律，过渡面将从头到尾按此半径变化规律来生成。在这种情况下，依靠拾取的参考线和过渡面中心线之间弧长的相对比例关系，来映射半径变化规律。因此，参考曲线越接近过渡面的中心线，就越能在需要的位置上获得给定的精确半径。

（二）三面过渡

1. 功能

在三张曲面之间对两两曲面进行过渡，生成等半径或变半径的过渡曲面，并用一张角面，将所生成的三张过渡面连接起来。

2. 操作

（1）等半径三面过渡操作

① 单击"曲面过渡"按钮，在立即菜单［见图 4-95(a)］中选择"三面过渡"、"等半径"，输入过渡半径值。

② 依状态栏提示，依次拾取三张曲面，并分别指定曲率中心的方向，生成过渡曲面，如图 4-96 所示。

（2）变半径过渡操作

① 单击"曲面过渡"按钮，在立即菜单［见图 4-95(b)］中选择"三面过渡"、"变半径"，分别输入三个过渡半径值。

（a）等半径过渡

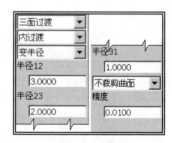
（b）变半径过渡

图 4-95　三面过渡立即菜单

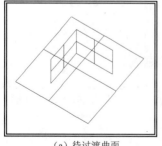
（a）待过渡曲面

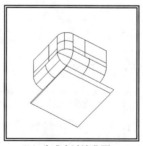
（b）生成内过渡曲面

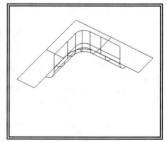
（c）生成外过渡曲面

图 4-96　等半径三面过渡

② 依状态栏提示,依次拾取三张曲面,并分别指定曲率中心的方向,生成过渡曲面,如图 4-97 所示。

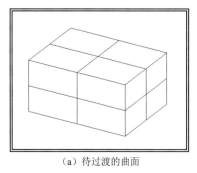 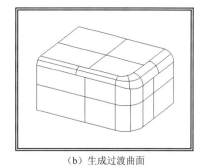

(a) 待过渡的曲面　　　　　　　　(b) 生成过渡曲面

图 4-97　变半径三面过渡

3. 说明

对于变半径三面过渡,系统的处理过程为:首先选取三个过渡半径中的最大半径所对应的两张曲面,对这两曲面进行两面过渡并进行裁剪,形成一个系列曲面;再用此系列曲面与曲面 3 进行过渡处理,生成三面变半径的过渡面。

(三) 系列面过渡

1. 功能

系列面是指首尾相接、边界重合,并在重合边界处保持光滑连接的多张曲面的集合。系列面过渡就是在两个系列面之间进行过渡处理,生成给定半径或给定半径变化规律的过渡曲面。

2. 操作

(1) 等半径过渡操作

① 单击"曲面过渡"按钮,在立即菜单[见图 4-98(a)]中选择"系列面过渡"、"等半径",输入过渡半径值。

② 拾取第一系列曲面,依次拾取第一系列的所有曲面,拾取完成后点击鼠标右键确认。

③ 改变曲面方向(在选定曲面上点取)。当显示的曲面方向与所需的不同时,点取该曲面,曲面方向改变,改变完所有需改变曲面方向后,点击鼠标右键确认。

④ 拾取第二系列曲面,依次拾取第二系列的所有曲面,拾取后点击鼠标右键确认。

⑤ 改变曲面方向(在选定曲面上点取),完成后点击鼠标右键确认,生成系列过渡曲面,如图 4-99(b) 所示。

(a) 等半径过渡　　　(b) 变半径过渡

图 4-98　系列面过渡立即菜单

(2) 变半径过渡操作

① 单击"曲面过渡"按钮,在立即菜单[见图 4-98(b)]中选择"系列面过渡"、"变半径"。

② 拾取第一系列曲面,依次拾取第一系列的所有曲面,拾取完成后点击鼠标右键确认。

③ 改变曲面方向(在选定曲面上点取)。当显示的曲面方向与所需的不同时,点取该曲面,曲面方向改变,完成后点击鼠标右键确认。

④ 拾取第二系列曲面，依次拾取第二系列的所有曲面，拾取完成后点击鼠标右键确认。

⑤ 改变曲面方向（在选定曲面上点取），完成后点击鼠标右键确认。

⑥ 拾取参考曲线，指定参考曲线上点并定义半径，完成后点击鼠标右键确认，生成系列过渡曲面，如图 4-99(c) 所示。

 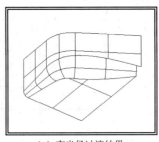

(a) 待过渡的曲面　　　　　　(b) 等半径过渡结果　　　　　　(c) 变半径过渡结果

图 4-99　系列面过渡示意

3．说明

（1）在两系列曲面之间生成，在变半径过渡中可以拾取参考线，定义半径变化规律，生成的一串过渡面，将从头到尾按此半径变化规律来生成。

（2）在一个系列面中，曲面和曲面之间应尽量保证首尾相连、光滑相接。

（3）需正确地指定曲面的方向，方向不同会导致完全不同的结果。

（4）若曲面形状复杂，变化过于剧烈，使得曲面的局部曲率小于过渡半径时，过渡面将发生自交，形状难以预料，应尽量避免这种情况发生。

（5）参考曲线只能指定一条曲线。可将系列曲面上多条相邻的曲线组合成一条曲线，作为参考曲线，或者指定不在曲面上的曲线。

（四）曲线曲面过渡

1．功能

过曲面外一条曲线，作曲线和曲面之间的等半径或变半径过渡面。

2．操作

（1）等半径曲线曲面过渡操作

① 单击"曲面过渡"按钮，在立即菜单［见图 4-100(a)］中选择"曲线曲面过渡"、"等半径"。

② 拾取曲面，单击所选方向。

③ 拾取曲线，生成过渡曲面，如图 4-101(b) 所示。

（2）变半径曲线曲面过渡操作

① 单击"曲面过渡"按钮，在立即菜单［见图 4-100(b)］中选择"曲线曲面过渡"、"变半径"。

② 拾取曲面，单击所选方向。

③ 拾取曲线，指定参考曲线上点并定义半径，完成后点击鼠标右键确定，生成过渡曲面，如图 4-101(c) 所示。

（五）参考线过渡

1．功能

在两曲面之间生成等半径或变半径的过渡曲面，过渡

(a) 等半径过渡　　　(b) 变半径过渡

图 4-100　曲线曲面过渡立即菜单

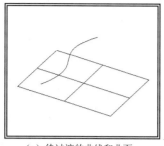 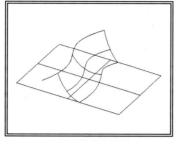 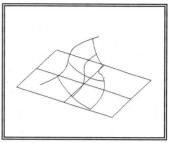

　　(a) 待过渡的曲线和曲面　　　　(b) 等半径过渡结果　　　　(c) 变半径过渡结果

图 4-101　曲线曲面过渡示意

面的截面位于垂直于参考线的平面内。

2. 操作

（1）等半径参考线过渡操作

① 单击"曲面过渡"按钮，在立即菜单［见图 4-102(a)］中选择"参考线过渡"、"等半径"。

② 拾取第一张曲面，单击所选方向；拾取第二张曲面，单击所选方向。

③ 拾取参考曲线，生成过渡曲面，如图 4-103(b) 所示。

（2）变半径参考线过渡操作

① 单击"曲面过渡"按钮，在立即菜单［见图 4-102(b)］中选择"参考线过渡"、"变半径"。

② 拾取第一张曲面，单击选择方向；拾取第二张曲线，单击选择方向。

(a) 等半径过渡　　(b) 变半径过渡

图 4-102　参考线过渡立即菜单

③ 拾取参考曲线，指定参考曲线上点并定义过渡半径，完成后点击鼠标右键确定，生成过渡曲面，如图 4-103(c) 所示。

 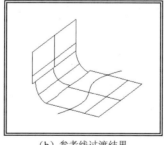 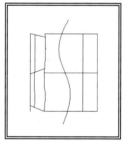

　　(a) 待过渡的曲面和参考线　　　　(b) 参考线过渡结果　　　　(c) 俯视图

图 4-103　参考线过渡示意

3. 说明

（1）这种过渡方式尤其适用各种复杂多拐的曲面，其曲率半径较小且需要做大半径过渡的情形。这种情况下，一般的两面过渡生成的过渡曲面将发生自交，不能生成出满意、完整的过渡曲面。但在参考线过渡方式中，只要选用合适简单的参考曲线，就能获得满意的结果。

（2）变半径过渡时，可以在参考线上选定一些位置点定义所需要的过渡半径，以生成在给定截面位置处半径精确的过渡曲面。

图 4-104　曲面上线过渡立即菜单

(3) 参考线应该是光滑曲线。

(4) 在没有特别要求的情况下，参考线的选取应尽量简单。

(六) 曲面上线过渡

1. 功能

使用第一曲面上的一条曲线作为过渡面的导引边界线，在两曲面之间生成过渡曲面。系统生成的过渡面将和两张曲面相切，并以导引线为过渡面的一个边界，即过渡面过此导引线和第一曲面相切。

2. 操作

(1) 单击"曲面过渡"按钮，在立即菜单（见图4-104）中选择"曲面上线过渡"。

(2) 拾取第一张曲面，单击所选方向，拾取曲面1上曲线。

(3) 拾取第二张曲面，单击所选方向，生成过渡曲面，如图4-105所示。

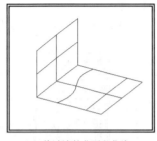
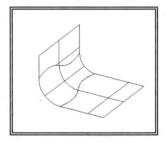

(a) 待过渡的曲面和曲线　　　　(b) 生成过渡曲面

图 4-105　曲面上线过渡示意

3. 说明

导引线必须光滑，并在第一曲面上，否则系统不予处理。

(七) 两线过渡

1. 功能

在两曲面间作过渡，生成给定半径的以两曲面的两条边界线或者一个曲面的一条边界线和一条空间脊线为边的过渡面。

2. 操作

(1) 在立即菜单（见图 4-106）中选择"两线过渡"、"脊线+边界线"或"两边界线"，输入半径值。

(2) 按状态栏中提示操作，生成两线过渡曲面，如图4-107所示。

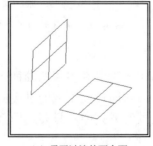
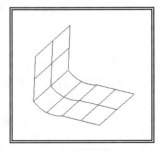

(a) 两边界线　　(b) 脊线+边界线　　(a) 需要过渡的两个面　　(b) 过渡结果

图 4-106　两线过渡立即菜单　　图 4-107　两线过渡示意

158

三、曲面拼接

曲面拼接是曲面光滑连接的一种方式，它可以通过多个曲面的对应边界，生成一张曲面与这些曲面光滑相接。

曲面拼接共有三种方式，即两面拼接、三面拼接和四面拼接。

单击"曲面拼接"按钮，或单击【造型】→【线面编辑】→【曲面拼接】命令，在立即菜单中设置拼接方式，按状态栏提示操作，生成拼接曲面。

（一）两面拼接

1. 功能

生成一个曲面，使其连接两给定曲面的指定对应边界，并在连接处保证光滑。

2. 操作

（1）单击"曲面拼接"按钮，在立即菜单［见图 4-108(a)］中选择"两面拼接"。

（2）拾取第一张曲面，再拾取第二张曲面，生成拼接曲面，如图 4-109 所示。

（a）两面拼接　　　　　（b）三面拼接　　　　　（c）四面拼接

图 4-108　曲面拼接立即菜单

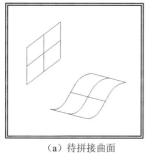 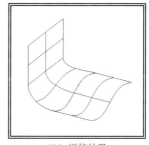

（a）待拼接曲面　　　　　　　（b）拼接结果

图 4-109　两面拼接示意

3. 说明

（1）拾取曲面时，需在拼接边界的附近单击曲面。

（2）拾取曲面时，需保证两曲面的拼接边界方向一致，这是由拾取点在边界线上的位置决定的，如果两个曲面边界线方向相反，拼接的曲面将发生扭曲，形状不可预料。

（3）当遇到要把两个曲面从对应的边界处光滑连接时，用曲面过渡的方法是无法实现的，因为过渡面不一定通过两个原曲面的边界。这时就需要使用曲面拼接功能，过曲面边界光滑连接曲面。

（二）三面拼接

1. 功能

生成一个曲面，使其连接三个给定曲面的指定对应边界，并在连接处保证光滑。

2. 操作

（1）单击"曲面拼接"按钮，在立即菜单［见图 4-108(b)］中选择"三面拼接"。

（2）拾取第一张曲面，再拾取第二张曲面，最后拾取第三张曲面，生成拼接曲面，如图4-110所示。

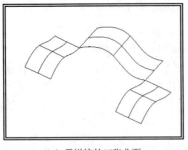
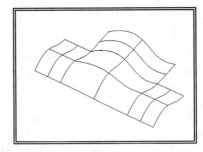

(a) 需拼接的三张曲面　　　　　　　　(b) 拼接结果

图 4-110　三面拼接示意

3．说明

（1）要拼接的三个曲面必须在角点相交，要拼接的三个边界应该首尾相连，形成一串曲线，它可以封闭，也可以不封闭。

（2）三个曲面围成的区域可以是封闭的，也可以是不封闭的。在不封闭处，系统将根据拼接条件自动确定拼接曲面的边界形状。

（3）三面拼接所使用的元素不仅局限于曲面，还可以是曲线，即可以拼接曲面和曲线围成的区域，拼接面和曲面保持光滑相接，并以曲线为边界。需要注意的是：拾取曲线时需先点击鼠标右键，再单击曲线才能选择曲线。

（三）四面拼接

1．功能

作一曲面，使其连接四个给定曲面的指定对应边界，并在连接处保证光滑。

2．操作

（1）单击"曲面拼接"按钮，在立即菜单［见图4-108(c)］中选择"四面拼接"。

（2）分别在连接边界处拾取四张曲面，生成拼接曲面，如图4-111所示。

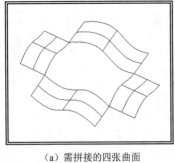
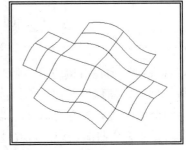

(a) 需拼接的四张曲面　　　　　　　　(b) 拼接结果

图 4-111　四面拼接示意

3．说明

（1）要拼接的四个曲面必须在角点两两相交，要拼接的四个边界应该首尾相连，形成一连串封闭曲线，围成一个封闭区域。

（2）交互时按提示拾取曲面，系统按拾取的位置来指定边界，因此，拾取时请在需要拼接的边界附近点取曲面。

（3）四面拼接所使用的元素不仅局限于曲面，还可以是曲线。即可以拼接曲面和曲线围成的区域，拼接面和曲面保持光滑相接，并以曲线为边界。需要注意的是：拾取曲线时需先点击鼠标右键，再单击曲线才能选择曲线。

【例6】 绘制如图4-112所示的泡罩曲面。

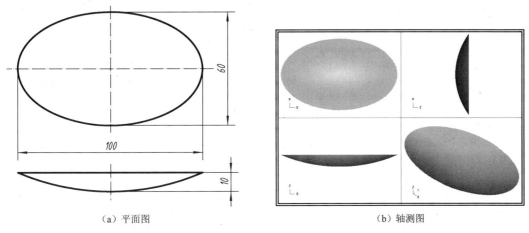

(a) 平面图　　　　　　　　　　　(b) 轴测图

图4-112　泡罩曲面

操作过程如下。

1. 绘制曲面线架

（1）确认当前坐标平面为XY面，否则单击 F9 键调整当前平面为XY面。

（2）单击"椭圆"按钮 ⊙，在立即菜单中如图4-113所示设置参数，拾取原点为椭圆中心点，结果如图4-114所示。

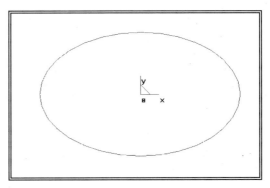

图4-113　设置椭圆参数　　　　　图4-114　生成椭圆曲线

（3）单击 F8 键，以轴测视向显示视图。按 F9 键，将当前坐标平面切换为YZ面，单击"直线"按钮 ∠，在立即菜单中选择"两点线"、"正交"、"长度方式"，设置直线长度为2，拾取原点为第一点，向下拖动鼠标，绘制沿Z轴负向的正交直线。

（4）单击"圆弧"按钮 ⌒，在立即菜单中选择"三点圆弧"，单击 K 键，如图4-115所示依次拾取C1、C2、C3点，绘制圆弧P1；采用同样方法，依次拾取C4、C2、C5点，绘制圆弧P2。

（5）单击"曲线打断"按钮 ✂，将圆弧P1、P2在C2点处打断；将椭圆在C1点处

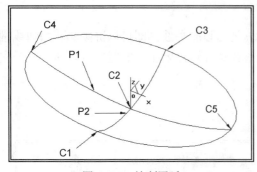
图 4-115　绘制圆弧

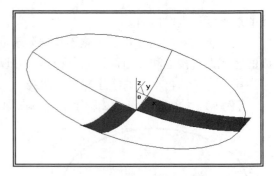
图 4-116　绘制扫描曲面

打断。

2．绘制辅助曲面

（1）单击"扫描面"按钮，在立即菜单中设置扫描距离为 2，单击 Space 键，选择 X 轴负方向为扫描方向，拾取半段圆弧 P2，生成扫描曲面；采用同样方法，生成另一辅助曲面，如图 4-116 所示。

（2）单击"直线"按钮，在立即菜单中选择"切法线"、"切线"、"长度：4"，拾取圆弧 P2、拾取 C1 点为直线中点；采用同样方法，绘制圆弧 P1 的切线，如图 4-117 所示。

（3）单击"曲线裁剪"按钮，将两直线的半段剪掉。

（4）单击"导动面"按钮，在立即菜单中选择"双导动线""单截面线"、"变高"，拾取两条直线为导动线，拾取椭圆曲线为截面线，生成导动曲面，如图 4-118 所示。

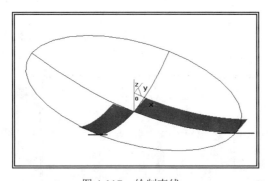
图 4-117　绘制直线

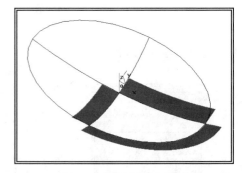
图 4-118　绘制导动曲面

3．绘制泡罩曲面

（1）单击"曲面拼接"按钮，在立即菜单中选择"三面拼接"，依次在拼接边界的附近位置拾取两个扫描面和双导动面，生成拼接曲面，如图 4-119 所示。

（2）单击"消隐显示"按钮，查看拼接曲面参数线方向，如果与图 4-120 所示方向不同，需重新生成。

注意：拾取拼接边界时需在两扫描面内侧靠近中心的位置、双导动面的内侧中间位置拾取。

（3）将辅助曲面隐藏。

（4）确认当前坐标平面为 XY 面，单击"平面镜像"按钮，生成拼接曲面的镜像曲面，完成泡罩曲面的造型，如图 4-121 所示。其参数线方向如图 4-122 所示。

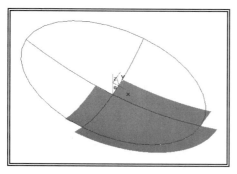
图 4-119 绘制拼接曲面

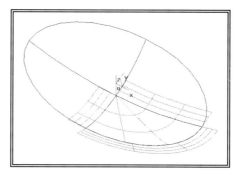
图 4-120 确定曲面参数线方向

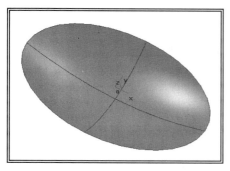
图 4-121 完成后的泡罩曲面造型

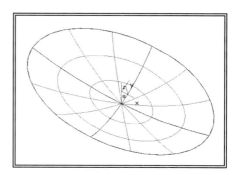
图 4-122 曲面参数线方向

四、曲面缝合

1. 功能

将两张曲面光滑连接为一张曲面。

曲面缝合有两种方式，一种是通过曲面1的切矢进行光滑过渡连接，另一种是通过两曲面的平均切矢进行光滑过渡连接。

（1）曲面切矢1方式曲面缝合　在第一张曲面的连接边界处，按曲面1的切矢方向和第二张曲面进行连接，生成的曲面仍保持有曲面1形状的部分。

（2）平均切矢方式曲面缝合　在第一张曲面的连接边界处，按两曲面的平均切矢方向进行光滑连接，生成的曲面在曲面1和曲面2处都改变了形状。

2. 操作

（1）单击"曲面缝合"按钮，或单击【造型】→【线面编辑】→【曲面缝合】命令。

图 4-123 曲面缝合立即菜单

（2）在立即菜单（见图4-123）中选择曲面缝合的方式。

（3）分别拾取两个待缝合的曲面，生成缝合曲面，如图4-124所示。

五、曲面延伸

1. 功能

将原曲面按所给长度或比例，沿相切的方向延伸。

2. 操作

（1）单击"曲面延伸"按钮，或单击【造型】→【线面编辑】→【曲面延伸】命令。

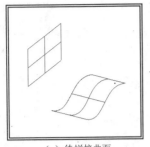  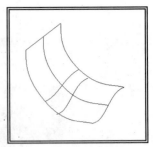

(a) 待拼接曲面　　　　　(b) 曲面切矢1缝合结果　　　(c) 平均切矢缝合结果

图 4-124　曲面缝合示意

(2) 在立即菜单（见图 4-125）中选择"长度延伸"或"比例延伸"方式，输入长度或比例值。

(a) 比例延伸　　(b) 长度延伸

图 4-125　曲面延伸立即菜单

(3) 根据状态栏提示，拾取曲面，将曲面延伸，如图 4-126 所示。

3. 说明

(1) 曲面延伸功能不支持裁剪曲面的延伸。

(2) 拾取曲面时，在需要延伸的边界附近点取曲面。

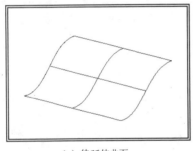 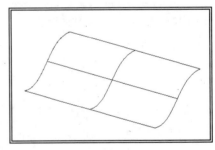

(a) 待延伸曲面　　　　　　　　　(b) 延伸结果

图 4-126　曲面延伸放样面示意

六、曲面优化

1. 功能

在实际应用中，有时生成的曲面的控制顶点很密很多，会导致对这样的曲面处理起来很慢，甚至会出现问题。曲面优化功能就是在给定的精度范围之内，尽量去掉多余的控制顶点，使曲面的运算效率大大提高。

2. 操作

(1) 单击"曲面优化"按钮，或单击【造型】→【曲面编辑】→【曲面优化】命令。

(2) 在立即菜单中选择"保留原曲面"或"删除原曲面"方式，输入精度值。

(3) 状态栏中提示"拾取曲面"，单击曲面，优化完成。

3. 注意

曲面优化功能不支持裁剪曲面。

七、曲面重拟合

1. 功能

在很多情况下，生成的曲面是 NURBS 表达的（即控制顶点的权因子不全为 1），或者有重节点，这样的曲面在某些情况下不能完成运算。这时，需要把曲面修改为 B 样条表达形式（没有重节点，控制顶点权因子全部是 1）。曲面重拟合功能就是把 NURBS 曲面在给定的精度条件下拟合为 B 样条曲面。

2. 操作

（1）单击"曲面重拟合"按钮，或单击【造型】→【曲面编辑】→【曲面重拟合】命令。

（2）在立即菜单中选择"保留原曲面"或"删除原曲面"方式，输入精度值。

（3）状态栏中提示"拾取曲面"，单击曲面，拟合完成。

3. 注意

曲面重拟合功能不支持裁剪曲面。

第三节　曲面造型综合实例

【实例 1】　绘制如图 4-127 所示鼠标的曲面造型。

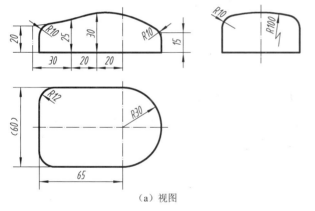
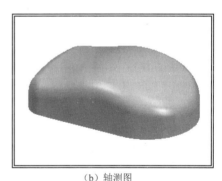

(a) 视图　　　　　　　　　　　　　　(b) 轴测图

图 4-127　鼠标的曲面造型

操作过程如下。

（1）设置当前平面为 XY 面，绘制如图 4-128 所示图线。

（2）单击"扫描面"按钮，在立即菜单中设置参数："起始距离：0"、"扫描距离：40"、"扫描角度：0"，单击 Space 键，在弹出的工具菜单中选择"Z 轴正方向"，拾取所有曲线，生成扫描面，如图 4-129 所示。

（3）单击"样条线"按钮，在弹出的立即菜单中选择"插值"、"缺省切矢"、"开曲线"，键入"－70，0，20"，回车；键入"－40，0，25"，回车；键入"－20，0，30"，回车；键入"30，0，15"，回车，点击鼠标右键结束，生成样条曲线，如图 4-130 所示。

（4）单击"平面"按钮，在立即菜单中选择"裁剪平面"，拾取任一条曲线，选择搜索方向，点击鼠标右键，生成鼠标底面。单击 F9 键，切换当前平面为 YZ 面。单击"圆弧"

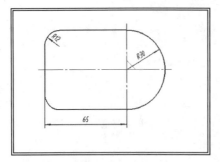

图 4-128　绘制图线

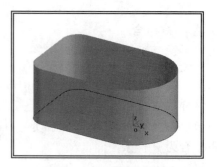

图 4-129　生成扫描面

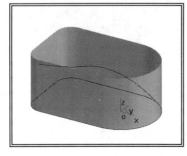

图 4-130　绘制样条线

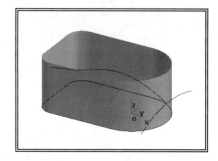

图 4-131　绘制截面线

按钮，在立即菜单中选择"两点_半径"，任意拾取两点，移动光标到合适位置，键入圆弧半径"100"，单击"曲线拉伸"按钮，拖拽圆弧到适当位置，单击"平移"按钮，在立即菜单中选择"两点"、"移动"、"非正交"，拾取圆弧，点击鼠标右键确认，拾取圆弧中点为基点，拾取样条线端点为目标点，将圆弧移动到正确位置，如图 4-131 所示。

（5）单击"导动面"按钮，在立即菜单中选择"平行导动"，拾取样条线为导动线，拾取圆弧为截面线，生成导动面，如图 4-132 所示。

（6）单击"曲面过渡"按钮，在立即菜单中选择"系列面"、"等半径"、"半径：10"、"裁剪两系列面"、"单个拾取"，拾取顶面，点击鼠标右键确认，查看曲率中心的方向，如系统默认的方向错误，在曲面上单击左键以切换方向，点击鼠标右键确认，完成的结果如图 4-133 所示。

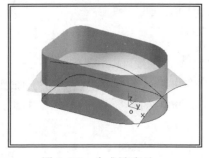

图 4-132　生成导动面

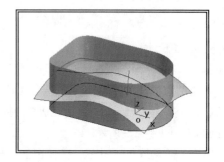

图 4-133　设置第一系列面

（7）在立即菜单中选择"链拾取"，如图 4-134 所示拾取曲面，在该曲面上再次单击鼠标左键，出现链搜索方向，如默认搜索方向错误，在该曲面单击鼠标左键以切换搜索方向，完成的结果如图 4-135 所示。

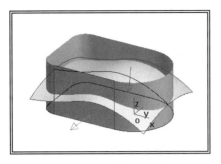
图 4-134 设置第二系列面

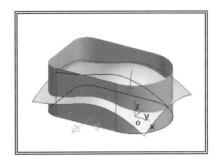
图 4-135 设置搜索方向

(8) 点击鼠标右键确认选择，系统显示搜索结果，同时显示所有曲面的默认曲率中心方向，如有错误，在曲面上单击鼠标左键切换方向，点击鼠标右键确认。完成的曲率中心方向，如图 4-136 所示。

(9) 点击鼠标右键确认选择结果，生成圆角过渡，完成曲面造型，如图 4-137 所示。

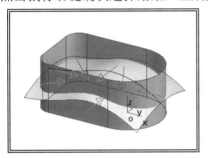
图 4-136 选择曲率中心方向

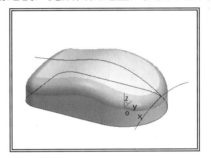
图 4-137 生成过渡面

【实例 2】 生成如图 4-138 所示集粉筒的曲面造型。

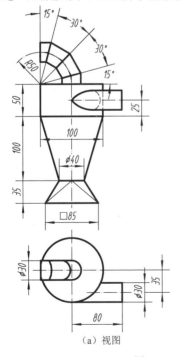
(a) 视图

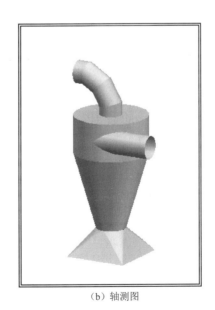
(b) 轴测图

图 4-138 集粉筒的曲面造型

操作过程如下。

(1) 生成天圆地方底座（参见本章例 1）。

(2) 生成喇叭管。单击"删除"按钮⌀，将打断的两段圆弧删除。设置当前平面为 XY 面，单击"圆"按钮⊕，在立即菜单中选择"圆心_半径"，键入"0,,35"、"20"，生成 φ40 圆；键入",,135"、"50"，生成 φ100 圆。单击"直纹面"按钮，在立即菜单中选择"曲线＋曲线"，分别拾取 φ40、φ100 圆，生成喇叭管，如图 4-139 所示。

(3) 生成圆筒。单击"扫描面"按钮，在立即菜单中设置"起始距离：0"、"扫描距离：50"、"扫描角度：0"，单击 Space 键，在弹出的工具菜单中选择"Z 轴正方向"，生成扫描面，如图 4-140 所示。

图 4-139 生成喇叭管

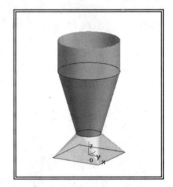
图 4-140 生成圆筒

(4) 生成圆筒顶面。单击"平移"按钮，在立即菜单中选择"偏移量"、"拷贝""DZ：50"，拾取 φ100 圆，生成偏移曲线。单击"圆"按钮⊕，在立即菜单中选择"圆心_半径"，单击 C 键，拾取顶圆，键入"15"，生成 φ30 的整圆。单击"平面"按钮，在立即菜单中选择"裁剪平面"，拾取偏移的 φ100 圆，任意选择搜索方向，拾取 φ30 圆，点击鼠标右键确认，生成裁剪平面，如图 4-141 所示。

(5) 绘制弯管线架。单击 F7 键，切换当前平面及视图方向为 XZ 面，绘制弯管的关键线架，如图 4-142 所示。

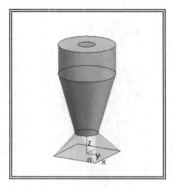
图 4-141 生成圆筒顶面

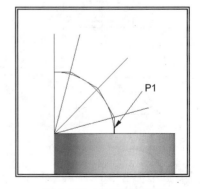
图 4-142 绘制弯管线架

(6) 生成 90°弯管。单击"导动面"按钮，在立即菜单中选择"管道曲面"、"起始半径：15"、"终止半径：15"，拾取直线 P1 为导动线，生成圆柱面；单击"曲面延伸"按钮，拾取圆柱面，将曲面适当延长；单击"曲面裁剪"按钮，在立即菜单中选择"投影线裁剪"，拾取圆柱面下部为被裁剪曲面的保留部分，单击 Space 键，在工具菜单中选择"Y 轴正方向"，拾取 15°线为剪刀线，将圆柱面裁剪，如图 4-143 所示。

（7）生成 120°弯管。单击"导动面"按钮，拾取直线 P2 为导动线，生成圆柱面；单击"曲面延伸"按钮，将曲面向两侧适当延长；单击"曲面裁剪"按钮，同步骤（6），将圆柱面两侧多余部分裁掉，如图 4-144 所示。

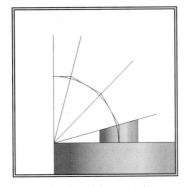 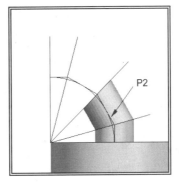

图 4-143　生成 90°弯管　　　　图 4-144　生成 120°弯管

（8）简化 120°弯管的数学模型。单击"相关线"按钮，在立即菜单中选择"曲面边界线"，在 120°弯管的两侧边界拾取曲面，生成边界线 P3、P4。单击"删除"按钮，将曲面删除，如图 4-145 所示。单击"直纹面"按钮，拾取边界线 P3、P4，生成直纹面，如图 4-146 所示。

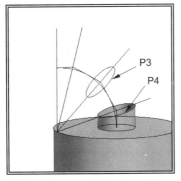 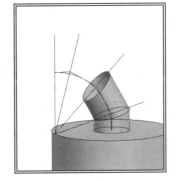

图 4-145　抽取曲面边界线　　　　图 4-146　重生成 120°弯管

（9）同步骤（6）～步骤（8），生成另两段弯管，如图 4-147 所示。

（10）生成偏交圆管。单击"直线"按钮，在立即菜单中选择"两点线"、"正交"、"长度方式"、"长度：80"，单击 C 键，拾取 φ100 顶圆，单击 S 键，移动光标，待直线预显方位正确后单击鼠标左键，生成直线。单击"平移"按钮，在立即菜单中选择"偏移量"、"移动"、"DX：0"、"DY：-35"、"DZ：-25"，拾取直线，将直线正确定位，利用管道曲面功能，生成偏交圆管，如图 4-148 所示。

（11）单击"曲面裁剪"按钮，在立即菜单中选择"面裁剪"、"相互裁剪"，分别拾取 φ100 圆柱面和偏交圆管的保留部分，裁剪的结果如图 4-149 所示。

（12）单击"拾取过滤器"按钮，在弹出的对话框中，单击取消"空间曲面"选项，单击 确定(0) 按钮。单击【编辑】→【隐藏】命令，框选拾取所有图形元素，点击鼠标右键确认，单击 F8、F3 键，完成集粉筒的曲面造型，如图 4-150 所示。

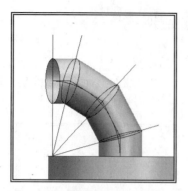
图 4-147 生成弯管

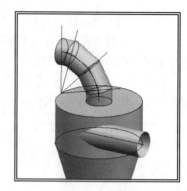
图 4-148 生成偏交圆管

图 4-149 裁剪曲面

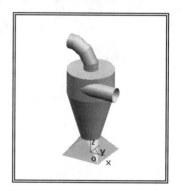
图 4-150 集粉筒的曲面造型

【实例3】 生成如图 4-151 所示吊钩模型的曲面造型。

操作过程如下。

(1) 绘制平面轮廓线。设置当前平面为 XY 面,绘制如图 4-152 所示平面图形。

(2) 绘制截面方位线。单击"等距线"按钮 ⃞,在立即菜单中设置距离为 25,拾取直线 P1,生成等距线 P2;单击"直线"按钮 ⃞,在立即菜单中选择"角度线"、"X 轴夹角"、"角度:45",拾取原点为第一点,绘制 45°角度线;在立即菜单中设置角度为-45°,绘制过原点的-45°角度线,在立即菜单中设置角度为 20°,绘制过原点的 20°角度线,在立即菜单中选择"两点线",拾取 C1、C2 点,生成直线,如图 4-153 所示。

(3) 绘制截面 1、截面 2 的轮廓线。单击"圆"按钮 ⃞,绘制以直线 P1 中点为圆心、直线 P1 端点为圆上点的整圆。单击"曲线裁剪"按钮 ⃞,将圆的下半部分裁掉,生成截面轮廓线。采用同样方法,生成截面 2 的轮廓线,如图 4-154 所示。

(4) 绘制截面 3 的轮廓线。单击"曲线裁剪"按钮 ⃞,将 45°角度线的两侧部分裁掉。单击"圆"按钮 ⃞,绘制以直线 P3 中点为圆心、直线 P3 端点为圆上一点的整圆,单击"曲线裁剪"按钮 ⃞,将圆的下半部分裁掉,生成截面轮廓线,如图 4-155 所示。

(5) 绘制截面 4 的轮廓线。单击"曲线裁剪"按钮 ⃞,将-45°角度线的两侧部分裁掉,单击"圆"按钮 ⃞,在立即菜单中选择"两点_半径",拾取 C1 点为第一点,单击 T 键,拾取圆弧 P1,键入"25",生成过交点 C1、与圆弧 P1 相切、半径为 25 的圆 P2;单击 S 键,拾取 C2 点为第一点、单击 T 键,拾取圆弧 P3,键入"6",生成过交点 C2、与圆弧 P3 相切、半径为 6 的圆 P4;单击"直线"按钮 ⃞,在立即菜单中选择"角度线"、"直线夹角"、"角度:-16",拾取截面方位线 P5,单击 T 键,拾取 R6 圆,拖拽光标到适当位置,单击 S 键,生

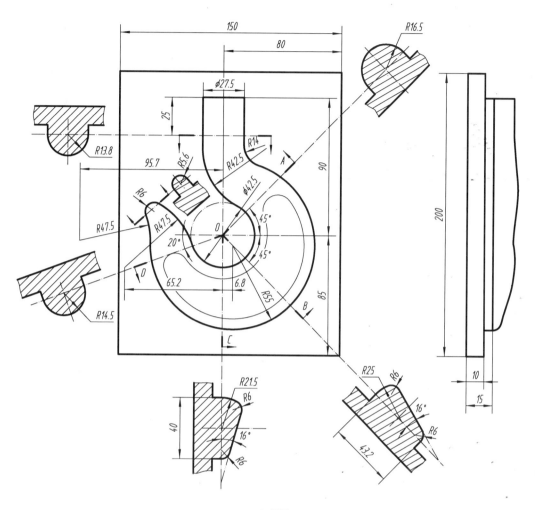

(a) 视图

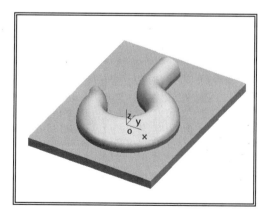

(b) 轴测图

图 4-151 吊钩模型的曲面造型

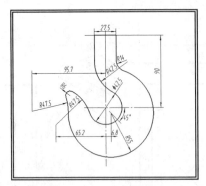

图 4-152 绘制平面轮廓

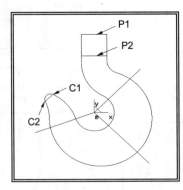

图 4-153 绘制截面方位线

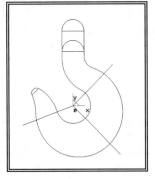

图 4-154 绘制截面 1、2 的轮廓线

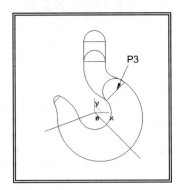

图 4-155 绘制截面 3 的轮廓线

成与直线 P5 成 16°角、与 R6 圆相切的直线 P6，单击"曲线过渡"按钮，设置过渡半径为 6，拾取圆弧 P2、直线 P6，生成 R6 过渡，单击"曲线裁剪"按钮，将曲线的多余部分裁掉，单击"曲线组合"按钮，在立即菜单中选择"删除原曲线"，单击 Space 键，在工具菜单中选择"单个拾取"，拾取如图 4-156 所示的圆弧 P2、直线 P6、圆弧 P4 和 R6 过渡圆弧（见图 4-152），点击鼠标右键确认，将组成截面 4 的图线组合成一条样条线，如图 4-156 所示。

（6）绘制截面 5 的轮廓线。方法同步骤（5），绘制与圆弧 P1 相切、R21.5 的圆；绘制与圆弧 P3 相切、R6 的圆。绘制与竖直线成 16°角、与 R6 圆相切的直线，进行 R6 过渡。将组成截面 3 的图线组合为一条样条线，结果如图 4-157 所示。

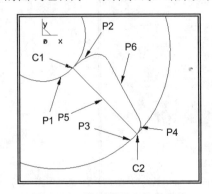

图 4-156 绘制截面 4 的轮廓线

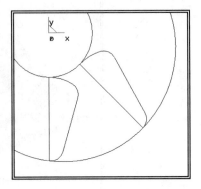

图 4-157 绘制截面 5 的轮廓线

（7）绘制截面 6、7 的轮廓线。同步骤（4），绘制截面 6、7 的轮廓线，完成后的结果如图 4-158 所示。

（8）将所有的轮廓线定位。采用同样方法，单击"旋转"按钮，在立即菜单中选择"移动"、"角度：90"，拾取C1、C2点，拾取截面4的轮廓线，将其旋转90°；采用同样方法，将其他截面的轮廓线旋转90°，如图4-159所示。

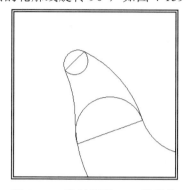 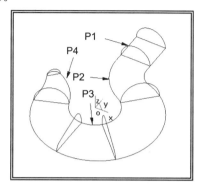

图4-158　绘制截面6、7轮廓线　　　　　图4-159　生成扫描面

（9）单击"曲线组合"按钮，拾取如图4-159所示的直线P1、圆弧P2、圆弧P3、圆弧P4，点击鼠标右键确认，将曲线组合为一条样条线；采用同样方法，将另一侧轮廓线组合为样条线。

（10）生成吊钩主体部分曲面。单击"网格面"按钮，按图4-160所示的顺序及拾取位置，依次拾取U1～U7为U向截面线，拾取结束后点击鼠标右键确认。依次拾取V1、V2为V向线，拾取结束后点击鼠标右键确认，生成网格面，如图4-160所示。

（11）生成衬板曲面。单击"扫描面"按钮，在立即菜单中选择"起始距离：0"、"扫描距离：5"，单击 Space 键，在弹出的工具菜单中选择"Z轴负方向"，拾取曲线，生成扫描曲面，如图4-161所示。

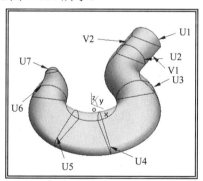 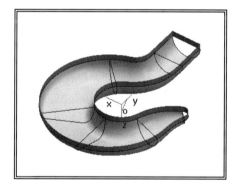

图4-160　生成网格面　　　　　　　图4-161　生成扫描曲面

（12）生成吊钩鼻部曲面。单击"曲面拼接"按钮，在立即菜单中选择"两面拼接"，在图示位置拾取两曲面，生成拼接曲面，如图4-162所示。

（13）单击"平移"按钮，在立即菜单中选择"偏移量"、"移动"、"DX：0"、"DY：0"、"DZ：15"，在绘图区中拾取所有图形元素，点击鼠标右键，将图线平移。

（14）绘制底板关键线架。单击"矩形"按钮，在立即菜单中选择"中心_长_宽"、"长度：150"、"宽度：200"，键入"5, 15"，生成200×150矩形，单击"平移"按钮，在立即菜单中选择"偏移量"、"拷贝"、"DX：0"、"DY：0"、"DZ：10"，拾取矩形，点击鼠标右键，生成复制图线，如图4-163所示。

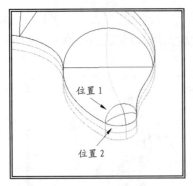 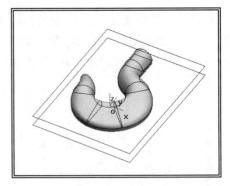

图 4-162　生成拼接曲面　　　　　图 4-163　生成扫描面

（15）生成底板曲面。单击"直纹面"按钮，拾取图线，生成底面和四个侧面。单击"平面"按钮，在立即菜单中选择"裁剪平面"，如图 4-164 所示拾取外轮廓线和内轮廓线，点击鼠标右键确认，生成裁剪平面，完成吊钩模型的曲面造型，如图 4-165 所示。

（16）单击"保存"按钮，以"吊钩"为文件名保存文件。

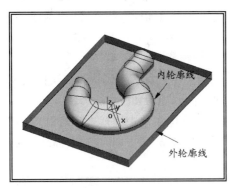 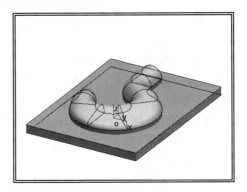

图 4-164　生成底板曲面　　　　　图 4-165　吊钩模型的曲面造型

思考与练习（四）

一、思考题

（1）CAXA 制造工程师提供了哪些曲面生成和曲面编辑的方法？

（2）在许多曲面生成与曲面编辑功能中均涉及曲面精度的设置，请问：曲面精度的设置与哪些因素有关？应如何合理设置精度的数值？

（3）CAXA 制造工程师提供了 5 种导动面的生成方法，请问：平行导动、固接导动、导动线&平面有何异同？

（4）在可乐瓶底的曲面造型中，为何选择网格面而不是放样面？请结合此例题，思考放样面与网格面的选用条件。

（5）在例 3 中使用了管道曲面功能生成扭簧的曲面造型，请问：还可以使用哪些方法生成扭簧曲面？并请读者自行尝试。

二、练习题

（1）根据零件的二维视图（见题图 4-1），生成零件的曲面造型。

174

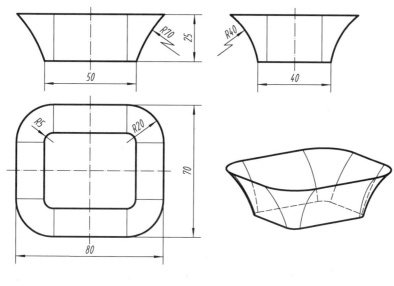

题图 4-1

（2）根据零件的二维视图（见题图 4-2），生成零件的曲面造型。

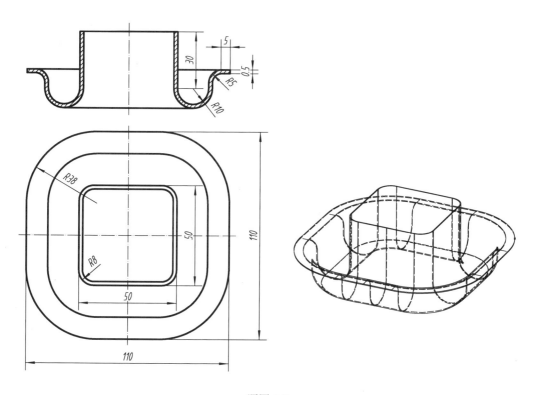

题图 4-2

（3）根据零件的二维视图（见题图 4-3），生成零件的曲面造型。
（4）根据零件的二维视图（见题图 4-4），生成零件的曲面造型。

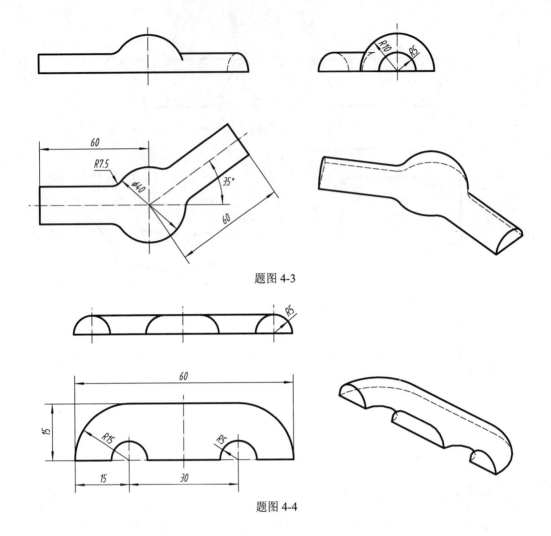

题图 4-3

题图 4-4

第五章　其他造型方法

CAXA 制造工程师不仅提供了特征实体造型和曲面造型方法，还提供了其他一些灵活方便的造型手段。如利用曲面实体复合造型方法，可以快速地将曲面造型转换为实体造型或将实体造型转换为曲面造型；利用数据接口功能，可以方便地在不同的 CAD/CAM 软件之间交换数据，并可充分地利用不同软件的优点，快速地建构模型；利用文件操作功能，对实体进行交、并、差的运算等。

第一节　曲面实体复合造型

利用特征实体造型方法建立各种实体造型非常方便，并可随时对实体模型进行参数化修改，但特征造型方法建立复杂曲面的能力较弱；曲面造型方法可建立各种复杂的曲面，但曲面造型方法的编辑能力较差，针对这两种造型方法所存在的问题，CAXA 制造工程师提供了曲面实体复合造型方法，可以方便地利用曲面生成实体，亦可利用实体生成曲面。

一、利用曲面生成实体

（一）曲面加厚增料

1. 功能

对指定的曲面按照给定的厚度和方向进行加厚，生成一个增加材料的特征。

2. 操作

（1）单击"曲面加厚增料"按钮，或单击【造型】→【特征生成】→【增料】→【曲面加厚】命令。

（2）在弹出的"曲面加厚"对话框（见图 5-1）中，设置厚度，选择加厚方向，拾取曲面，单击 确定 按钮，完成操作。

3. 参数

● 厚度　对曲面加厚的尺寸，可以直接输入所需数值，也可以点击按钮▲或▼来调节。

图 5-1　"曲面加厚"增料对话框

● 加厚方向 1　加厚方向为曲面的外法线方向。
● 加厚方向 2　加厚方向为曲面的内法线方向。
● 双向加厚　从两个方向对曲面进行加厚。
● 加厚曲面　需要加厚的曲面。

4. 说明

向曲面的内法线方向加厚时，需保证厚度值小于曲面的最小曲率半径，否则将导致造型失败。

（二）闭合曲面填充

闭合曲面填充是指利用封闭的曲面生成实体。CAXA 制造工程师将其集成在曲面加厚功能中。

1. 功能

闭合曲面填充可实现以下几种功能。

（1）将闭合曲面填充为实体　将一张或多张曲面所围成的封闭空间填充为实体。

（2）闭合曲面填充增料　在原有的实体零件的基础上，根据闭合曲面增加一个实体，和原有的实体构成一个新的实体零件。要求闭合区域和原实体必须有相接触的部分，此外该曲面也必须是闭合的。

（3）曲面融合　在实体上用曲面与当前实体的表面围成一个闭合区域，把该区域填充成实体。

2. 操作

（1）单击"曲面加厚增料"按钮，或单击【造型】→【特征生成】→【增料】→【曲面加厚】命令。

（2）在弹出的"曲面加厚"对话框（见图5-2）中选择"闭合曲面填充"选项。

（3）拾取闭合曲面，拾取结束后单击 确定 按钮，完成操作。

（三）曲面加厚除料

1. 功能

对指定的曲面按照给定的厚度和方向进行加厚，生成一个去除材料的特征。

2. 操作

（1）单击"曲面加厚除料"按钮，或单击【造型】→【特征生成】→【除料】→【曲面加厚】命令。

（2）在弹出的"曲面加厚"对话框（见图5-3）中，设置厚度，选择加厚方向，拾取曲面，单击 确定 按钮，完成操作。

图5-2　闭合曲面填充增料对话框

图5-3　曲面加厚除料对话框

3. 参数

- 厚度　是指对曲面加厚的尺寸，可以直接输入所需数值，也可以点击按钮来调节。
- 加厚方向1　曲面的外法线方向。
- 加厚方向2　曲面的内法线方向。
- 双向加厚　从两个方向对曲面进行加厚。
- 加厚曲面　需要加厚的曲面。

4. 说明

（1）向曲面的内法线方向加厚时，需保证厚度值小于曲面的最小曲率半径，否则将导致造型失败。

（2）使用曲面加厚除料时，实体应至少有一部分大于曲面。若曲面完全大于实体，则会造成操作失败。

（四）闭合曲面填充除料

1. 功能

利用一张或多张曲面所围成的闭合区域裁剪当前实体（布尔减运算）。

2. 操作

（1）单击"曲面加厚除料"按钮，或单击【造型】→【特征生成】→【除料】→【曲面加厚】命令。

图 5-4 闭合曲面填充除料对话框

（2）在弹出的"曲面加厚"对话框中选中"闭合曲面填充"选项，如图 5-4 所示。

（3）拾取闭合曲面，拾取结束后单击 确定 按钮，完成操作。

【例 1】 生成如图 5-5 所示的叶轮的实体造型。

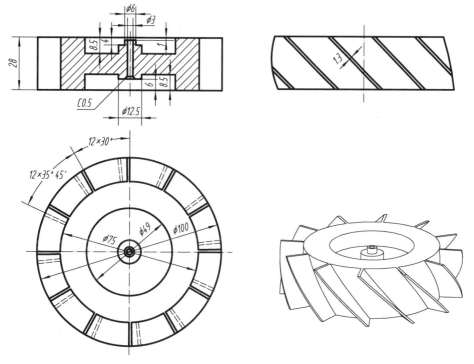

图 5-5 叶轮零件简图

操作过程如下。

（1）生成轮毂。将坐标原点设置在零件的中心，使用拉伸或旋转方式，依剖视图生成叶轮轮毂的实体造型，如图 5-6 所示。

（2）生成导动线和截面线。确认当前平面为 XY 面，单击"公式曲线"按钮，在弹出的"公式曲线"对话框中，如图 5-7 所示填写参数，完成后单击 确定 按钮，键入"0，0，-3"，生成导动螺旋线。单击"直线"按钮，在立即菜单中选择"角度线"、"X 轴夹角"、"角度：22.5"，过 C1 点作截面线，如图 5-8 所示。

提示：导程 $L=28\times360/35.75=281.96$。

（3）生成叶片曲面。单击"导动面"按钮，在立即菜单中选择"导动线&平面"、"单截面线"，单击 Space 键，在弹出的工具菜单中选择"Z 轴正方向"为平面法矢方向，拾取螺

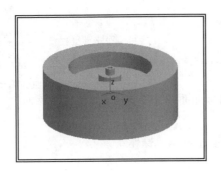
图 5-6 生成轮毂实体

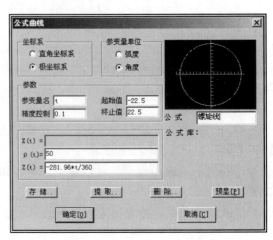
图 5-7 填写公式曲线参数

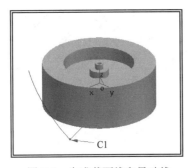
图 5-8 生成截面线和导动线

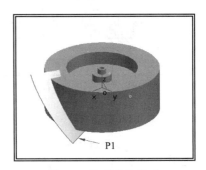
图 5-9 生成叶片曲面

旋线为导动线，拾取直线 P1 为截面线，生成叶片曲面，如图 5-9 所示。

（4）生成叶片实体。单击"曲面加厚增料"按钮，在弹出的"曲面加厚"对话框中如图 5-10 所示设置参数，拾取叶片曲面，单击 确定 按钮，生成叶片实体，如图 5-11 所示。

图 5-10 设置曲面加厚参数

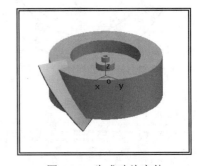
图 5-11 生成叶片实体

（5）生成叶片阵列。单击"直线"按钮，绘制一条通过原点的 Z 向正交线，单击"环形阵列"按钮，如图 5-12 所示设置环形阵列参数，拾取叶片为阵列对象，拾取 Z 向直线为旋转轴，单击 确定 按钮，生成叶片阵列，如图 5-13 所示。

（6）单击 F6 键，以 YZ 面为基准面，如图 5-14 所示绘制草图，绘制完成后退出草图状态，单击"拉伸除料"按钮，在弹出的"拉伸"对话框中选择除料类型为"贯穿"，拾取草图，单击 确定 按钮，生成叶轮的实体造型，如图 5-15 所示。

图 5-12　设置环形阵列参数

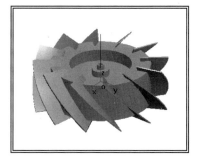
图 5-13　生成叶片阵列

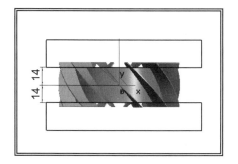
图 5-14　绘制除料草图

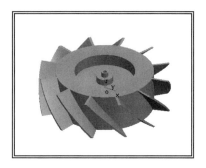
图 5-15　叶轮实体造型

（五）曲面裁剪

1．功能

用生成的曲面对实体进行修剪，去掉不需要的部分。

2．操作

（1）单击"曲面裁剪"按钮，或单击【造型】→【特征生成】→【除料】→【曲面裁剪】命令。

（2）系统弹出"曲面裁剪"对话框（见图5-16），拾取曲面，在对话框中选择除料方向，单击 确定 按钮，完成操作。

3．参数

- 裁剪曲面　对实体进行裁剪的曲面。
- 除料方向选择　选择除去哪一部分实体。

图 5-16　"曲面裁剪除料"对话框

4．说明

（1）参与裁剪的曲面可以是多张边界相连的曲面。

（2）曲面必须足够大，以完全切过实体。

（3）如曲面与实体面相切，可能会出现不能裁剪的情形，可将曲面延伸之后进行曲面裁剪。

【例2】　生成如图5-17所示轮轴螺纹的实体造型。

（1）打开"轮轴1.mxe"文件（轮轴的三视图及实体的生成方法参见第三章实例2）。

（2）绘制螺旋线。单击 F8 键，显示零件的轴测视图，单击 F9 键，切换当前平面为YZ面，单击"公式曲线"按钮，如图5-18所示设置参数，单击 确定 按钮，移动光标到原点，单击鼠标左键，生成公式曲线，如图5-19所示。

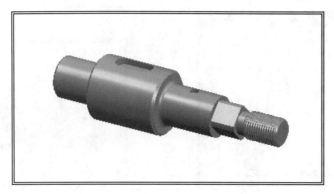

图 5-17 轮轴（含螺纹）的实体造型

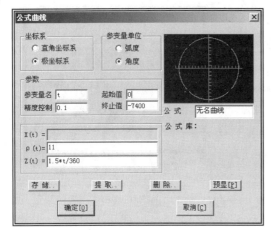

图 5-18 设置公式曲线参数

图 5-19 生成公式曲线

（3）绘制车刀截面轮廓线。单击 F5 键，切换当前平面为 XY 面，单击"正多边形"按钮，在立即菜单中选择"边"、"边数：3"，在任意一点单击鼠标左键，键入"@-1.5"，生成边长为 1.5 的正三角形。单击"直线"按钮，过顶点 C1、直线 P1 中点作两点直线 P2，单击"点"按钮，在立即菜单中选择"批量点"、"等分点"、"段数：8"，拾取直线 P2，生成等分点。单击"直线"按钮，在立即菜单中选择"两点线"、"正交"，过 C2 点作正交直线 P3，如图 5-20 所示。

（4）定位截面线。单击"曲线过渡"按钮，在立即菜单中选择"尖角"，拾取直线 P3、P4 生成尖角过渡，用同样方法，对 P3、P5 进行尖角过渡，单击"曲线裁剪"按钮，将直线 P4、P5 的多余部分裁掉，单击"平移"按钮，在立即菜单中选择"两点"、"移动"、"非正交"，拾取截面所有图线，点击鼠标右键确认，拾取 C3 点为基点，拾取螺旋线端点 C4 为目标点，将截面线定位到正确位置，如图 5-21 所示。

（5）生成裁剪曲面。单击"导动面"按钮，在立即菜单中选择"导动线&平面"、"单截面线"，单击 Space 键，在弹出的工具菜单中选择"X 轴正方向"为平面法矢方向，拾取螺旋线为导动线，拾取直线 P3 为截面线，生成导动曲面；采用同样方法，利用直线 P4、P5 生成导动曲面，如图 5-22 所示。

（6）生成曲面裁剪特征。单击"曲面裁剪"按钮，使用框选方法拾取三张裁剪曲面，旋转视图，查看系统默认的除料方向，如预显的除料方向与图 5-23 所示方向相反，在曲面"裁

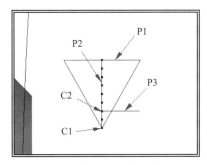

图 5-20　绘制车刀截面轮廓线

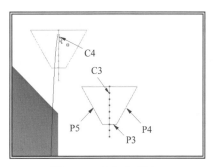

图 5-21　定位截面线

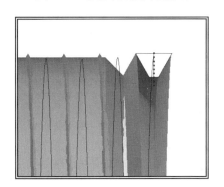

图 5-22　生成裁剪曲面

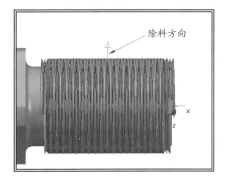

图 5-23　除料方向选择

剪除料"对话框内选择"除料方向选择",完成后单击 确定 按钮,生成除料特征,如图 5-24 所示。

提示:如果系统预显的除料方向为斜向,则以指向实体外部为正确方向。

(7)单击【编辑】→【隐藏】命令,使用框选方法拾取所有曲线和曲面,完成螺纹的实体造型,如图 5-25 所示。

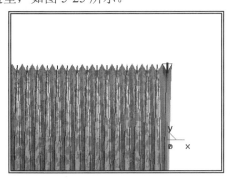

图 5-24　生成曲面裁剪特征

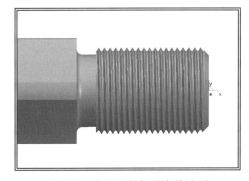

图 5-25　完成后的螺纹实体造型

二、利用实体生成曲面

(一)实体表面

1. 功能

将实体表面剥离出来而形成独立的曲面。

2. 操作

(1)单击【造型】→【曲面生成】→【实体表面】命令。

(2) 按提示拾取实体表面。

3. 参数
- 拾取表面　将所拾取的实体表面剥离而形成一个独立的曲面。
- 所有表面　将实体的所有表面剥离而形成独立的曲面。

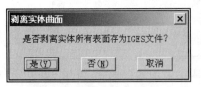

图 5-26 "剥离实体曲面"对话框

(二) 文件转换

1. 功能

将实体的所有的表面剥离为曲面并将文件格式转换为 IGES 文件格式。

2. 操作

(1) 单击【文件】→【另存为】命令，系统弹出"存储文件"对话框，设置保存类型为 IGES 文件（*.igs）。

(2) 键入文件名，单击 保存(S) 按钮，系统弹出"剥离实体曲面"对话框（见图 5-26），单击 是(Y) 按钮，完成操作。

第二节　文件操作

CAXA 制造工程师不仅支持自身的 ME 文件格式（*.mxe），还可以为非 ME 文件格式的数据文件提供相应的数据转换接口。利用这些数据转换接口，可以方便地在 CAXA 制造工程师与其他 CAD/CAM 软件之间交换数据，充分发挥不同 CAD/CAM 系统的优势，快速地建构模型。

一、数据接口

CAXA 制造工程师没有设置独立的数据接口，而是将数据输入功能集成到打开对话框的"文件类型"选项，将数据输出功能集成到保存对话框的"文件类型"选项中，起到了很好的方便操作的作用。

(一) 数据输入

1. 功能
将在其他软件上生成的文件通过此数据接口转换成 CAXA 制造工程师的文件格式。

2. 操作

(1) 单击"打开"按钮，系统弹出"打开文件"对话框。

(2) 在"文件类型"下拉列表框（见图 5-27）中选择相应的文件类型。

(3) 单击 打开(O) 按钮，将在其他软件上生成的文件通过此数据接口读入。

3. 文件格式说明

(1) ME 数据文件（*.mxe）　CAXA 制造工程师默认的文件格式。

(2) EB3D 数据文件（*.epb）　CAXA 三维电子图板默认的文件格式。

(3) ME1.0、ME2.0 数据文件（*.csn）　DOS 板制造工程师的文件格式。

(4) Parasolid 文件（*.x_t、*.x_b）　parasolid 格式的实体交换文件，其中"x_t"格式为文本文件格式、"x_b"格式为二进制文件格式。CAXA 制造工程师 2006 可读取 parasolid 11.0 及其以下版本的实体交换文件。

（5）dXF 文件（*.dxf） AutoCAD 的文件格式。

（6）IGES 文件（*.igs） 美国国家标准局和工业界共同制定的图样数据交换文件的格式规范，是绝大多数 CAD、CAM 系统支持的线架、曲面数据的交换文件。

（7）DAT 数据文件（*.dat） 包含点、曲线、曲面等数据的文本文件。

（二）数据输出

1. 功能

将在 CAXA 制造工程师中生成的文件以指定的文件格式输出。

2. 操作

（1）对于未经保存的文件，单击 保存(S) 按钮；对于已经保存的文件，单击【文件】→【另存为】命令，系统弹出"存储文件"对话框。

（2）在"文件类型"下拉列表框（见图 5-28）中选择相应的文件类型。

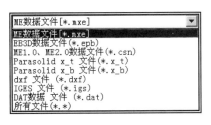
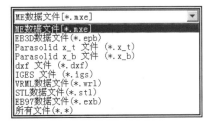

图 5-27 ME 支持的数据输入类型　　　　图 5-28 ME 支持的输出文件类型

（3）单击 保存(S) 按钮，将在 CAXA 制造工程师中生成的文件，通过此数据接口以指定的文件格式输出。

3. 文件格式说明

（1）ME 数据文件（*.mxe） CAXA 制造工程师的默认文件格式。

（2）EB3D 数据文件（*.epb） CAXA 三维电子图板的默认文件格式。

（3）Parasolid 文件（*.x_t、*.x_b） parasolid 格式的实体交换文件，其中"x_t"格式为文本文件格式、"x_b"格式为二进制文件格式。CAXA 制造工程师 XP 可读取 parasolid 11.0 及其以下版本的实体交换文件。

（4）dXF 文件（*.dxf） AutoCAD 的文件格式。

（5）IGES 文件（*.igs） 美国国家标准局和工业界共同制定的图样数据交换文件的格式规范，是绝大多数 CAD、CAM 系统支持的线架、曲面数据的交换文件。

（6）VRML 数据文件（*.wrl） 虚拟现实建模数据文件，利用它可以通过 Internet 进行三维模型的设计、交流和发布。

（7）STL 数据文件（*.stl） 以 ASCII 文本格式、压缩的 ASCII 格式或二进制格式编码的 STL 文件。

【例3】 生成如图 5-29 所示轴承座的实体造型。

操作过程如下。

（1）绘制零件的三视图。单击【文件】→【启动电子图板】命令，在 CAXA 电子图板环境中，绘制如图 5-29 所示轴承座的平面图。

提示：如果未将 CAXA 电子图板的安装目录，设置为 CAXA 制造工程师的安装目录，则系统会出现错误提示，需采用其他启动方法启动 CAXA 电子图板软件。

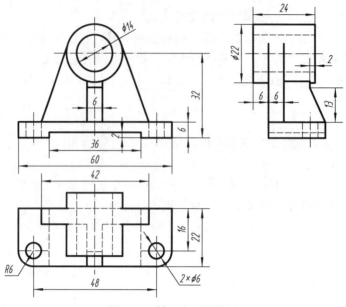

图 5-29 轴承座零件简图

（2）输出文件。单击【文件】→【数据接口】→【IGES 文件输出】命令，系统弹出"输出 IGES 文件"对话框，在文件名输入框中输入"轴承座"，单击 保存(S) 按钮，完成文件格式转换操作。

提示：平面图的绘制亦可在其他的二维 CAD 软件中进行，如 AutoCAD。绘制完成后，通过相应软件的数据接口将文件转换为 IGES 文件格式输出。

（3）读入文件。切换窗口到 CAXA 制造工程师软件，单击"打开"按钮，系统弹出"打开"对话框，在"文件类型"下拉列表框中选择"IGES 文件（*.igs）"，查找文件保存路径，选择"轴承座.igs"文件（见图 5-30），单击 打开(O) 按钮，将在其他软件上生成的文件通过此数据接口读入到 CAXA 制造工程师软件中，如图 5-31 所示。

（4）移动平面图。单击"平移"按钮，在立即菜单中选择"两点"、"移动"、"非正交"，使用框选方法拾取所有图线，点击鼠标右键确认，拾取图 5-31 所示的 C1 点为基点、拾取坐

图 5-30 选择 IGES 文件

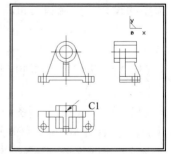

图 5-31 输入 IGES 文件

标原点为目标点，将平面图移动到新位置。

（5）调整视图方位。单击"旋转"按钮 ⊙，在立即菜单中选择"移动"、"角度：90"，拾取 C1 点为旋转轴起点、拾取 C2 点为旋转轴末点，框选主视图和左视图的所有图线为旋转对象，点击鼠标右键确认，将图线旋转 90°。单击 F8 键，以轴测视向显示视图，如图 5-32 所示。采用同样方法，拾取 C3 点为旋转轴起点、拾取 C4 点为旋转轴末点，框选左视图的所有图线为旋转对象，点击鼠标右键确认，将左视图旋转 90°，如图 5-33 所示。

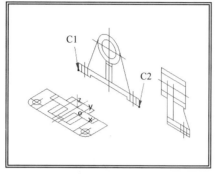 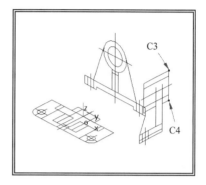

图 5-32　旋转图线（一）　　　　　图 5-33　旋转图线（二）

（6）删除多余图线。结合零件平面图（见图 5-29），将三个视图中的所有中心线（点划线）和不可见图线（虚线）删除，如图 5-34 所示。

（7）定位视图。单击"平移"按钮 ♋，在立即菜单中选择"两点"、"移动"、"正交"，拾取主视图和左视图，点击鼠标右键确认，拾取 C1 点为基点、拾取 C2 点为目标点，将主视图定位到正确位置，如图 5-35 所示。在立即菜单中选择"非正交"，拾取左视图为平移对象，拾取 C3 点为基点、拾取原点为目标点，将左视图定位到正确位置，如图 5-36 所示。

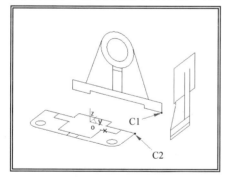 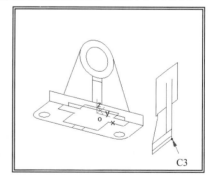

图 5-34　删除多余图线　　　　　图 5-35　定位主视图

提示：操作时需保证当前平面为 XY 面。

（8）生成底板。以 XY 面为基准面，创建草图，单击"曲线投影"按钮 ⊿，拾取相应图线，生成如图 5-37 所示草图。单击 F2 键，退出草图状态。拾取直线 P1，点击鼠标右键，选择"属性"命令，系统弹出"查询结果"对话框，其中包含直线长度信息"长度：6"，单击"拉伸增料"按钮 ⊡，在弹出的"拉伸"对话框中选择"固定深度"、"深度：6"，单击 确定 按钮，生成底板实体。

（9）生成支承板。以 XZ 面为基准面，创建草图，单击"曲线投影"按钮 ⊿，拾取相应图线，生成如图 5-38 所示草图，单击 F2 键，退出草图状态。拾取直线 P2，查询直线 P2 的

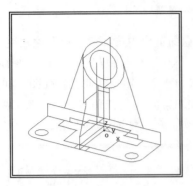

图 5-36　定位左视图

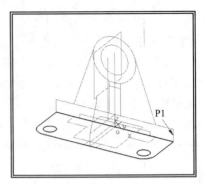

图 5-37　生成底板草图

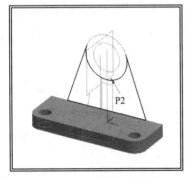

图 5-38　生成支承板草图

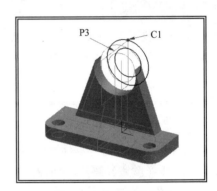

图 5-39　生成圆筒草图

长度信息,单击"拉伸增料"按钮,在弹出的"拉伸"对话框中选择"固定深度"、"深度:6",单击 确定 按钮,生成支承板实体。

(10) 生成圆筒。单击"构造基准面"按钮,选择"过点且平行平面",在特征树中选择 XZ 面,拾取 C1 点,生成基准面。单击 F2 键,创建草图。单击"曲线投影"按钮,拾取相应图线,生成如图 5-39 所示草图,再次单击 F2 键退出草图状态,拾取直线 P3,查询该直线的长度信息。单击"拉伸增料"按钮,在弹出的"拉伸"对话框中选择"固定深度"、"深度:24",单击 确定 按钮,生成圆筒实体。

(11) 生成肋板。以 YZ 面为基准面,创建草图,单击"曲线投影"按钮,拾取相应图线,生成如图 5-40 所示草图。单击 F2 键,退出草图状态。查询肋板的厚度信息,单击"筋板"按钮,在"筋板特征"对话框中设置相应参数,单击 确定 按钮,生成肋板。

(12) 检查造型的正确性。单击 F5 、 F6 、 F7 键,查看实体造型是否与三维线架相吻合,确认正确后,单击【编辑】→【隐藏】命令,框选所有图线,完成轴承座的实体造型,如图 5-41 所示。

技巧:对于提交制造或在上下游企业、部门之间传递的零件图纸,部分是以电子图档的形式进行的,利用此方法,可快速、准确地将二维图纸转换为三维零件,以用于检验、交流、协同设计和制造等方面。

二、读入草图

1. 功能

将已有的二维图作为草图读入到 CAXA 制造工程师。

图 5-40　生成肋板草图　　　　　图 5-41　轴承座的实体造型

2．操作

（1）单击【文件】→【读入草图】命令，状态栏出现"请指定草图的插入位置"提示。

（2）拖动图线到某一位置，单击鼠标左键，将草图读入。

3．说明

读入草图操作需在草图绘制状态下进行，否则系统弹出对话框，提示用户"必须选择一个绘制草图的平面或已绘制的草图"。

【例 4】　生成如图 5-42 所示的腹板式直齿圆柱齿轮的实体造型。

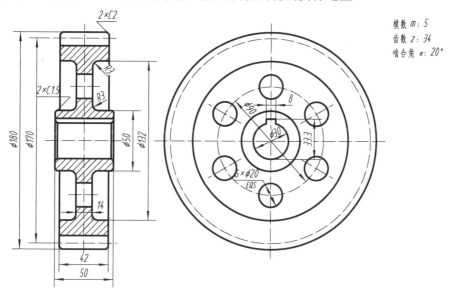

图 5-42　齿轮平面图

操作过程如下。

（1）绘制齿形轮廓线。单击【文件】→【启动电子图板】命令，在 CAXA 电子图板软件环境中单击【绘图】→【高级曲线】→【齿轮】命令，或单击"高级曲线"按钮，在高级曲线工具条中单击"齿轮"按钮，在弹出的"齿形参数"对话框中，如图 5-43 所示设置齿形参数，单击 下一步 按钮，在弹出的"齿形预显"对话框中如图 5-44 所示设置参数，单击 完成 按钮，选择坐标原点为插入点，生成齿形轮廓线。

（2）输出草图。单击【文件】→【数据接口】→【输出视图】命令，在绘图区中拾取齿形轮廓线为输出图线，点击鼠标右键确认，系统弹出对话框，提示用户输出完毕。

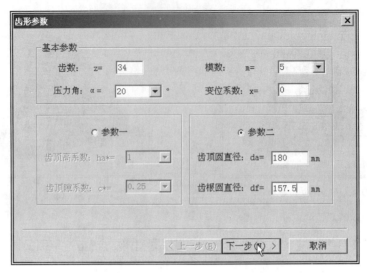

图 5-43 设置齿形参数（一）

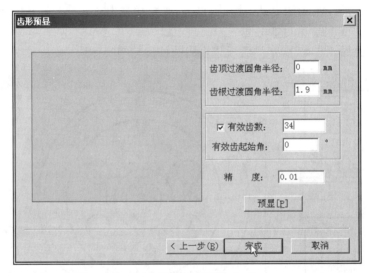

图 5-44 设置齿形参数（二）

（3）读入草图。切换窗口到 CAXA 制造工程师，选择 XY 面为基准面进入草图状态，单击【文件】→【读入草图】命令，拾取原点为草图的插入位置，生成齿形轮廓线，如图 5-45 所示。

（4）生成齿形实体。单击"拉伸增料"按钮，在弹出的"拉伸"对话框中选择"固定深度"、"深度：42"，单击 确定 按钮，生成实体造型，如图 5-46 所示。

（5）生成腹板。选择实体上表面为基准面进入草图状态，如图 5-47 所示绘制草图。单击 F2 键，退出草图状态。单击"拉伸除料"按钮，在弹出的"拉伸"对话框中选择"固定深度"、"深度：14"，单击 确定 按钮，生成拉伸除料特征。采用同样方法，在齿轮的另一侧生成拉伸除料特征，生成腹板，如图 5-48 所示。

（6）生成腹板孔。选择腹板表面为基准面进入草图状态，如图 5-49 所示绘制除料草图。单击 F2 键，退出草图状态。单击"拉伸除料"按钮，在弹出的"拉伸"对话框中选择"贯穿"，单击 确定 按钮，生成腹板孔，如图 5-50 所示。

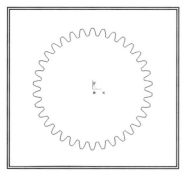

图 5-45 读入齿形轮廓线

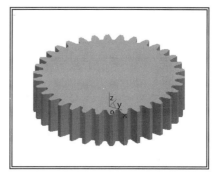

图 5-46 生成拉伸增料特征

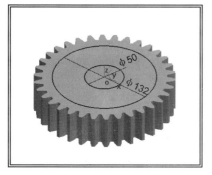

图 5-47 绘制腹板草图

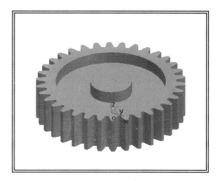

图 5-48 生成腹板特征

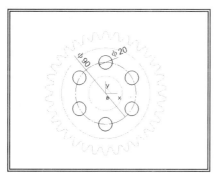

图 5-49 绘制腹板孔草图

图 5-50 生成腹板孔特征

（7）生成轮毂。选择实体上表面为基准面进入草图状态，单击"曲线投影"按钮，如图 5-51 所示拾取投影边。单击 F2 键，退出草图状态。单击"拉伸除料"按钮，在弹出的"拉伸"对话框中选择"固定深度"、"深度：4"，单击 确定 按钮，生成拉伸除料特征。采用同样方法，在齿轮的另一侧生成拉伸除料特征，生成腹板，如图 5-52 所示。

（8）生成轴孔和键槽。以轮毂端面为基准面进入草图状态，绘制如图 5-53 所示草图。单击 F2 键，退出草图状态。单击"拉伸除料"按钮，在弹出的"拉伸"对话框中选择"贯穿"，单击 确定 按钮，生成拉伸除料特征，如图 5-54 所示。

（9）生成过渡和圆角。单击"倒角"按钮，在弹出的"倒角"对话框中设置"距离：2"、"角度：45"，拾取所有的齿顶边界线，生成倒角特征，如图 5-55 所示。采用同样方法，对其他部分进行圆角及倒角操作，完成齿轮的实体造型，如图 5-56 所示。

 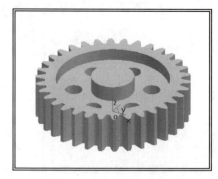

图 5-51　绘制轮毂草图　　　　　　图 5-52　生成轮毂特征

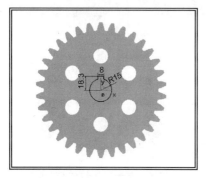 

图 5-53　绘制轴孔和键槽草图　　　图 5-54　生成轴孔和键槽特征

图 5-55　生成倒角特征　　　　　　图 5-56　完成后的齿轮实体造型

（10）以"齿轮.mxe"为文件名保存文件。

技巧：

（1）利用 CAXA 电子图板和 CAXA 制造工程师的无缝接合，可快速地将 CAXA 电子图板中的图读入到 CAXA 制造工程师中，与通过数据接口转换数据相比，该种方法无需经过文件转换操作，而且支持选用图线，因而更加灵活方便。

（2）CAXA 电子图板提供了功能完善的曲线绘制和丰富的"图库"，利用此方法，可快速建立各种标准件和常用零部件的三维实体模型。

三、并入文件

1. 功能

将另一个实体并入，与当前零件实现交、并、差的运算。

2. 操作

（1）单击"实体布尔运算"按钮 ![icon]，或单击【文件】→【并入文件】命令，系统弹出"打开"对话框，如图 5-57 所示。

图 5-57　选择并入文件

（2）选择文件，单击"打开"，弹出"布尔运算"对话框，如图 5-58 所示。

（3）选择布尔运算方式，给出定位点。

（4）选取定位方式。若为拾取定位的 X 轴，则选择轴线，输入旋转角度，单击 确定 按钮，完成操作。若为给定旋转角度，则输入"角度一"和"角度二"，单击 确定 按钮，完成操作。

3. 参数

（1）文件类型　输入文件的文件格式。

（2）布尔运算方式　当前零件与输入零件的交、并、差，包括以下三种。

● 当前零件∪输入零件　当前零件与输入零件的交集。

● 当前零件∩输入零件　当前零件与输入零件的并集。

● 当前零件－输入零件　当前零件与输入零件的差。

（3）定位方式　用来确定输入零件的具体位置，包括以下两种方式。

① 拾取定位的 X 轴　以拾取的定位点为坐标原点，以空间直线作为输入零件的坐标架的 X 轴，以旋转角度确定坐标架的 Y 轴和 Z 轴方向。

a. 选择轴线　选择直线作为输入零件坐标架的 X 轴。

b. 旋转角度　将坐标架绕 X 轴旋转的角度值。

图 5-58　"输入特征"对话框

② 给定旋转角度 以拾取的定位点为坐标原点,用给定的两角度来确定输入零件的自身坐标架的 X 轴。

a. 角度一 输入零件的坐标架绕当前零件坐标系的 Z 轴旋转的角度。

b. 角度二 输入零件的坐标架绕当前零件坐标系的 Y 轴旋转的角度。

（4）反向 将输入零件自身坐标架的 X 轴的方向反向,然后重新构造坐标架,进行布尔运算。

4. 说明

（1）采用"拾取定位的 X 轴"方式时,轴线为空间直线。

（2）选择文件时,注意文件的类型,不能直接输入"*.mxe"文件,需要先将零件保存为"*.x_t"文件格式,才可以进行实体布尔运算。

（3）在调整输入零件坐标架的角度时,需注意绘图区中坐标架的方位预显。

四、输出视图

输出三维实体的投影视图和剖视图。

单击【文件】→【输出视图】命令,系统弹出"二维视图输出"对话框（见图 5-59）,在相应的选项页中设置视图参数,单击 输出 按钮,将视图输出到 CAXA 电子图板中。

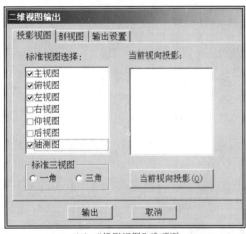

(a) "投影视图"选项页

(b) "剖视图"选项页

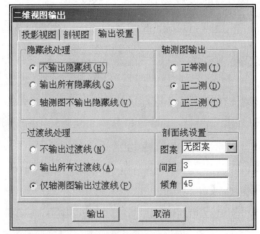

(c) "输出设置"选项页

图 5-59 二维视图输出对话框

（一）投影视图

1．功能

输出三维实体的投影视图。

2．操作

（1）在图 5-59(a) 所示的"投影视图"选项页中选择需要输出的视图。

（2）如果需要，单击 [当前视向投影(Q)] 按钮，将当前视图添加到当前视图投影列表中。

3．参数

● 标准视图选择　在标准视图列表中选择需要输出的投影视图，亦可通过选择"一角"或"三角"定义多个投影视图。

● 当前视向投影　输出当前视向的投影视图。每定义一个当前视图后，单击 [当前视向投影(Q)] 按钮，该视图便添加到当前视图投影列表框中。可以自定义多个当前投影视图。

（二）剖视图

1．功能

输出三维实体的剖视图。剖视图有阶梯剖和旋转剖。

2．操作

（1）选择草图基准平面，进入草图状态，绘制阶梯剖切线或旋转剖切线。

（2）在图 5-59(b) 所示的"剖视图"选项页中选择剖切类型。

（3）拾取剖切线，剖切线上出现箭头，表示剖视方向，如所需剖视方向相反，单击"剖视反向"，调整剖切方向。

（4）单击 [添加剖视>>] 按钮，添加剖切视图到剖视列表。

3．说明

（1）输出剖视图前必须在草图状态下绘制出剖切线。

（2）当剖视面草图所在平面与绝对平面之一平行时，输出二维视图时可出现剖切线方向和剖切符号。视图输出中，只有在当前剖视的投影平面图中，才有可能出现剖面线。

（3）阶梯剖视的剖切线必须是两两正交的，而且首尾两条直线是平行的。

（4）如果剖切草图直线两两相交的地方在零件体上，则在输出的剖视图中，该处有一条"多余"的直线，该直线用于确定零件体上的剖切位置。

（三）输出设置

1．功能

对输出视图的隐藏线、过渡线、轴测图和剖面线进行设置。

2．操作

（1）单击图 5-59(c) 所示的"二维视图输出"对话框中的"输出设置"选项页。

（2）对输出视图的隐藏线、过渡线、轴测图和剖面线进行设置，选中对应选项的单选钮即可。

（3）单击 [输出] 按钮，弹出"视图输出完毕"对话框，单击 [确定] 按钮。

（4）启动 CAXA 电子图板，单击【文件】→【数据接口】→【接收视图】命令，按状态栏中提示给出各向视图的位置。

【例5】　生成直齿圆柱齿轮（见图 5-40）的平面图。

操作过程如下。

（1）绘制剖切草图。打开"齿轮.mxe"文件，以 XY 面为基准面，进入草图状态，单击

"直线"按钮，绘制一条通过原点的 Y 向直线，如图 5-60 所示。

提示：草图图线的两端点应伸出到零件外。

（2）输出视图。单击【文件】→【输出视图】命令，系统弹出"二维视图输出"对话框，在投影视图选项页中选择"俯视图"，单击"剖视图"选项页，选择剖切类型为"（阶梯）剖视"，拾取剖切线，剖切线上出现向左的箭头，单击"剖视反向"，以调整剖切方向，单击"添加剖视"，添加剖视图到剖视列表，如图 5-61 所示。单击 输出 按钮，将视图输出。

图 5-60 绘制剖视草图

图 5-61 选择剖视方向

（3）启动 CAXA 电子图板，单击【文件】→【数据接口】→【接收视图】命令，按状态栏中提示给出两个视图的位置，如图 5-62 所示。

（4）在 CAXA 电子图板中编辑该零件图，完成齿轮的平面图，如图 5-63 所示。

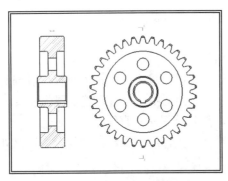
图 5-62 接收视图

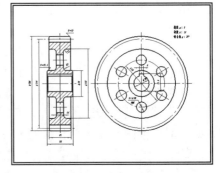
图 5-63 齿轮零件图

第三节 造型综合实例

本节将通过三个实例，介绍采用不同的造型手段进行零件建模的方法，并对各种造型手段进行比较，分析造型手段的选用方法。

【实例 1】 生成如图 5-64 所示五角星的实体造型。

方法一：闭合曲面填充法

操作过程如下。

（1）单击"圆"按钮，在立即菜单中选择"圆心_半径"方式，拾取原点为圆心，按 Enter 键，键入"110"、"100"，绘制两个同心圆；确认当前坐标平面为 XY 面，单击"平面旋转"

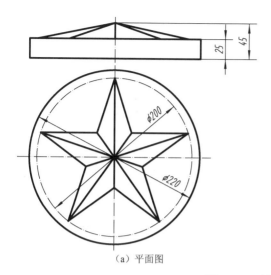
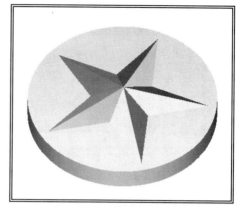

(a) 平面图　　　　　　　　　　　　　(b) 轴测图

图 5-64　五角星实体造型

按钮，在立即菜单中选择"移动"、"角度：90"，拾取原点为旋转中心，拾取 ϕ200 圆，将此圆旋转 90°。

（2）单击"点"按钮，在立即菜单中选择"批量点"、"等分点"、"段数：5"，拾取 ϕ200 圆，生成等分点。单击"直线"按钮，绘制如图 5-65 所示连续线；单击"曲线裁剪"按钮，将直线的多余部分裁掉，如图 5-66 所示。

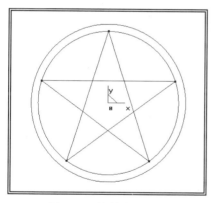
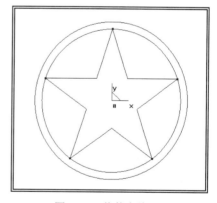

图 5-65　绘制连续线　　　　　　　　图 5-66　裁剪直线

（3）单击"直线"按钮，拾取任一角点，单击 Enter 键，键入",,20"，绘制直线 P1；单击"直纹面"按钮，分别拾取直线 P1 和 P2、P1 和 P3，如图 5-67 所示，生成直纹面如图 5-68 所示；单击"阵列"按钮，在立即菜单中选择"圆形"、"均布"、"份数：5"，拾取生成的两张直纹面，点击鼠标右键确认，拾取原点阵列为中心点，生成圆形阵列，如图 5-69 所示。单击"平移"按钮，将所有图素向 Z 轴正向移动 25。

（4）单击【编辑】→【隐藏】命令，将所有的点和 ϕ200 圆隐藏；单击"平面"按钮，选择"裁剪平面"，拾取 ϕ220 圆为平面外轮廓线，拾取连续直线为内轮廓线，点击鼠标右键确认，生成裁剪平面，如图 5-70 所示。

注意：生成的裁剪平面为中空平面。

（5）单击"扫描面"按钮，利用 ϕ220 圆生成高为 25 的圆柱面；单击"平面"按钮，利用"裁剪平面"生成 ϕ220 底面，如图 5-71 所示。

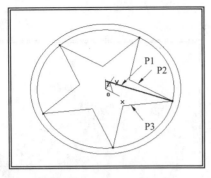

图 5-67 绘制直纹面线架

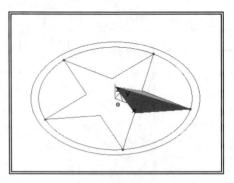

图 5-68 生成直纹面

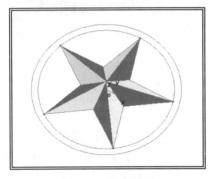

图 5-69 阵列结果

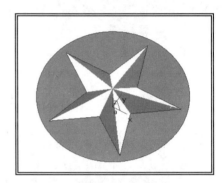

图 5-70 生成裁剪面

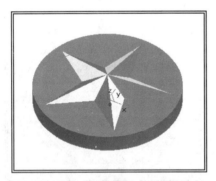

图 5-71 生成圆柱面和底面

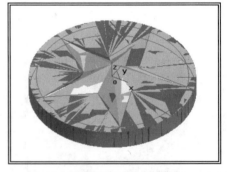

图 5-72 生成实体造型

（6）单击"曲面加厚增料"按钮，在弹出的"曲面加厚"对话框中选中"闭合曲面填充"，设置精度为 0.02，框选所有曲面（共 13 张），单击 确定 按钮，生成实体造型，如图 5-72 所示。

方法二：曲面融合填充法

操作过程如下。

步骤（1）～步骤（3）同方法一。

（4）以 XY 平面为基准面进入草图状态，绘制 ϕ220 圆，单击"拉伸增料"按钮，生成高为 25 的圆柱体，如图 5-73 所示。

（5）单击"曲面加厚增料"按钮，在弹出的"曲面加厚"对话框中选中"闭合曲面填充"，设置精度为 0.02，框选所有曲面（共 10 张），单击 确定 按钮，生成实体造型，如图 5-74 所示。

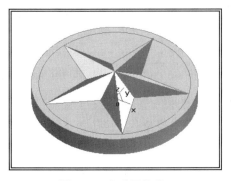

图 5-73　生成圆柱体

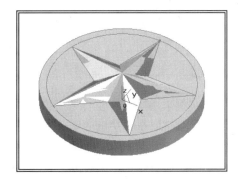

图 5-74　生成实体造型

方法三：曲面裁剪法

操作过程如下。

步骤（1）～步骤（3）同方法一。

（4）单击"等距线"按钮 ，将 φ200 圆向外等距 20，生成 φ240 圆，单击"平面"按钮 ，选择"裁剪平面"，拾取 φ240 圆为平面外轮廓线，拾取连续直线为内轮廓线，生成裁剪平面，如图 5-75 所示。

（5）以 XY 平面为基准面进入草图状态，绘制 φ220 圆，单击"拉伸增料"按钮 ，生成高为 50 的圆柱体，如图 5-76 所示。

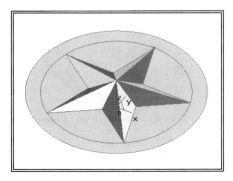

图 5-75　生成裁剪平面

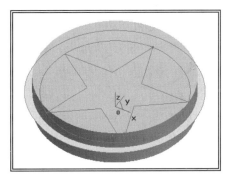

图 5-76　生成圆柱体

（6）单击"曲面裁剪"按钮 ，框选所有曲面（共 11 张），单击 确定 按钮，生成实体造型，如图 5-77 所示。

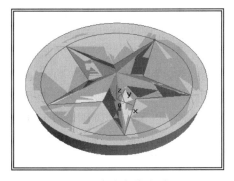

图 5-77　生成实体造型

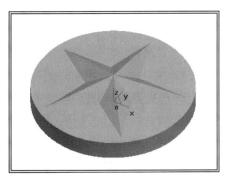

图 5-78　完成后的实体造型

（7）单击【编辑】→【隐藏】命令，框选所有图素，点击鼠标右键确认，完成五角星的实体造型，如图 5-78 所示。

本例小结

（1）本实例采用了三种复合造型方法进行五角星零件的建模，方法一是将所有的曲面构出，利用闭合曲面填充方法生成实体造型；该方法作图步骤较多，操作效率低。

（2）方法二是将零件中造型简单的部分（圆柱体），利用特征实体功能作出，将不能直接由特征实体造型方法生成的复杂形体采用曲面造型描述，再利用曲面融合方法，完成复杂零件的实体建模，有效地提高了效率，是建构复杂实体模型的一个好的选择。

（3）方法三采用曲面除料方法，作图效率优于曲面填充方法，但建模过程中需注意曲面的连续问题和除料时的临界状态问题。如本例中，圆柱体的拉伸高度一定要大于 45，裁剪平面的外轮廓一定要大于 $\phi 220$，否则会因临界问题而导致造型失败。但曲面除料方法是一体化造型中功能最强的方法，在一体化造型中应重点考虑。就本例来讲，推荐使用曲面融合填充方法进行零件建模。

【实例 2】 生成如图 5-79 所示的密封垫圈的造型。

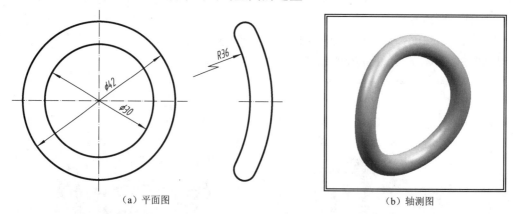

（a）平面图　　　　　　　　　　　（b）轴测图

图 5-79　密封垫圈的造型

方法一：曲面造型法

操作过程如下。

（1）生成投影曲面。以 XY 面为当前平面，单击"圆"按钮⊙，绘制以原点为圆心，半径为 39 的整圆；单击"扫描面"按钮，在立即菜单中设置参数"起始距离：-30"、"扫描距离：60"、"扫描角度：0"，单击 Space 键，选择"Z 轴正方向"为扫描方向，拾取 R39 圆为扫描曲线，生成扫描曲面，如图 5-80 所示。

（2）生成投影曲线。单击 F9 键，切换当前平面为 YZ 面，单击"圆"按钮⊙，绘制以原点为圆心，半径为 18 的整圆；单击"相关线"按钮，在立即菜单中选择"曲面投影线"，拾取圆柱面为投影曲面，单击 Space 键，在弹出的工具菜单中选择"X 轴负方向"为投影方向，拾取 R18 整圆，生成投影曲线，如图 5-81 所示。

（3）绘制截面曲线。单击【编辑】→【隐藏】命令，拾取除左侧投影线外的所有元素，拾取结束后点击鼠标右键确认。切换当前平面为 XY 面，单击"圆"按钮⊙，绘制以 C1 点

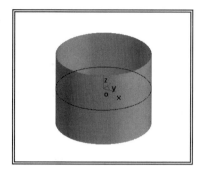

图 5-80 生成扫描曲面

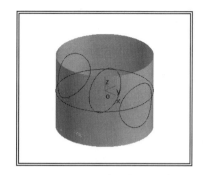

图 5-81 生成投影曲线

为圆心、半径为 3 的整圆，如图 5-82 所示。

（4）单击"导动面"按钮，在立即菜单中选择"导动线&平面"、"单截面线"，单击 Space 键，在弹出的工具菜单中选择"Y 轴正方向"为平面法矢方向，拾取投影曲线为导动线，拾取 R3 整圆为截面曲线，生成密封垫圈的曲面造型，如图 5-83 所示。

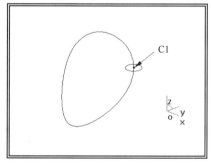

图 5-82 绘制截面曲线

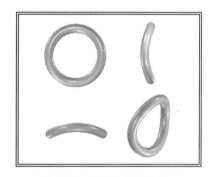

图 5-83 垫圈的曲面造型

方法二：实体造型法

操作过程如下。

（1）以 YZ 面为基准面进入草图状态，绘制如图 5-84 所示的草图轮廓。单击 F2 键退出草图状态，单击"拉伸增料"按钮，在立即菜单中选择"固定深度"、"深度：50"，拾取草图，单击"确定"按钮，生成拉伸实体特征，如图 5-85 所示。

（2）以 XZ 面为基准面，进入草图状态，绘制如图 5-86 所示的草图轮廓。单击 F2 键，退出草图状态，单击"拉伸除料"按钮，在立即菜单中选择"贯穿"，拾取草图，单击"确定"

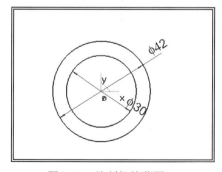

图 5-84 绘制拉伸草图

图 5-85 生成拉伸特征

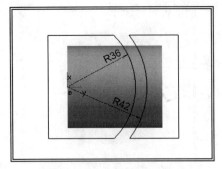
图 5-86　绘制拉伸除料草图

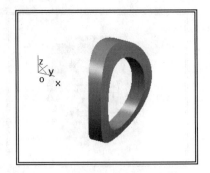
图 5-87　生成拉伸除料特征

按钮，生成拉伸除料特征，如图 5-87 所示。

（3）单击"过渡"按钮，如图 5-88 所示设置过渡参数，拾取过渡边，完成后单击 确定 按钮，生成密封垫圈的实体造型，如图 5-89 所示。

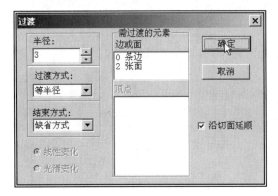
图 5-88　设置过渡参数

图 5-89　垫圈的实体造型

本例小结

（1）本实例分别采用了曲面造型法和实体造型法进行垫圈的建模。由垫圈的平面图可知，垫圈的圆形截面线在跟随导动线运动的过程中，始终与 X 轴平行，因而采用的是"导动线&平面"的导动曲面生成方法，而不是"固接导动"生成方法；在采用实体造型法进行垫圈建模时，同样不能使用"固接导动"方法，结合垫圈的工作原理，垫圈应处在两管的连接处，其形状如图 5-87 所示，垫圈的截面为圆形，故使用"倒圆"方法生成垫圈的实体造型。读者可自行尝试使用"固接导动"方法，生成垫圈的曲面造型和实体造型，分析产生错误的原因。

（2）本实例亦可使用曲面加厚方法，将曲面造型转换为实体造型，但加厚厚度值不能为 3，同时不能使用闭合曲面填充方法，请读者自行分析其原因。

【实例 3】　生成如图 5-90 所示螺母的实体造型。

方法一：实体特征造型法

操作过程如下。

（1）以 XY 面为基准面进入草图状态，单击"正多边形"按钮，在立即菜单中选择"中心"、"边数：6"、"外切"，拾取原点为多边形中心，键入内切圆半径"17"，生成正六边形。单击"圆"按钮，绘制以原点为圆心、直径为 20.4 的整圆，如图 5-91 所示。

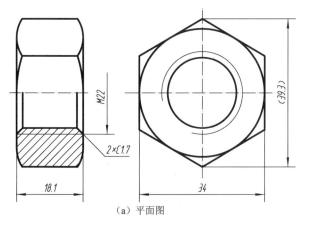
（a）平面图

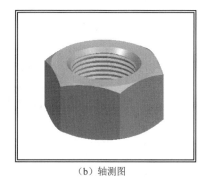
（b）轴测图

图 5-90　螺母实体造型

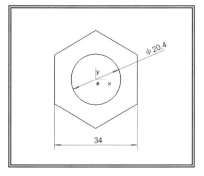
图 5-91　生成拉伸草图

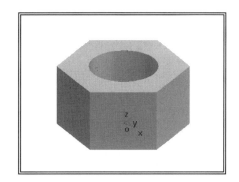
图 5-92　生成螺母基础体

提示：内螺纹小径 $D_1=22-2\times p\times \sin60°\times 5/8=20.4$。其中，$p=1.5$。

（2）单击"拉伸增料"按钮◘，在立即菜单中选择"固定深度"、"深度：18.1"，拾取草图，生成拉伸增料特征，如图 5-92 所示。

（3）以 XZ 面为基准面进入草图状态，绘制如图 5-93 所示草图，完成后单击 F2 键，退出草图状态，单击"直线"按钮╱，过原点绘制 Z 轴正交线，单击"旋转除料"按钮⌘，在"旋转"对话框中设置旋转类型为"单向旋转"、"角度：360"，拾取草图及旋转轴，单击 确定 按钮，生成旋转除料特征，如图 5-94 所示。

（4）单击"倒角"按钮◻，拾取圆柱面两边界线，生成 1.7×45°倒角特征。

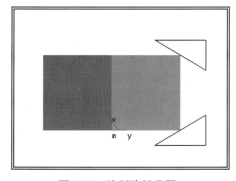
图 5-93　绘制除料草图

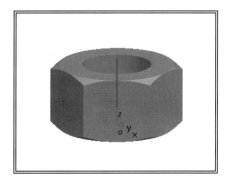
图 5-94　生成旋转除料特征

（5）单击"公式曲线"按钮 f(x)，在弹出的"公式曲线"对话框中如图 5-95 所示填写参数，单击 确定 按钮，单击 Enter 键，键入",, 0.75"，生成螺旋线，如图 5-96 所示。

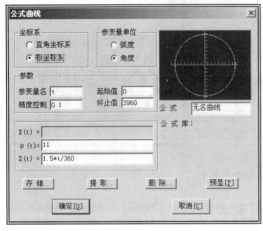
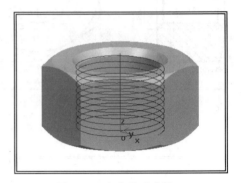

图 5-95　设置公式曲线参数　　　　　　图 5-96　生成公式曲线

（6）以 XZ 面为基准面进入草图状态，单击"正多边形"按钮，绘制一边长为 1.5 的正三角形，单击"直线"按钮，绘制三角形中线，单击"点"按钮，在立即菜单中选择"批量点"、"等分点"、"段数：8"，拾取中线，生成等分点；单击"直线"按钮，过等分点绘制两正交直线，如图 5-97 所示。

（7）单击"裁剪"按钮，将直线 P1、P2 的多余部分裁掉，单击"平移"按钮，在立即菜单中选择"两点"、"平移"，拾取所有草图图线，点击鼠标右键确认，拾取 C1 点为基点，拾取螺旋线端点为目标点，单击【编辑】→【隐藏】命令，将所有的辅助线隐藏。完成的草图及位置，如图 5-98 所示。

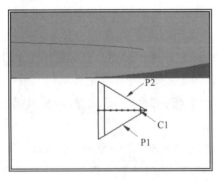
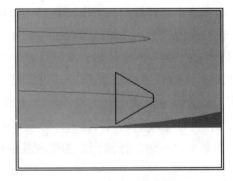

图 5-97　绘制除料草图　　　　　　　　图 5-98　完成后的草图

（8）单击"导动除料"按钮，选择导动类型为"固接导动"，拾取导动线和轮廓线，单击 确定 按钮，生成导动除料特征，完成螺母的实体造型，如图 5-99 所示。其牙形如图 5-100 所示。

方法二：曲面实体复合造型法

操作过程如下。

（1）生成螺母基础体。同方法一中的步骤（1）～步骤（4）。

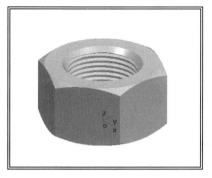
图 5-99 螺母的实体造型

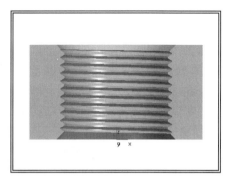
图 5-100 螺纹牙形

（2）导动螺旋线。如图 5-95 所示设置螺旋线参数，将终止角改为"4320"，并将螺旋线放置在坐标原点处。

（3）生成导动截面线。单击 F9 键，切换当前平面为 XZ 面，绘制截面线，如图 5-101 所示。

（4）生成导动曲面。单击"导动面"按钮，在立即菜单中选择"导动线&平面"、"单截面线"，单击 Space 键，在弹出的工具菜单中选择"Z 轴正方向"为平面法矢方向，拾取螺旋线为导动线，拾取直线 P1 为截面线，生成导动曲面。采用同样方法，以直线 P2、P3 为截面线生成导动曲面，如图 5-102 所示。

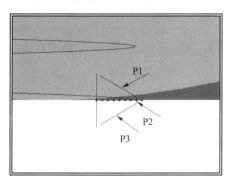
图 5-101 绘制导动截面线

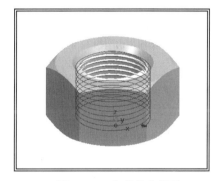
图 5-102 生成导动曲面

（5）单击"曲面裁剪"按钮，框选拾取所有曲面，系统将使用箭头指示除料方向。如方向向外，则选中"除料方向选择"复选框，结果如图 5-103 所示。单击 确定 按钮，生成曲面裁剪特征，如图 5-104 所示。

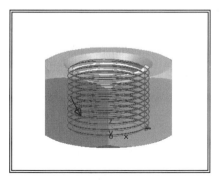
图 5-103 选择除料方向

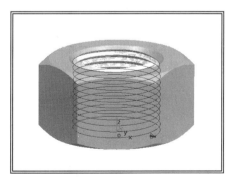
图 5-104 生成曲面裁剪特征

方法三：文件操作法

操作过程如下。

（1）打开"轮轴.mxe"文件，单击【文件】→【另存为】命令，在文件类型下拉列表框中选择"parasolid. x_t 文件（*.x_t）"，键入文件名，单击 保存(S) 按钮。

（2）生成螺母基础体。同方法一中的步骤（1）~步骤（4）。

（3）绘制定位点。单击"点"按钮，键入",,-5"，生成定位点。

（4）单击"实体布尔运算"按钮，系统弹出"打开"对话框，选择生成的 x_t 格式文件，单击 打开(O) 按钮，在出现的"输入特征"对话框中如图 5-105 所示填写参数，拾取生成的点为定位点，单击 确定 按钮，结果如图 5-106 所示。

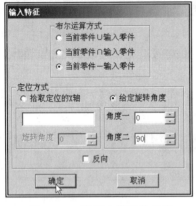 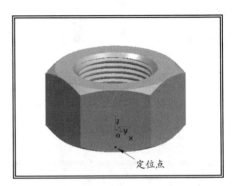

图 5-105　设置文件操作参数　　　　　图 5-106　实体布尔运算结果

本例小结

（1）本实例采用了三种方法进行零件的实体建模，在实体特征造型方法中使用了"固接导动"生成除料实体，而在曲面实体复合造型方法中，因已知截面线的方位变化规律，故没有直接使用"固接导动"，而是采用了"导动线&平面"的曲面生成方法，降低了运算量，同时提高了曲面精度。

（2）就实体特征造型方法和曲面实体复合造型方法而言，在实体特征造型方法中，需注意在特征生成过程中要避免出现自身干涉，而使用复合造型方法则不会出现此类问题，所以其造型成功率较高，而且曲面造型方法功能强大、手段丰富、选用灵活，是一个较好的选择。但复合造型方法所使用的是曲面，其编辑能力明显不如特征造型方法所使用的草图。结合本例的特点，推荐使用曲面实体复合造型方法。

（3）采用文件操作生成零件是一个方便灵活的方法，它不仅为人们提供了一种生成实体的手段，对于装配件，更可利用零件之间的尺寸关系，快速进行零件的实体建模。但经过文件操作后，特征树中的特征记录将完全丢失，实体模型丧失参数化编辑能力，因而需谨慎使用。

思考与练习（五）

一、思考题

（1）CAXA 制造工程师提供了哪些曲面实体复合造型的方法？

（2）并入文件功能是否只能支持实体文件的并入？

（3）如何在不同的 CAD 软件间交换数据？对于使用线架、实体、曲面所描述的零件模型各采用何种文件格式进行数据交换比较方便、准确？

（4）使用输出视图功能可以将实体投射为二维视图，在对二维视图进行编辑和标注时，需注意哪些问题？

（5）结合两个综合实例，思考 CAXA 制造工程师提供了哪些零件建模的手段？这些手段各有何优缺点？在进行零件建模时应如何选用？

二、练习题

（1）根据零件的平面图（见题图 5-1），生成零件的曲面造型或实体造型。

（2）根据零件的平面图（见题图 5-2），生成零件的曲面造型或实体造型。

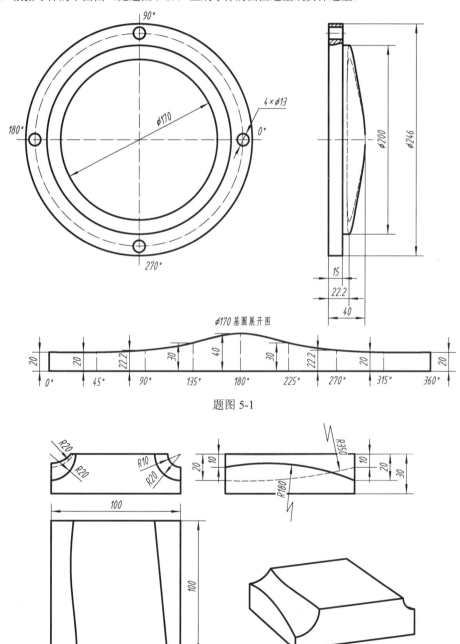

题图 5-1

题图 5-2

第六章　数控铣削及自动编程基础知识

数控加工具有精度高、效率高、加工范围广、适应性强等特点，能加工各种形状复杂的零件，应用十分广泛。数控铣削是通过数控铣床或加工中心，利用 NC 程序来控制铣刀的旋转运动和工件相对于铣刀的移动（或转动）来加工工件，得到机械图样所要求的精度（包括尺寸、形状和位置精度）和表面粗糙度的加工方法。

第一节　数控铣削加工的基本概念

一、数控加工的特点

（1）适应性强　数控机床能实现多个坐标的联动，能完成复杂型面的加工，解决了常规加工中不能加工的问题。如涡轮叶片、成形模具、带有复杂曲面的零件、高精度零件以及装配要求比较高的零件等。

（2）加工质量稳定　对于同一批零件，由于使用同一机床和刀具及同一加工程序，刀具的运动轨迹完全相同，且数控机床是根据 NC 程序自动进行加工，可以避免人为的误差，保证零件加工的一致性，加工质量比较稳定。

（3）生产效率高　省去了常规加工过程中的画线、工序切换时的多次装卡、定位等操作，而且无需工序间的检验与测量，使辅助时间大为缩短，加工中心还配有刀具库和自动换刀装置，加工工件时可以自动换刀，不需要中断加工过程，提高了加工的连续性。一般来说，数控机床的生产能力约为普通机床的 3 倍以上。数控机床的时间利用率高达 90%，而普通机床仅为 30%~50%。

（4）加工精度高　数控机床的加工精度不受零件复杂程度的影响，机床传动链的反向齿轮间隙和丝杠的螺距误差等，都可以通过数控装置自动进行补偿，定位精度较高。带有自动换刀装置的加工中心，在一次装卡的情况下，几乎可以完成零件的全部加工工序，一台数控机床可以代替数台普通机床。这样可以减少装夹误差，节约工序之间的运输、测量和装夹等辅助时间，带来较高的经济效益。

（5）自动化程度高　除装卡工件毛坯需要手工操作外，全部加工过程都在数控程序的控制下，由数控机床自动完成，不需要人工干预。在输入程序并启动后，数控机床自动进行连续加工，直至零件加工完毕。

数控程序大多使用 CAM 软件编制，采用数字化和可视化技术，在计算机上用人机交互的方式，能够迅速完成复杂零件的编程。尽管数控机床价格较高，而且要求具有较高技术水平的人员来操作和维修，但是数控机床的优点很多，它有利于自动化生产和生产管理，使用数控机床可获得较高的经济效益。

二、铣削加工的工艺特点

（1）生产率较高　铣刀是典型的多刃刀具。铣削时有几个刀刃同时参加工作，总的切削宽度较大。铣削的主运动是铣刀的旋转运动，有利于采用高速加工。

（2）**容易产生振动**　铣刀的刀刃在切入和切出工件时会产生冲击，并引起同时工作刀刃数的变化，每个刀刃的切削厚度是变化的，使切削力发生变化。

（3）**散热条件较好**　铣刀刀刃间歇切削，可以得到一定的冷却，但在切入和切出时，热的变化、力的冲击，将加速刀具的磨损。

（4）**加工成本高**　数控铣床的结构复杂，铣刀的制造和刃磨也较困难，对操作技术要求较高。

三、数控铣削机床

数控铣床（NC 铣床）可认为是加上数字控制装置的铣床。NC 铣床从结构上分类，主要有工作台升降式和主轴头升降式两种。

主轴头升降式 NC 铣床在精度保持、承载质量、系统构成等方面具有很多优点，已成为 NC 铣床的主流。主轴头升降式 NC 铣床如图 6-1 所示。

加工中心一般是指具有自动换刀装置的数控铣床。它可以在一次装夹中进行铣削、钻削、镗削、攻螺纹等多种加工。加工中心是数控机床中应用最广、数量最多的机床。

加工中心按主轴的方向可分为立式和卧式两种。立式加工中心的主轴是垂直的，如图 6-2 所示。立式加工中心主要用于重切削和精密加工，适合复杂型腔的加工。卧式加工中心的主轴是水平的，一般具有回转工作台，可进行四面或五面加工，特别适合于箱体零件的加工。

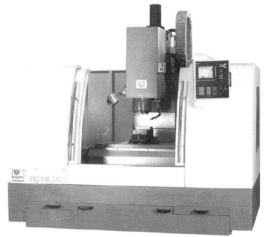

图 6-1　主轴头升降式数控铣床

为进行复杂零件的加工，加工中心都采用了多轴联动控制，根据机床的运动能力和联动

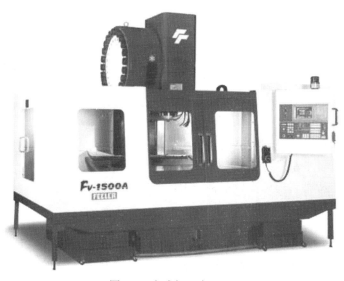

图 6-2　立式加工中心

控制能力，又可将加工中心分为三轴联动、四轴三联动、四轴联动、五轴三联动、五轴四联动和五轴联动等多种类型。

四、数控铣削的加工方式

（1）两轴平面加工　机床坐标系的 X 轴和 Y 轴两轴联动，而 Z 轴固定，即机床在同一高度下，对工件进行切削。两轴加工适合于铣削平面。

（2）两轴半平面加工　两轴半加工在二轴的基础上增加了 Z 轴的移动，当机床坐标系的 X 轴和 Y 轴固定时，Z 轴可以有上、下的移动。利用两轴半加工，可以实现分层加工，每层在同一高度上进行两轴加工，层间有 Z 向的移动。

（3）三轴曲面加工　三轴加工是指在加工过程中，机床坐标系的 X、Y、Z 三轴联动。适合于进行各种非平面，即一般曲面的加工。

（4）多轴加工　在三轴加工基础上，增加对一个或两个旋转坐标的控制，即四轴和五轴加工。刀具可以在给定的空间内任意方向运动，可以根据被加工零件形状的需要，使刀具与工件表面形成一定的角度。

CAXA 制造工程师可支持到三轴加工方式，五轴加工需额外购买软件，本教程针对两轴、两轴半及三轴加工方式，介绍使用 CAXA 制造工程师进行 NC 程序的自动编程。

第二节　铣削刀具及选用

在数控加工中，刀具的选择直接关系到加工精度的高低、加工表面质量的优劣和加工效率的高低。选用合适的刀具并使用合理的切削参数，将可以使数控加工以最低的加工成本、最短的加工时间达到最佳的加工质量。

数控加工中使用的刀具种类很多，下面对常用刀具的性能及选用加以介绍。

一、铣削刀具的形状

铣削加工所用刀具通常称为铣刀，数控铣床或加工中心的常用铣刀包括以下四种。

（1）盘形铣刀　一般采用在盘状刀体上机夹刀片或刀头组成，常用于端铣较大的平面。

（2）端铣刀　端铣刀亦称圆柱铣刀，是数控铣削加工中最常用的一种铣刀，主要用于加工平面类零件。端铣刀除用端刃铣削外，也常用侧刃铣削，有时端刃、侧刃同时进行铣削。端铣刀的形状如图 6-3 所示。

（3）球头铣刀　适用于加工空间曲面零件，有时也用于平面类零件较大的转接凹圆弧的补加工。球头铣刀的形状如图 6-4 所示。

（4）圆鼻刀　可看作是底部磨出圆角的端铣刀。常用于平面加工、外形加工和曲面粗加工。圆鼻刀的形状如图 6-5 所示。

CAXA 制造工程师目前可支持三种铣刀，即球刀（$R=r$）、端刀（$r=0$）和 R 刀（$r<R$），如图 6-6 所示。

说明：在刀具参数中，R 为刀具半径、r 为刀角半径、L 为刀具长度、l 为刀刃长度。

对于刀具，还应区分刀尖和刀心，两者均是刀具轴线的点，其间相差一个刀角半径，如图 6-7 所示。CAXA 制造工程师所生成的刀路轨迹中，绝大多数按刀尖的位置计算和显示。

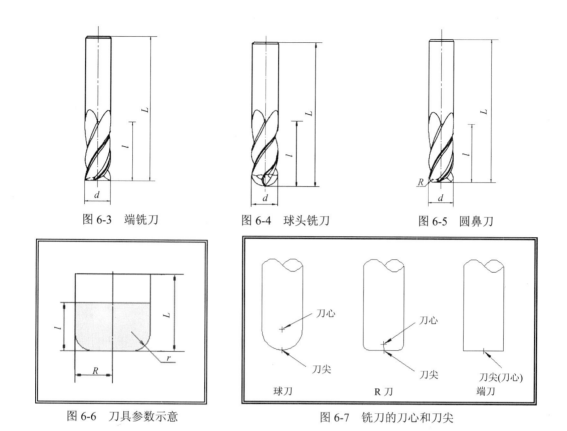

图 6-3 端铣刀　　图 6-4 球头铣刀　　图 6-5 圆鼻刀

图 6-6 刀具参数示意　　图 6-7 铣刀的刀心和刀尖

二、铣削刀具的材料

常用刀具材料为高速钢、硬质合金。非金属材料刀具使用较少。

（1）**高速钢刀具**　高速钢刀具易磨损，价格便宜，常用于加工硬度较低的工件。

（2）**硬质合金刀具**　硬质合金刀具耐高温，硬度高，主要用于加工硬度较高的工件。硬质合金刀具需较高转速加工，否则容易崩刃。硬质合金刀具加工效率和质量比高速钢刀具好。

三、铣削刀具的结构形式

常用硬质合金刀具有整体式和可转位式两种结构形式。

（1）**整体式**　铣刀的刀具整体由硬质合金或高速钢材料制成，价格高，加工效果好，多用在精加工阶段。此类型刀具通常为小直径的平刀及球刀。

（2）**可转位式**　铣刀前端采用可更换的可转位刀片（舍弃式刀粒），刀片用螺钉固定。刀片材料为硬质合金，表面有涂层，刀杆采用其他材料。刀片改变安装角度后可多次使用，刀片损坏不重磨。可转位式铣刀使用寿命长，综合费用低。刀片形状有圆形、三角形、方形、菱形等，圆鼻刀多采用此类型，球刀也有此类型。

四、数控铣削刀具的选择

应根据机床的加工能力、工件材料的性能、加工工序、切削用量及其他相关因素，正确选用刀具。选择刀具总的原则是：安装调整方便，刚性好，耐用度和精度高，在满足加工要求的前提下，尽量选择较短的刀柄，以提高刀具加工的刚性。

选取刀具时，要使刀具的尺寸与被加工工件的表面尺寸形状相适应。在生产中，平面零件周边轮廓的加工，常采用立铣刀；铣削平面时，常采用硬质合金刀片铣刀；加工凸台、凹槽时，常采用高速钢立铣刀；加工毛坯表面时，常采用镶硬质合金刀片的端铣刀；对一些立体型面和变斜角轮廓外形的加工，常采用球头铣刀、环形铣刀、锥形铣刀和盘形铣刀。

在进行曲面加工时，合理地选择球刀，能切削到需加工的所有部位而不发生过切，故球头铣刀常用于曲面的精加工。但球头铣刀会在两切削行之间留下较大的残留高度，为保证加工精度，切削行距一般取得很密。而且在加工曲面较平坦的部位时，刀具以球头顶端刃切削，切削条件较差，而平头刀具在表面加工质量和切削效率方面都优于球头刀具。因此，只要在保证不过切的前提下，无论是曲面的粗加工还是精加工，都应优先选择平头刀。

使用数控铣床进行数控加工过程中，由于没有自动换刀装置，刀具的更换需人工手动进行，占用辅助时间较长。因此，必须合理安排刀具的顺序。一般应遵循以下原则。

（1）尽量减少参与加工的刀具数量。
（2）一把刀具装夹后，应完成其所能进行的所有加工部位。
（3）粗、精加工的刀具应分开使用。
（4）先进行曲面精加工，后进行二维轮廓精加工。

五、顺铣和逆铣

在铣削加工中，要注意顺铣和逆铣两种方式的选择。逆铣时，铣刀旋转方向与工件进给方向相反，切削厚度由薄到厚，使工件被加工表面的加工硬化现象严重，影响表面质量，但逆铣有利于消除导螺杆的间隙、不易产生振动；顺铣时，切削厚度由厚到薄，铣刀切入比较容易，铣刀磨损较小，也能获得较好的表面质量。

切削铸件等表面有硬皮层的工件，使用顺铣将会导致刀具破裂、工件损坏等情况，因此一般都使用逆铣方式来加工。如果需要比较好的表面质量，一般使用顺铣方式来加工。

第三节　铣削用量的合理选择

一、铣削用量

铣削时，铣刀作旋转运动（主运动），工件作直线或曲线进给运动，如图6-8所示。

铣削时的切削用量包括如下。

（1）铣削速度（v_c）　铣刀最大直径处切削刃的线速度。

（2）进给量　铣削中的进给量有三种表示方法。

① 每齿进给量（f_z）　铣刀每转过一个刀齿，工件沿进给方向所移动的距离（mm/z，z 为铣刀齿数）。f_z是选择进给量的依据。

② 每分钟进给量（f_m）　铣刀每旋转1min，工件沿进给方向所移动的距离（mm/min）。一般按 f_m 来调整机床进给量的大小。

③ 每转进给量（f_r）　铣刀每转过一圈，工件沿进给方向所移动的距离（mm/r）。

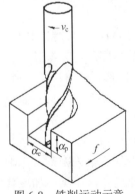

图 6-8　铣削运动示意

f_z、f_m、f_r之间的关系为

$$f_r = f_z z$$
$$f_m = f_r n = f_z z n$$

式中　　n——铣刀转速，r/min；

　　　　z——铣刀齿数。

（3）铣削深度（a_p）　平行于铣刀轴线方向所测得的切削层尺寸。

（4）铣削宽度（a_e）　垂直于铣刀轴线方向所测得的切削层尺寸。

在 CAM 自动编程软件中，通过主轴转速和主轴的进给速度来控制铣削用量，因此，需将铣削速度 v_c 和进给量 f 转换为主轴转速（铣刀转速）n 和进给速度 F，其换算公式为

$$n = \frac{1000 v_c}{d\pi}$$

$$F = f_z z n$$

式中　　F——进给速度（f_m），mm/min；

　　　　v_c——铣削速度，m/min；

　　　　d——刀具或工件直径，mm。

二、切削用量的合理选择

合理选择切削用量的原则是：粗加工时，一般以提高生产率为主，但也应考虑经济性和加工成本；半精加工和精加工时，应在保证加工质量的前提下，兼顾切削效率、经济性和加工成本。具体数值应根据机床说明书、切削用量手册，并结合加工经验而定。常用铣削用量参见附录。

（1）切削深度（a_p）　在机床、工件和刀具刚度允许的情况下，a_p 就等于加工余量，这是提高生产率的一个有效措施。为了保证零件的加工精度和表面粗糙度，一般应留一定的余量进行精加工。

（2）切削宽度（a_e）　一般 a_e 与刀具直径 d 成正比，与切削深度成反比。经济性数控加工中，一般 L 的取值范围为：$L=(0.6 \sim 0.9)d$。

（3）速度（v_c）　提高 v_c 也是提高生产率的一个措施，但 v_c 与刀具耐用度的关系比较密切。随着 v_c 的增大，刀具耐用度急剧下降，故 v_c 的选择主要取决于刀具耐用度。另外，切削速度与加工材料也有很大关系。

（4）主轴转速（n）　主轴转速一般根据切削速度 v_c 来选定。

（5）进给速度（F）　应根据零件的加工精度和表面粗糙度要求，以及刀具和工件材料来选择进给速度。F 的增加也可以提高生产效率。加工表面粗糙度要求较低时，F 可选择得大一些。

第四节　数控程序的格式

一、程序的结构

一个完整的程序由程序号、程序内容、程序结束三部分组成。

1. 程序号

用于区别存储器中的程序，每个程序都由程序号。一般以英文字母 O、P 开头，后跟若干数字组成。

2. 程序内容

由程序段组成，每个程序段由一个或多个指令构成，表示 NC 机床要完成的全部动作。

3. 程序结束

以程序结束指令 M02 或 M30 作为整个程序结束的符号，以结束程序。

二、程序段格式

程序段格式是指程序段中的字、字符和数据的安排形式，又称字地址格式。程序段格式如下：

N~	G~	X~ Y~ Z~ 其他坐标~	F~	S~	T~	M~
顺序段号	准备功能	运动轨迹的坐标尺寸	进给功能	主轴功能	刀具功能	辅助功能

三、数控编程的一般格式

1. 准备程序段

（1）程序名　如 O001。

（2）工件编程坐标系的建立　如 G90 G54 X0. Y0.。

（3）主轴转速　如 M03 S300。

（4）快速定位到加工位置　如 G00 X150. Y150. Z-10.。

2. 加工程序段

根据具体的加工内容编写。

3. 结束程序段

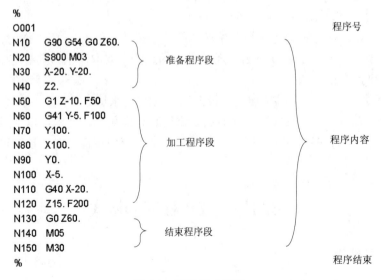

图 6-9　编程格式示例

（1）刀具快速退回　如 G00 Z100.。
（2）主轴停转　如 M05。
（3）程序结束　如 M02、M30。

图 6-9 列出了一个简单矩形轮廓的加工程序。

第五节　加 工 管 理

CAXA 制造工程师将与自动编程相关的基本设置（如毛坯、模型、刀具等）和生成的加工轨迹集成在加工管理窗口（见图 6-10），用户可以在加工管理窗口对加工参数、加工图形等进行修改。

一、模型

1. 功能

模型一般表达为系统存在的实体和所有曲面的总和。

模型与刀路计算无关，也就是模型中所包含的实体和曲面并不参与刀路的计算，模型主要用于刀路的仿真过程。在轨迹仿真器中，模型可以用于仿真环境下的干涉检查，校验加工的效果或程度等。

2. 操作

（1）在加工管理窗口双击 模型 图标，系统弹出"模型参数"对话框，如图 6-11 所示。

（2）在对话框的显示窗口中显示模型的形状。设置几何精度、选择模型选项，完成后单击 确定 按钮。

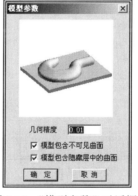

图 6-10　加工管理窗口　　　图 6-11　"模型参数"对话框

3. 参数

（1）几何精度　描述模型的几何精度。

造型时，模型的曲面是光滑、连续的，这样理想的模型，称为几何模型。但在加工时，是不可能完成这样一个理想的几何模型。所以，一般会把一张曲面离散成一系列的三角片。由这一系列三角片所构成的模型，称为加工模型。加工模型与几何模型之间的误差，称为几何精度。

加工精度是按轨迹加工出来的零件与加工模型之间的误差。当加工精度趋近于 0 时，轨迹对应的加工件的形状，就是加工模型了（忽略残留量）。

（2）隐藏面的处理　隐藏面的处理包括以下两项。
- 模型包含不可见曲面　选中此项，则不可见曲面会成为模型的一部分。否则，模型中不包含不可见曲面。
- 模型包含隐藏层中的曲面　选中此项，则隐藏层中的曲面会成为模型的一部分。否则，模型中不包含隐藏层中的曲面。

4. 说明

（1）模型精度越高，加工模型中的三角片越多，模型表面近似越好，占用内存和系统资源越多。

（2）因为增删曲面或增减实体元素都意味着对模型的修改，所以最好不要在加工模块中增删曲面。否则，已生成的轨迹可能会不再适用于新的模型了，严重时会导致过切。如果一定要这样做的话，在模型变更后，需重新计算所有的轨迹。

二、毛坯

1. 功能

定义毛坯，用于切削仿真。CAXA 制造工程师目前只能支持方形坯料。

2. 操作

（1）在加工管理窗口双击 毛坯 图标，系统弹出"定义毛坯"对话框，如图 6-12 所示。

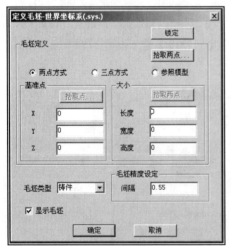

图 6-12　"定义毛坯"对话框

（2）在对话框中选择毛坯的定义方式，设置毛坯的大小和基准点位置，完成后单击 确定 按钮。

3. 参数

（1）锁定　使用户不能设定毛坯的基准点、大小、毛坯类型等，是为了防止设定好的毛坯数据被改变。

（2）毛坯定义　系统提供了三种毛坯定义的方式。

- 两点方式　通过拾取毛坯的两个角点（与顺序、位置无关）来定义毛坯。
- 三点方式　通过拾取基准点，拾取定义毛坯大小的两个角点（与顺序、位置无关）来定义毛坯。
- 参照模型　系统自动计算模型的包围盒，以此作为毛坯。

（3）基准点　毛坯在世界坐标系（.sys.）中的左下角点的坐标值。

（4）大小　设置毛坯沿 X 方向、Y 方向、Z 方向的尺寸。

（5）毛坯类型　系统提供铸件、精铸件、锻件、精锻件、棒料、冷作件、冲压件、标准件、外购件、外协件等毛坯的类型，主要用于生成工艺清单。

（6）毛坯精度设定　设定毛坯的网格间距，主要用于加工仿真。

（7）显示毛坯　设定是否在工作区中显示毛坯。

三、起始点

1. 功能

设定全局刀具起始点的位置。

2. 操作

（1）在加工管理窗口双击 ✥ 起始点 图标，系统弹出"刀具起始点"对话框，如图 6-13 所示。

（2）在对话框中直接填入刀具起始点的坐标或单击 拾取点 按钮，在绘图区选择一点，该点坐标自动填入坐标输入栏内，起始点位置设置完成后，单击 确定 按钮。

3. 说明

计算轨迹时缺省地以全局刀具起始点作为刀具起始点，计算完毕后，用户可以对该轨迹的刀具起始点进行修改。

图 6-13 "刀具起始点"对话框

四、刀具库管理

加工中心均备有刀库，刀库内可容纳多把刀具，少则 6～8 把，多则几十把。使用数控铣床加工时，多数情况下也需要使用多把刀具进行加工，在进行自动编程前，通常在加工进行之前，先进行加工刀具或机床刀库的规划。

为方便操作及提高编程效率，CAXA 制造工程师提供了刀具库功能，刀具库包含两种，即系统刀库和机床刀库。

机床刀库是与加工中心刀库或铣床控制系统相关联的刀具库。当改变机床时，相应的刀具库会自动切换到与该机床对应的刀具库，这样便可使用 CAXA 制造工程师同时对多个加工中心或铣床进行自动编程。

系统刀库是与机床无关的刀具库。可以把加工中所要用到的刀具和现有的所有刀具都建立在系统刀库中，为方便建立机床刀库及生成刀路轨迹时调用刀具。

在加工管理窗口双击 ⛏ 刀具库 图标，系统弹出"刀具库管理"对话框，如图 6-14 所示。在对话框中进行各种刀具及刀具库操作。

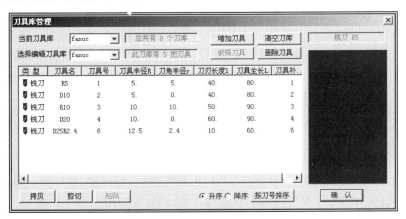

图 6-14 "刀具库管理"对话框

（一）设定当前刀具库

1. 功能

设定当前使用的机床刀具库，在生成刀具轨迹时，用户将只能调用当前刀具库中的刀具。

2. 操作

在"刀具库管理"对话框中，单击"当前刀具库"下拉列表框，从中选择加工所需的机床刀具库。

（二）选择编辑刀具库

1. 功能

对所选择的刀具库进行增加刀具、删除刀具等刀库编辑操作

2. 操作

（1）在"刀具库管理"对话框中，单击"选择编辑刀具库"下拉列表框，从中选择需要编辑的刀具库。

（2）在对话框下方列表框中列出所编辑的刀具库中所有刀具。选择某一刀具后，在对话框右侧的窗口中显示刀具的形状。

（3）单击对话框下方的按钮，可对刀具库中的刀具进行复制、剪切、粘贴等操作。

3. 参数

（1）增加刀具 增加新的刀具到编辑刀具库。

单击 增加刀具 按钮，系统弹出"刀具库管理"对话框，输入增加刀具的名称，确定后可修改刀具的各个参数。

（2）清空刀库 删除编辑刀具库中的所有刀具。

单击 清空刀库 按钮，系统弹出对话框，询问是否删除，确认删除后，该刀具库即被清空。

（3）编辑刀具 对编辑刀具库中选中的刀具参数进行修改。

在"刀具库管理"对话框的刀具列表框内双击刀具名称或选中刀具之后，单击 编辑刀具 按钮，系统弹出"刀具定义"对话框，如图 6-15(a) 所示。设置刀具参数后单击 确定 按钮。

（4）删除刀具 删除编辑刀具库中选中的刀具。选择需删除的刀具，单击 删除刀具 按钮，确认删除后，该刀具即被删除。

（三）刀具参数

1. 功能

定义、修改刀具的有关数据。

2. 操作

（1）单击 编辑刀具 按钮或 增加刀具 按钮后，系统弹出刀具定义对话框，如图 6-15(b) 所示。

（2）根据加工所需使用的刀具或机床刀库的现有刀具设置刀具参数。

（3）单击 确定 按钮，完成刀具设置。

3. 参数

- 类型　选择刀具类型为铣刀或钻头。

- 刀具名　当前刀具的名称。用于刀具标识和列表，刀具名是唯一的。通过下拉列表可显示刀具库中的所有刀具，并可在列表中选择当前刀具。

- 刀具号　刀具的系列号。用于后置处理的自动换刀指令。刀具号是唯一的，对应于机床刀具库。

- 刀具补偿号　刀具补偿值的序列号，用于后置处理的半径补偿指令。

- 刀具半径　刀具的半径。

- 刀角半径　刀具的刀角半径，应不大于刀具半径。

- 刀柄半径　刀具柄部的半径。

- 刀尖角度　只对钻头有效，钻尖的锥度值。

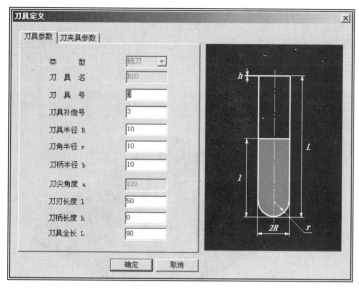

(a) 铣刀参数

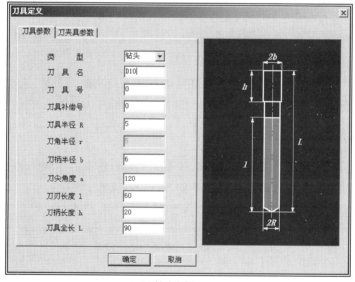

(b) 钻头参数

图 6-15 刀具库管理——刀具定义对话框

- **刀刃长度** 刀具可用于切削部分的长度。
- **刀柄长度** 刀具柄部的长度值。
- **刀具全长** 刀杆和刀柄长度的总和。

第六节 轨 迹 仿 真

轨迹仿真就是在三维真实感显示状态下，模拟刀具运动，切削毛坯、去除材料的过程。在生成了加工轨迹后，通常需要对加工轨迹进行加工仿真，利用模拟实际切削过程和加工结果，检查生成的加工轨迹的正确性。

单击【加工】→【轨迹仿真】命令，或者在加工管理窗口拾取加工轨迹，点击鼠标右键，

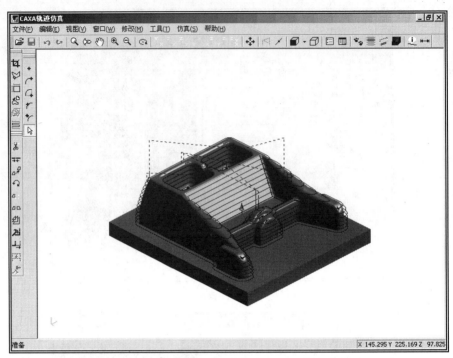

图 6-16　轨迹仿真环境

选择"轨迹仿真"命令，系统将提示选择需要进行加工仿真的刀具轨迹。拾取结束后，点击鼠标右键确认，系统即进入轨迹仿真环境，如图 6-16 所示。

一、基本功能

轨迹仿真环境的主菜单由文件、编辑、视图、工具、仿真等组成，如图 6-17 所示。仿真环境能够实现的功能，都可以通过主菜单中的相应命令实现。

图 6-17　轨迹仿真环境的主菜单

1. 文件
新建、保存文件，退出系统等和文件相关的菜单。
2. 编辑
进行操作取消和复制等。
3. 视图
进行显示的设定、视图方向的切换等。
4. 窗口
显示刀具轨迹列表和详细信息的菜单。
5. 修改
编辑刀具轨迹。
6. 工具
设定加工仿真方式。
7. 仿真
在实体加工仿真中的选项设定、加工操作等功能。

二、文件功能

单击主菜单中的【文件】命令，系统弹出"文件"菜单，如图6-18所示。

（一）打开

1．功能

打开已存刀具轨迹。

2．操作

（1）单击"打开"按钮，或单击【文件】→【打开】命令，系统弹出指定文件对话框。

（2）在对话框内选择相应的文件目录和文件名，单击 打开(O) 按钮，完成打开文件操作。

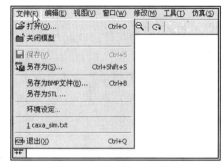

图6-18 "文件"主菜单

3．说明

可以选择的文件格式为刀具轨迹文件（*.hzs）、加工范围文件（*.xbf）、加工形状文件（*.fx）、NC数据文件（*.nt）、STL文件（*.stl）、SAT文件（*.sat）、毛坯文件（*.dmf）、加工工程设计文件（*.pdd）。

能将SAT文件（.sat）转化为加工形状文件（.fx）表示。

（二）关闭模型

1．功能

关闭当前显示的模型，释放内存。

2．操作

（1）单击【文件】→【关闭模型】命令。

（2）系统关闭显示模型，图形从屏幕消失。

3．说明

如果需要重新显示模型，单击相应的模型显示按钮，可以再次读入显示模型。

（三）保存

1．功能

将修改过的刀具轨迹保存到磁盘上。

2．操作

（1）单击"保存"按钮，或单击【文件】→【保存】命令。

（2）在弹出的"保存"对话框内选择相应的文件目录和文件名后，单击 保存(S) 按钮。

（四）另存为

1．功能

另外保存修改后的刀具轨迹。

2．操作

（1）单击【文件】→【保存】命令，系统弹出"另存为"对话框。

（2）选择相应的文件目录和文件名后，单击 保存(S) 按钮。

（五）另存为BMP文件

1．功能

将所显示的内容，另存为BMP文件。

2. 操作

（1）单击【文件】→【另存为 BMP 文件】命令，系统弹出"另存为"对话框。

（2）选择相应的文件目录和文件名后，单击 保存(S) 按钮。

（六）另存为 STL

1. 功能

将所显示的工件形状、加工形状另存为 STL 文件。

2. 操作

（1）单击【文件】→【另存为 STL】命令，系统弹出"另存为"对话框。

（2）设定保存格式（有文本和二进制两种格式），选择相应的文件目录和文件名后，单击 保存(S) 按钮。

（七）环境设定

1. 功能

设定取消操作的次数。

2. 操作

（1）单击【文件】→【环境设定】命令，系统弹出"环境设定"对话框，如图 6-19 所示。

图 6-19 "环境设定"对话框

（2）在"环境设定"对话框内设定取消操作次数，单击 确定 按钮。

3. 说明

（1）可取消操作的次数范围在 1～100 次之间。

（2）再次启动刀具轨迹编辑器时适用。

（3）设定值越大，所需内存就越多。初始值为 1。

（八）退出

1. 功能

退出刀具轨迹编辑器。

2. 操作

（1）单击轨迹仿真环境右上角的"关闭"按钮 ✕，或单击【文件】→【退出】命令。

（2）退出轨迹仿真环境，返回到 CAXA 制造工程师 2006 环境中。如果刀具轨迹未被保存时，显示是否保存的对话框。

三、显示控制

（一）视向操作

1. 功能

以指定的视向显示图形。

2. 操作

（1）单击【视图】→【视图】子菜单下相应的视向按钮，或单击"Main"工具条（见图 6-20）中的相应视向按钮。

（2）系统以指定的视向显示仿真图形。

（二）显示操作

1. 功能

对显示的图形进行放大、缩小、旋转、平移等显示操作。

图 6-20 Main 工具条视向控制

2. 操作

（1）单击"部分显示"按钮，在需要显示部分的两角点分别单击鼠标左键，系统将该部分图形显示在屏幕上。

（2）单击"放大与缩小"按钮，按住鼠标中键并拖动鼠标（或直接转动鼠标滚轮）对图形进行动态放大与缩小。

（3）单击"平移"按钮，按住鼠标中键并拖动鼠标，即可将显示图形动态移动到指定的位置。

（4）单击"比例放大/缩小"按钮或，系统按比例放大或缩小显示图形。

（5）单击"显示全部"按钮，或单击【视图】→【显示全部】命令，系统将全部图形显示在屏幕上。

（6）按住鼠标中键并拖动鼠标，可动态旋转显示图形。

（三）模型显示

1. 功能

以不同的显示效果显示图形，方便用户观察加工轨迹。

2. 操作

（1）单击 Main 工具条上的"渲染显示"按钮，或单击【视图】→【模型显示】→【渲染】命令，系统以着色的方式显示加工模型，如图 6-21(a) 所示。

（2）单击"半透明显示"按钮，或单击【视图】→【模型显示】→【半透明】命令，系统以半透明方式显示加工模型，以方便查看加工轨迹，如图 6-21(b) 所示。

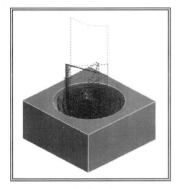
(a) 渲染显示

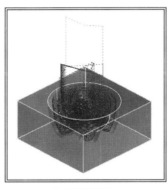
(b) 半透明显示

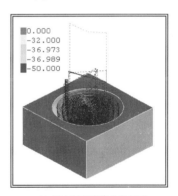
(c) 按水平面高度分色显示

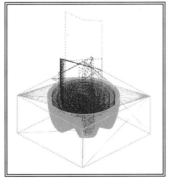
(d) 三角面显示

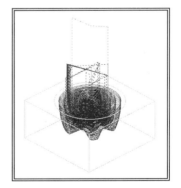
(e) 隐藏模型

图 6-21 加工模型的显示模式

（3）单击"高度分色显示"按钮■，或单击【视图】→【模型显示】→【按水平面高度分色显示】命令，系统将加工模型上的平面，按其所在高度以不同的颜色显示平面，如图 6-21(c) 所示。

（4）单击"三角面显示"按钮■，或单击【视图】→【模型显示】→【封闭折线】命令，系统以三角折线显示加工模型，如图 6-21(d) 所示。

（5）单击"隐藏模型"按钮■，或单击【视图】→【模型显示】→【隐藏】命令，系统将只显示模型边界线框，如图 6-21(e) 所示。

（四）轨迹显示

1. 功能

控制加工轨迹的显示情况，以方便用户观察加工轨迹。

2. 操作

（1）单击"仅显示切割"按钮■，或单击【视图】→【仅显示裁剪部分】命令，系统只显示加工轨迹切削部分（G1）的刀具路径，不显示快速走刀（G0）路径，如图 6-22(a) 所示。

（2）单击"显示端点"按钮■，或单击【视图】→【显示端点】命令，系统显示刀路轨迹的刀位点，如图 6-22(b) 所示。

（3）单击【视图】→【显示中心坐标轴】命令，在屏幕上显示坐标零点、Z 轴方向和加工平面，如图 6-22(c) 所示。

（4）单击【视图】→【拖动时显示线框】命令，在拖动模型时只显示模型边界线框，而不显示加工模型，以加快运算速度。

（a）仅显示裁剪部分

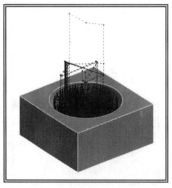
（b）显示端点

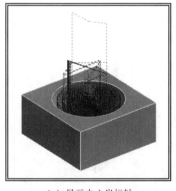
（c）显示中心坐标轴

图 6-22 加工轨迹的显示模式

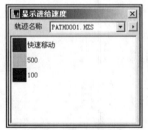

图 6-23 "显示进给速度"对话框

（五）显示轨迹速度

1. 功能

将加工轨迹按进给速度不同以分色方式显示。

2. 操作

（1）单击"轨迹分色显示"按钮■，或单击【工具】→【进给速度显示】命令，系统弹出"显示进给速度"对话框，如图 6-23 所示。

（2）在对话框中轨迹名称选项框内，选择需要显示的加工轨迹。

（3）在分色显示窗口双击需要显示的速度范围，系统即在仿真环境中显示符合速度要求的加工轨迹部分，如图 6-24(a)、(b) 所示。

3．说明

可以同时选择几个不同的进给速度，符合要求的加工轨迹将同时显示在仿真窗口中，如图 6-24(c) 所示。

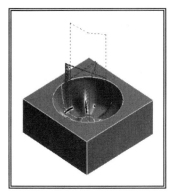  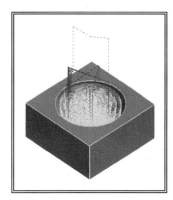

（a）仅显示快速移动　　　　　　（b）仅显示指定速度轨迹　　　　　（c）显示不同加工速度的轨迹

图 6-24　不同速度的加工轨迹的显示模式

四、轨迹仿真

轨迹仿真环境提供了三种轨迹仿真模式，用户可以选择不同的方式进行轨迹仿真，以方便检查加工轨迹的正确性。

（一）单步仿真

1．功能

以单步或多步的形式模拟刀具运动的轨迹。

2．操作

（1）单击"单步显示"按钮 ，或单击【工具】→【单步显示】命令，系统弹出"单步显示"对话框，如图 6-25 所示。

（2）在"轨迹名称"选项框内，选择需要仿真的加工轨迹。

（3）设定仿真选项，设置完成后单击"播放"按钮 ▶，系统开始进行加工轨迹仿真，如图 6-26 所示。

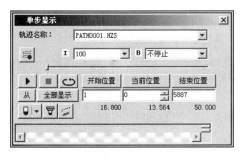　　　　　　　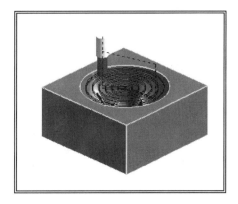

图 6-25　"单步显示"对话框　　　　　　　图 6-26　单步加工轨迹仿真

3. 参数
- 轨迹名称　选择需要仿真的加工轨迹。
- 轨迹显示方式　在轨迹仿真中是否显示加工轨迹。该按钮弹起时 为仿真时显示加工轨迹，该按钮按下时 为仿真时不显示加工轨迹。
- 显示间隔 I 100 　设定切削步数。从不指定和指定数值（1、10、50、100、500、1000）中选择。
- 显示停止位置 B 不停止 　设定切削停止的步数。从没有、数值指定（1、10、50、100、500、1000）、速度改变处、下一快速进刀处、高度改变处中选择。
- 播放 ▶ 　显示加工轨迹切削过程。
- 停止 ■ 　停止加工轨迹切削过程。
- 重复 ↻ 　反复显示从开始到完成位置的仿真过程。
- 全部显示　全部加工轨迹的暂时显示。
- 开始位置　指定轨迹仿真的开始位置。
- 当前位置　指定轨迹仿真的当前位置。
- 结束位置　指定轨迹仿真的结束位置。
- 刀具显示　选择刀具显示类型。包括渲染显示 、半透明显示 、隐藏显示 、线框显示 。
- 刀柄显示　选择在轨迹仿真时是否显示刀柄。按钮弹起时 为不显示刀柄；按钮按下时 为显示刀柄。

（二）等高线切削仿真

1. 功能

只对指定高度的截面加工轨迹进行仿真。特别适合对轨迹密集的粗加工轨迹进行仿真，可以方便地观察分层加工轨迹的情况，检查轨迹的正确性。

2. 操作

（1）单击"等高线仿真"按钮 ，或单击【工具】→【等高线显示】按钮，系统弹出"等高线显示"对话框，如图6-27所示。

（2）在"轨迹名称"选项框内选择需要仿真的加工轨迹。

（3）单击轨迹层，在仿真环境中显示该层加工，如图6-28所示。

图6-27　"等高线显示"对话框

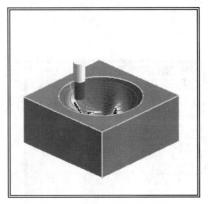

图6-28　等高线轨迹仿真

(4) 设定仿真选项，设置完成后单击"再执行"按钮 ▶，系统开始单步进行加工轨迹仿真，在下方信息框内显示当前刀位点的属性信息。

3. 参数
- 倒卷 ◀◀　回到最初的状态。
- 返回 ◀　回到前一刀位点。
- 再执行 ▶　前进到下一刀位点。
- 快速移动 ▶▶　前进到最后一刀位点位置。
- 全显示　显示选择轨迹层的所有加工轨迹。
- 刀具显示　选择刀具显示类型。包括渲染显示、半透明显示、隐藏显示、线框显示。
- 刀柄显示　选择在轨迹仿真时是否显示刀柄。按钮弹起时为不显示刀柄；按钮按下时为显示刀柄。
- 轨迹分色显示　将加工轨迹按进给速度不同以分色方式显示。
- 涂抹显示　将刀具路径所覆盖的部分以着色涂抹，如图6-29所示。

 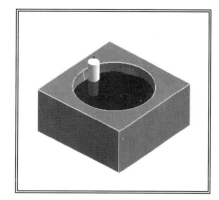

(a) 仿真过程中的部分涂抹　　　　　(b) 全显示状态下的全部涂抹

图6-29　涂抹显示

（三）仿真加工

1. 功能

模拟刀具切削工件的过程和加工结果。

2. 操作

(1) 单击"仿真加工"按钮，或单击【工具】→【仿真】命令，系统弹出"仿真加工"对话框，如图6-30所示。

(2) 在对话框中设定仿真选项，单击"播放"按钮 ▶，系统开始仿真加工过程，同时在对话框上方显示正在仿真的轨迹名称，在对话框下方显示当前刀位点的属性信息，如图6-31所示。

3. 参数

(1) 播放 ▶　模拟显示每一步切削后的毛坯形状。

(2) 停止 ■　停止模拟切削。

(3) 返回到最初 ◀◀　返回毛坯的初始状态。

(4) 切削到最后 ▶▶　显示切削到最后的毛坯形状。

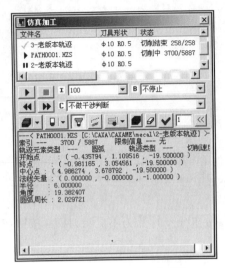

图 6-30 "仿真加工"对话框

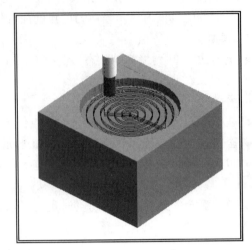

图 6-31 加工仿真

(5) 显示间隔 ▯ 设定切削步数。从不指定和指定数值（1、10、50、100、500、1000）中选择。

(6) 显示停止位置 ▯ 设定切削停止的步数。从没有、数值指定（1、10、50、100、500、1000）、速度改变处、下一快速进刀处、高度改变处中选择。

(7) 设定干涉检查 ▯ 设定在仿真过程中需要检查的干涉情况。

- 从不进行干涉检查　只仿真刀具切削过程，不进行刀具干涉检查。
- 仅算出报告　仿真时不产生干涉报警，只在报告中显示干涉信息。
- 仅在 G00 干涉时　检查在快速移动中与毛坯发生干涉的部分。
- G00 夹具干涉时　检查在刀柄、夹具中与毛坯发生干涉的部分。
- G00 干涉 + 夹具干涉　检查在快速移动中的干涉和加工过程中的卡具干涉。
- 无效刃切削时　检查无效刃切削中，与毛坯发生的干涉。
- 仅夹具干涉时　检查在加工过程中夹具与毛坯的干涉。
- 夹具干涉 + 无效刃切削时　检查在加工过程中的夹具干涉和无效刃切削。
- 仅无效刃　只检查在加工过程中的无效刃切削。
- 强行无效刃切削 + 夹具干涉　检查在加工过程中的无效刃切削和夹具干涉情况。

(8) 改变毛坯设定 ▯ 重新设定毛坯大小。

(9) 和产品形状比较显示 ▯ 产品形状和切削后的毛坯形状分颜色比较显示。切削残余量根据数值的不同以对应的颜色区分显示。相同形状为绿色、切削残余多为冷色系、过切部分多为暖色系。颜色区分的基准值由"基准值"选项控制。

(10) 基准值 ▯ 设定为实现产品形状分颜色显示的基准值。

第七节　轨迹树操作

轨迹树记录了加工轨迹生成过程中的所有参数，包括刀具参数、加工图形、加工参数等。如需对加工轨迹进行编辑，只需在轨迹树中重设参数即可。

一、轨迹重置

1．功能

加工轨迹的参数发生改变后，利用新参数对加工轨迹进行重生成。

2．操作

（1）在轨迹树中拾取一个或多个轨迹后，点击鼠标右键，在弹出的快捷菜单中选择"轨迹重置"命令，如图 6-32 所示。

（2）系统按轨迹树中选中轨迹的顺序，重新计算各个轨迹。

3．说明

（1）轨迹参数改变后，系统会提示用户"加工参数已被改变，需要立即重新生成轨迹吗？"，单击 是(Y) 按钮，系统立即进行轨迹重置操作。

（2）如果没有即时对加工轨迹进行重置，则系统在轨迹图标左上角显示一方形标记，表示轨迹参数发生了改变，而结果（轨迹数据）并没有做相应的改变，提醒用户该轨迹需要调用"轨迹重置"命令重新生成轨迹数据，使原因与结果一致。

二、轨迹移动

1．功能

调整所选轨迹在树中的位置和先后次序。

2．操作

（1）在轨迹树中拾取一个或多个轨迹。

（2）按住鼠标左键，拖动鼠标到轨迹树中需要的位置后松开，如图 6-33 所示。

图 6-32　轨迹重置操作

图 6-33　移动轨迹操作

3．说明

轨迹在轨迹树中的先后顺序很重要，它决定了生成的数控加工代码的工步顺序。

三、轨迹参数复制

1．功能

将所选轨迹的加工参数复制到相同类型的轨迹中。

2．操作

（1）在轨迹树中拾取一个轨迹的加工参数项。

（2）按住鼠标左键，拖动鼠标到轨迹树中需要的轨迹后松开，如图 6-34 所示。

图 6-34　加工参数复制操作

图 6-35　刀具参数复制操作

（3）如果两个轨迹的加工参数不同，系统会询问用户是否用新的参数替换旧参数并重新生成轨迹。

四、刀具参数复制

1. 功能

将所选轨迹的刀具复制到其他轨迹中。

2. 操作

（1）在轨迹树中拾取刀具库或某一加工轨迹的刀具参数项。

（2）按住鼠标左键，拖动鼠标到轨迹树中需要的轨迹后松开，如图 6-35 所示。

（3）如果两个轨迹的刀具参数不同，系统会询问用户是否用新的刀具参数替换旧刀具参数并重新生成轨迹。

3. 说明

铣刀参数和钻头参数不能相互复制，由系统保证。

第八节　后置处理

利用 CAXA 制造工程师提供的后置处理功能，可将系统生成的二轴或三轴加工轨迹，转化为数控机床能够识别的 G 代码指令。针对不同的机床控制系统，CAXA 制造工程师提供了后置设置功能，可以根据数控系统的不同编码格式要求，设置不同的机床参数和特定的程序格式。同时，可以自动添加符合编码要求的程序头、程序尾和换刀部分的代码段，以保证生成的 G 指令可以直接输入数控机床用于加工。

后置处理模块包括后置设置、后置处理设置、生成 G 代码、校核 G 代码和生成加工工艺单等功能。

一、后置设置

后置设置就是针对不同的机床、不同的数控系统，设置特定的数控代码、数控程序格式及参数，并生成配置文件。生成数控程序时，系统根据该配置文件的定义，生成特定代码格式的加工指令。后置设置对话框如图 6-36 所示。

（一）选择机床

1. 当前机床

单击"当前机床"列表框，在当前已有的机床中选择一种机床，即可对机床的各种指令地址进行设置，单击 确定 按钮，系统在生成 NC 程序时，将按此机床格式生成加工指令。

2. 增加机床

单击 增加机床 按钮，在弹出的输入框内输入机床名称，确定后即可对机床的各种指令地址进行设置。

3. 删除当前机床

单击 删除当前机床 按钮，将当前机床删除。

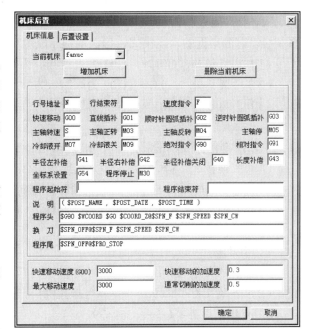

图 6-36 "机床后置"对话框

（二）机床参数设置

以 FANUC 系统为例，说明参数配置含义及方法（FANUC 系统的 G、M 代码表参见附录）。

1. 行号地址<N××××>

一个完整的数控程序由许多程序段组成，每一个程序段前有一个程序段号，即行号地址。系统可以根据行号识别程序段。如果程序过长，还可以通过调用行号，很方便地把光标移到所需的程序段。符号可以连续递增，也可以间隔递增。间隔行号比较灵活方便，可以随时插入程序段，对源程序进行修改，而无需改变后续符号。

各种数控系统对行号的要求是不一样的。有的数控系统必须要行号，而且对行号的位数、格式等也有具体的要求。有的数控系统可以不要行号，这样可以减少 G 代码文件的长度。这些内容在行号设置中都给出了相应选项，可以根据系统要求，灵活运用。

2. 行结束符<；>

在数控程序中，一行数控代码就是一个程序段。数控程序一般以特定的符号作为程序段的结束标志。不同的数控系统，程序段结束符一般也不相同，如有的系统结束标志是"*"，有的是"#"。

3. 速度指令<F××>

F 指令表示速度进给，如 F100 表示进给速度为 100 mm/min。

4. 快速移动<G00>

G00 是快速移动指令，快速移动的速度由系统控制参数控制。用户不能通过给指令赋值改变移动速度，但可以用控制面板上的"倍速/衰减"控制开关，控制快速移动速度，也可以直接修改系统参数。

5. 插补方式控制

插补就是把空间曲线分解为 X、Y、Z 各个方向的很小的曲线段，然后以微元化的直线段去逼近空间曲线。数控系统都提供直线插补和圆弧插补，其中圆弧插补又可分为顺圆插补和逆圆插补。

231

插补指令都是模态代码,即只要指定一次功能代码格式,在后续的程序段就不需再次指定,系统会以前面最近的功能模式,确认本程序段的功能(除非重新指定同组的其他功能代码)。

(1)直线插补<G01>　G01为直线插补指令。

(2)顺圆插补<G02>　G02为顺时针方向圆弧插补指令。

(3)逆圆插补<G03>　G03为逆时针方向圆弧插补指令。

6. 主轴控制指令

主轴控制包括主轴的启停、主轴转向、主轴转速。

(1)主轴转速<S×××>　S指令表示主轴转速。如S800,表示主轴转速为800 r/min。

(2)主轴正转<M03>　主轴以顺时针方向旋转。

(3)主轴反转<M04>　主轴以逆时针方向旋转。

(4)主轴停<M05>　停止主轴转动。

7. 冷却液开关控制指令

(1)冷却液开<M07>　打开冷却液阀门开关,开始开放冷却液。

(2)冷却液关<M09>　关掉冷却液阀门开关,停止开放冷却液。

8. 坐标系设置<G54～G59/G92>

系统根据用户设置的工件坐标系,通过坐标指令进行调用。

9. 绝对尺寸与增量尺寸指令

用于确定坐标值是绝对的还是相对的。

(1)绝对指令<G90>　将系统设置为绝对编程模式。

(2)相对指令<G91>　将系统设置为相对编程模式。

10. 刀具补偿

刀具补偿包括刀具半径补偿和刀具长度补偿。

(1)半径左补偿<G41>　刀具轨迹以刀具进给方向为正方向,沿轮廓线左边让出一个刀具半径的偏移量。

(2)半径右补偿<G42>　刀具轨迹以刀具进给方向为正方向,沿轮廓线右边让出一个刀具半径的偏移量。

(3)半径补偿关闭<G40>　取消刀具半径补偿。

(4)长度补偿<G43/G44>　一般用于刀具轴向(Z方向)的补偿,它使刀具在Z方向上的实际位移量,比程序给定值增加或减少一个偏移量。

11. 程序停止<M30>

程序停止指令M30将结束整个程序的运行。

(三)速度设置

该项设置的速度及加速度值主要用于输出工艺清单上的加工时间所用。

(1)快速移动速度(mm/min)　X轴、Y轴、Z轴快进速度。必须符合具体的机床规格,不确定时参照切削进刀的最大速度。

(2)最大移动速度(mm/min)　X轴、Y轴、Z轴可指定的最大切削速度。必须符合具体的机床规格。

(3)快速移动的加速度(G)　X轴、Y轴、Z轴快速进刀时的加速度。设定快速进刀的加速度,一般为一个比较合理的相对切削进刀加速度低的值,必须符合具体的机床规格。

（4）通常切削的加速度（G） X 轴、Y 轴、Z 轴切削进刀时的最大加速度。必须符合具体的机床规格。

现行的加工机床切削进刀加速度如下。

小型超高速机床：1G；小型普通机床：0.3～0.4G；大型机床：0.1～0.3G。

（四）程序格式设置

CAXA 制造工程师可进行数控铣床和加工中心的自动编程，两种设备的编程没有本质区别。因为加工中心比数控铣床多了自动换刀装置，在 NC 程序中需将多个用于数控铣床的加工程序连接起来，加上自动换刀的程序段，即可应用于加工中心。

为满足这两种数控设备对程序的格式要求，CAXA 制造工程师提供了程序格式设置功能，可以设置特定的程序头、程序尾和换刀部分的程序格式，以保证所生成的程序能够直接用于数控铣床和加工中心的加工，而不需在生成加工程序后手工修改或添加。

1. 设置方法

系统使用宏指令或字符串设置程序格式。系统提供的宏指令见表6-1。

表 6-1　宏指令及其含义

宏指令含义	宏指令	宏指令含义	宏指令
当前后置文件名	POST_NAME	XY 平面定义	G17
当前程序号	POST_CODE	XZ 平面定义	G18
当前日期	POST_DATE	YZ 平面定义	G19
当前时间	POST_TIME	绝对指令	G90
当前加工参数信息	PARA_MSG	相对指令	G91
系统规定的刀具号	TOOL_NO	刀具半径左补偿	DCMP_LFT（G41）
当前刀具信息	TOOL_MSG	刀具半径右补偿	DCMP_RGH（G42）
长度补偿号	COMP_NO	刀具半径补偿取消	DCMP_OFF（G40）
主轴速度	SPN_SPEED	刀具长度正补偿	LCMP_LEN（G43）
当前 X 坐标值	COORD_X	刀具长度负补偿	LCMP_SHT（G44）
当前 Y 坐标值	COORD_Y	刀具长度补偿取消	LCMP_OFF（G49）
当前 Z 坐标值	COORD_Z	坐标设置	WCOORD（G54/G59）
行号指令	LINE_NO_ADD	主轴正转	SPN_CW（M03）
行结束符	BLOCK_END	主轴反转	SPN_CCW（M04）
速度指令	FEED	主轴停	SPN_OFF（M05）
快速移动	G0	主轴转速	SPN_F（S）
直线插补	G01	冷却液开	COOL_ON（M07/M08）
顺圆插补	G02	冷却液关	COOL_OFF（M09）
逆圆插补	G03	程序停止	PRO_STOP（M30）

2. 程序说明

说明部分是对程序名称、编制日期、时间等有关信息所作的记录，是为了管理需要而设置的。

3. 程序头

针对特定的数控机床来说，其数控程序的开头部分都是相对固定的，包括一些机床信息，如机床回零、工件零点设置、主轴启动及冷却液开启等。

4. 换刀

换刀指令通知系统换刀，其程序格式也是相对固定的，可将换刀所涉及的动作在此位置定义，如返回换刀点、换刀、进行长度补偿等。

二、后置处理设置

后置处理设置就是针对特定的机床，结合已经设置好的机床配置，对后置输出的数控程序格式，如程序段行号、程序大小、数据格式、编程方式等进行设置。"后置处理设置"选项页对话框如图6-37所示。

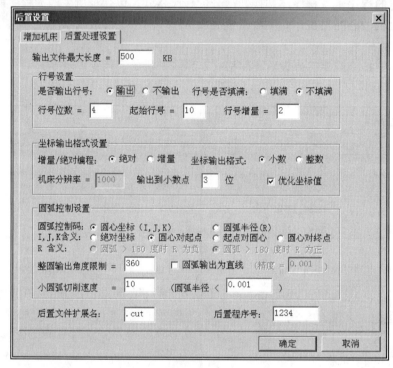

图6-37 "后置处理设置"选项页

1. 文件长度控制

输出文件长度可以对数控程序的大小进行控制，文件大小控制以KB为单位。当输出的代码文件长度大于规定长度时，系统自动分割文件。

2. 行号设置

程序段行号设置包括行号的位数、行号是否输出、行号是否填满、起始行号及行号递增数值等。

（1）是否输出行号　选中行号输出，则在数控程序中的每一个程序段前面输出行号，反之亦然。

（2）行号是否填满　行号不足规定的行号位数时是否用"0"填充。行号填满就是在不足所要求的行号位数的前面补零。

（3）行号位数　程序段行号的位数。

(4) 起始行号 起始程序段的行号数值。

(5) 行号增量 程序段行号之间的间隔。应选取适中的递增数值，这样有利于程序的管理。

3. 坐标输出格式设置

(1) 增量/绝对编程 可选择使用绝对编程（G90）方式或相对编程（G91）方式。

(2) 坐标输出格式 决定数控程序中数值的格式是小数输出还是整数输出。

● 机床分辨率 机床的加工精度。现代机床的精度通常是 0.001 mm，则分辨率设置为 1000。

● 输出到小数点 程序段中的坐标值的位数，该值不能超过机床精度，否则没有实际意义。

(3) 优化坐标值 在输出的 G 代码中，若坐标值的某分量与上一次相同，则系统将此分量坐标值删除，而不在 G 代码中重复出现。因坐标值具有自保持功能，优化坐标值后，将使程序变小，可起到方便传输、增加程序可读性的作用。

4. 圆弧控制设置

(1) 圆弧控制码 选择圆弧控制方式。

① 圆心坐标 采用圆心编程方式控制圆弧。

● 绝对坐标 采用绝对编程方式，圆心坐标（I、J、K）的坐标值为相对于工件坐标系的绝对值。

● 圆心对起点 I、J、K 为圆心坐标，相对于圆弧起点的增量值。

● 起点对圆心 I、J、K 为圆弧起点坐标，相对于圆心坐标的增量值。

● 圆心对终点 I、J、K 为圆心坐标，相对于圆弧终点坐标的增量值。

② 圆弧半径 采用半径编程方式编制圆弧。使用半径正、负区别圆弧是劣弧还是优弧。

(2) 整圆输出角度限制 绝大多数机床没有整圆角度限制。缺省值为 360。个别机床对整圆不能识别，此时需将整圆打散成几段，若整圆输出角度限制为 90°，则将整圆打散为四段。

(3) 圆弧输出为直线 将圆弧按精度离散成直线段输出。个别机床不能识别圆弧，需将圆弧离散成直线。

精度：圆弧离散成直线的离散精度。该值如设置过高，将可能导致因传送速度而造成断续切削。

(4) 小圆弧切削速度 在数控程序中对小圆弧进行降速处理。

圆弧半径：设置小圆弧的范围。

5. 扩展名控制和后置设置编号

(1) 后置文件扩展名 控制所生成的数控程序文件名的扩展名。有些机床对数控程序要求有扩展名，有些机床没有这个要求，应视不同的机床而定。

(2) 后置程序号 记录后置设置的程序号，不同的机床其后置设置不同，所以采用程序号来记录这些设置。以便于用户日后使用。

说明：CAXA 制造工程师的机床信息和后置设置参数存放于 CAXA 制造工程师安装目录下的 Post 子目录下，文件名为 "*.set" 和 "*.cfg"（*为对应的当前机床名称）。可将其备份，并可复制到其他计算机上使用。

三、生成 G 代码

1. 功能

按照当前机床类型的配置要求，把已经生成的刀具轨迹转化生成 CNC 数控程序。

2. 操作

（1）单击【加工】→【后置处理】→【生成 G 代码】命令，系统弹出"选择后置文件"对话框，在对话框中选择后置文件的放置目录，键入文件名，单击 保存(S) 按钮。

（2）在绘图区中按加工的先后顺序拾取加工轨迹，拾取结束后点击鼠标右键，系统弹出所生成的程序文件。

四、校核 G 代码

1. 功能

将生成的 G 代码文件反读过来，生成刀具轨迹，以检查生成的 G 代码的正确性。

2. 操作

（1）单击【加工】→【后置处理】→【校核 G 代码】命令，系统弹出"选择后置文件"对话框，在对话框中选择后置文件，单击 打开(O) 按钮。

（2）系统弹出"圆弧圆心的 I, J, K 含义"对话框，在对话框中选择圆弧控制方式，单击 确定 按钮，在绘图区中显示由 G 代码文件反读出来的加工轨迹。

3. 说明

（1）刀位校核只用来对 G 代码的正确性进行检验，由于精度等方面的原因，系统无法保证其精度，所以应避免将反读出的加工轨迹重新输出。

（2）校对加工轨迹时，如果存在圆弧插补，则系统要求选择圆心的坐标编程方式，应正确选择对应的形式，否则会导致错误。

五、生成加工工艺单

1. 功能

以 HTML 格式生成加工轨迹明细单，便于机床操作者对 G 代码程序的使用，便于对 G 代码程序的管理。

2. 操作

（1）单击【应用】→【后置处理】→【生成工序单】命令，系统弹出"选择 HTML 文件名"对话框，在对话框中选择后置文件的放置目录，键入文件名，单击 保存(S) 按钮。

（2）在绘图区中按加工的先后顺序拾取加工轨迹，拾取结束后点击鼠标右键，系统弹出所生成的 HTML 格式的加工工艺单。

【例 1】 一使用 FANUC18M 数控系统的三轴立式加工中心，其完整的编程格式如图 6-38 所示。试为其编写其后置设置。

设置方法如下。

（1）增加机床。单击【应用】→【后置处理】→【后置设置】命令，系统弹出"机床后置"对话框，如图 6-36 所示。在"机床信息"选项页内单击 增加机床 按钮，在弹出的输入框内键入"FANUC18M"，单击 确定 按钮，完成操作。

（2）设置机床参数。如图 6-39 所示添加参数，其余参数不需修改。

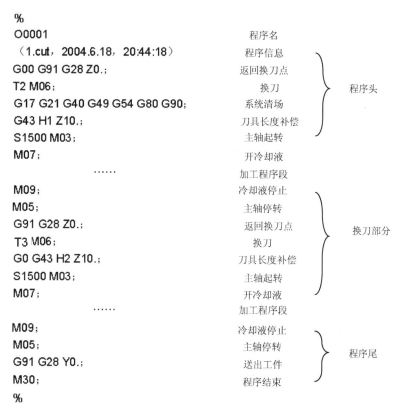

图 6-38 某使用 FANUC 系统的加工中心的编程格式

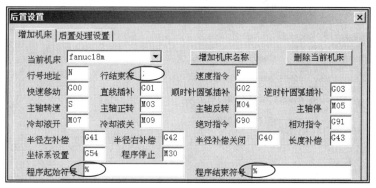

图 6-39 设置机床参数

说明：所有的输入不可在中文输入法状态下进行。

（3）修改程序头。修改源程序头语句"$G90 $WCOORD $G0 $COORD_Z@$SPN_F $SPN_SPEED $SPN_CW"，添加换刀、系统清场、长度补偿并打开冷却液，修改后的程序头为："$G0 $G91 G28 Z0. @T $TOOL_NO M06 @$G17 G21 $DCMP_OFF $LCMP_OFF $WCOORD G80 $G90 @$G00 $LCMP_LEN H $COMP_NO $COORD_Z@$SPN_F $SPN_SPEED $SPN_CW @$COOL_ON"。

提示："$TOOL_NO"为刀号的宏指令，系统将根据加工所使用的刀具调用刀库中的刀具号，而不能通过指定一个确定的刀具号调用刀具；同样，"$COMP_NO"为长度补偿号的宏指令，不能通过指定数值调用长度补偿。

（4）修改换刀。修改原换刀语句"$SPN_OFF@$SPN_F $SPN_SPEED $SPN_CW

$COMP_NO",添加返回换刀点、换刀、长度补偿和冷却液打开,修改后的换刀语句为:"$COOL_OFF @$SPN_OFF @ $G91 G28 Z0. @T $TOOL_NO M06 @ $G0 $LCMP_LEN H $COMP_NO $COORD_Z @$SPN_F $SPN_SPEED $SPN_CW @$COOL_ON"。

(5)修改程序尾。修改源程序尾语句"$SPN_OFF@$PRO_STOP",添加送出工件语句,以方便测量及装卸,修改后的程序尾为:"$COOL_OFF @$SPN_OFF @$G91 G28Y0.@$PRO_STOP"。

(6)验证绘制后置设置的正确性。验证步骤如下。

① 以 XY 面为当前平面,绘制一以原点为中心的 100×80 矩形,单击【应用】→【轨迹生成】→【平面轮廓加工】命令,系统弹出"平面轮廓加工参数表"对话框,不要改变任何参数,单击 确定 按钮。在绘图区中拾取任一条图线,选择外方向,两次点击鼠标右键,生成刀具轨迹;采用同样方法,在轮廓的内方向生成加工轨迹。按 F8 键,查看轨迹形状。

② 生成 G 代码。单击【应用】→【后置处理】→【生成 G 代码】命令,在弹出的对话框中选择保存目录,键入文件名,单击 确定 按钮,在绘图区中拾取两端加工轨迹,生成加工程序。

③ 检验程序格式。系统弹出加工轨迹清单,如图 6-40 所示,查看程序头、程序尾和换刀部分语句。

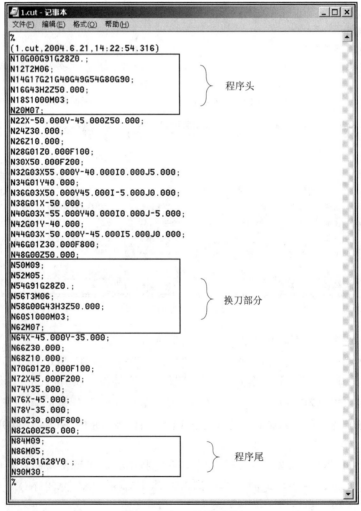

图 6-40 加工轨迹清单

思考与练习（六）

一、思考题

（1）数控加工具有哪些特点？

（2）CAXA 制造工程师可进行哪两种数控设备的自动编程？这两种数控机床的 NC 程序有何异同？

（3）在进行数控铣削加工时，应如何选择刀具？

（4）如何由切削用量表计算机床的主轴转速和进给速度？

（5）什么是后置处理？其作用是什么？

（6）为什么在进行程序格式设置时要使用宏指令，而不是直接使用 G、M 指令？

（7）何为二轴半加工？何为三轴加工？各适用哪些场合？

二、填空题

（1）一个完整的程序由_____、_____、_____三部分组成。

（2）CAXA 制造工程师支持的刀具类型包括_____、_____、_____和_____。

（3）后置处理模块包括_____、_____、_____和_____功能。

（4）铣削速度是指铣刀_____处切削刃的线速度；铣削深度是指_____于铣刀轴线方向所测得的切削层尺寸；铣削宽度是指_____于铣刀轴线方向所测得的切削层尺寸。

三、上机操作题

（1）一使用 SIEMENS 802S 系统的数控铣床，其编程格式如题图 6-1 所示，其中"001"为程序名，请为该机床编写后置设置。

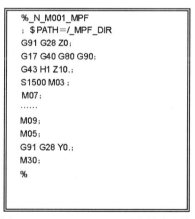

题图 6-1　SIEMENS 802S 系统的编程格式

（2）试将图 6-9 所示的矩形轮廓加工程序以文本文件格式保存，然后利用 CAXA 制造工程师的"校核 G 代码"功能查看加工轨迹，并比较 G 代码文件的实际加工轨迹和由 G 代码文件反读出来的加工轨迹之间的异同。

第七章　二维铣削自动编程

在数控加工中，质量和安全是至关重要的。数控加工的自动化程度高，数控机床的运动完全依靠数控程序控制，自适应能力低，一旦出现问题，很难现场纠正。平面加工类 NC 程序多数可以手工编制，但对一些轮廓相对复杂的零件进行手工编程时，计算量大、程序编制困难，并且容易出现错误，而自动编程则很好地解决了这些问题。

自动编程是利用 CAM 软件，以人机交互方式进行 NC 程序的编制。程序的调整直观、方便，所有的运算由计算机来完成，可保证程序的编制快速、准确。基于使用 CAM 软件进行自动编程具有诸多优点，现已成为数控编程的主要手段。利用 CAXA 制造工程师所提供的二维铣削功能，可编制出任何复杂形状的零件的 NC 程序。

第一节　基本概念和通用参数设置

一、刀具轨迹和刀位点

刀具轨迹是系统按给定工艺要求生成的、对给定加工图形进行切削时刀具行进的路线。刀具轨迹由一系列有序的刀位点和连接这些刀位点的直线（直线插补）或圆弧（圆弧插补）所组成，如图 7-1 所示。CAXA 制造工程师的刀具轨迹，绝大多数是按刀尖的位置来显示和输出的。

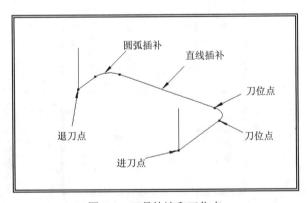

图 7-1　刀具轨迹和刀位点

二、加工余量与加工误差

1. 加工余量

铣削加工是一个去除余量的过程，即从毛坯开始逐步除去多余的材料，以得到需要的零件。这种过程往往由粗加工和精加工构成，必要时还可进行半精加工，即需要经过多道工序的加工。在前一道工序中，往往需要给下一道工序留下一定的加工余量。

2. 加工误差

加工误差是指刀具轨迹和实际加工模型之间的偏差，如图 7-2 所示。

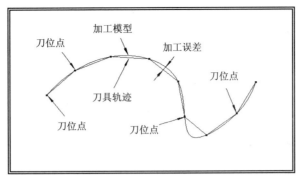

图 7-2　加工误差示意

在两轴加工中,对于直线和圆弧的加工,系统直接调用 G01 和 G02（G03）生成加工轨迹,因而不存在加工误差。对于样条曲线的加工,系统使用折线段逼近样条线,然后调用 G01 生成加工轨迹。加工误差是指用折线段逼近样条线时的误差。用户可通过控制相应加工方法的加工精度值来控制加工误差,系统保证刀具轨迹和加工模型之间的加工误差,不大于所设定的加工精度值。需要注意的是,加工精度越高,折线段越短,加工代码越长。

通常来讲,使用圆弧逼近样条线会有较好的精度和较少的曲线段数。如果需要,可手工进行样条线的离散化操作。操作方法为:单击"样条→圆弧"按钮,在立即菜单中设置离散方式和精度后,拾取样条线,即可将样条线离散为多段圆弧线。

在生成刀具轨迹时,应根据实际加工精度要求给定加工误差。如进行粗加工时,加工误差可以设置得大一些,以防止加工效率的降低。需要注意的是,加工误差的值不要大于加工余量,否则可能造成过切;在进行精加工时,则应根据加工精度要求设置加工误差。

三、轮廓、区域和岛

1. 轮廓

轮廓是一系列首尾相接曲线的集合,如图 7-3 所示。

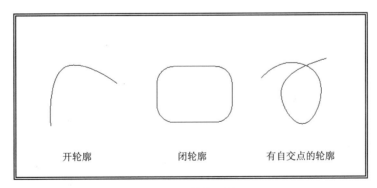

图 7-3　轮廓示例

在进行数控编程、交互指定待加工图形时,常需要指定图形的轮廓,用来界定被加工的区域或被加工的图形本身。如果轮廓是用来界定被加工区域的,则要求指定的轮廓是闭合的;如果加工的是轮廓本身,则轮廓可以不闭合。

CAXA 制造工程师将用户指定的轮廓投影到当前坐标系的当前平面,所以组成轮廓的曲

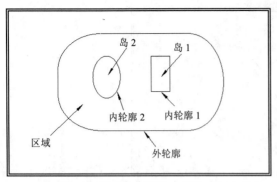

图 7-4 轮廓、区域与岛的关系

线可以是空间曲线，但要求指定的轮廓不应有自交点。

2. 区域和岛

区域是指由外轮廓和内轮廓所围成的中间部分的区域。其中外轮廓用来界定区域的外部边界，内轮廓用来界定加工区域的内部边界。

岛是指由内轮廓所围成的区域，由内轮廓来界定其边界。

区域和岛共同指定了待加工的区域。岛用来屏蔽其内部不需加工或需保护的部分，区域则是需要加工的部分。轮廓、区域和岛的关系，如图 7-4 所示。

四、切削用量

切削用量用来定义加工过程中的各种速度、高度参数及刀具切入参数，是所有加工方式的通用参数。

切削用量参数的含义，如图 7-5 所示。

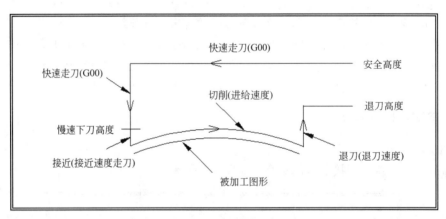

图 7-5 切削用量示意

1. 切削速度

在每一种加工方式中，都需要定义切削速度，如图 7-6 所示。切削速度与机床性能、工件的材质、刀具的材质、工件的加工精度和表面粗糙度要求等密切相关，在不同的加工条件下，会有很大的差异。

（1）主轴转速　切削时机床主轴的转动速度（r/min）。

（2）慢速下刀速度　从慢速下刀高度切入工件前刀具行进的速度（mm/min）。

（3）切削速度　正常切削时刀具行进的线速度（mm/min）。

（4）切入切出连接速度　刀具在两个刀具行连接处的行进速度。用于有往复加工的加工方式中。避免在顺、逆铣的变换过程中，机床的进给方向产生急剧变化，而对机床、刀具及工件造成损坏。此速度一般应小于进给速度。

（5）退刀速度　刀具离开工件回到安全高度时刀具行进的速度。

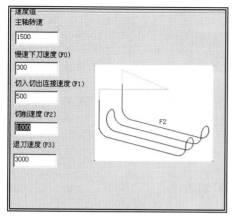

图 7-6 切削速度参数

图 7-7 高度设置

2. 高度设置

设定加工过程中的各种高度值，如图 7-7 所示。合理地设置高度值才能保证既安全又高效地进行数控加工。

（1）安全高度　刀具快速移动而不会与毛坯或模型发生干涉的高度。有相对与绝对两种模式，单击相对按钮或绝对按钮可以实现二者的互换。

● 相对　以切入或切出或切削开始或切削结束位置的刀位点为参考点。

● 绝对　以当前加工坐标系的 XOY 平面为参考平面。

● 拾取　单击后可以在工作区选择安全高度的绝对位置高度点。

（2）慢速下刀距离　在切入或切削开始前的一段刀位轨迹的位置长度，刀具快速下刀（G00）到相对高度位置，然后以接近速度下刀到加工位置。这段轨迹以慢速下刀速度垂直向下进给。

● 相对　以切入或切削开始位置的刀位点为参考点。

● 绝对　以当前加工坐标系的 XOY 平面为参考平面。

● 拾取　单击后可以从工作区选择慢速下刀距离的绝对位置高度点。

（3）退刀距离　在切出或切削结束后的一段刀位轨迹的位置长度，这段轨迹以退刀速度垂直向上进给。

● 相对　以切出或切削结束位置的刀位点为参考点。

● 绝对　以当前加工坐标系的 XOY 平面为参考平面。

● 拾取　单击后可以从工作区选择退刀距离的绝对位置高度点。

五、进、退刀参数

指定每一刀次的进、退刀方式，避免刀具的碰撞，并得到好的接刀口质量。接近返回参数表如图 7-8 所示。

1. 接近方式（进刀方式）

（1）不设定　刀具在工件的第一个切削点处

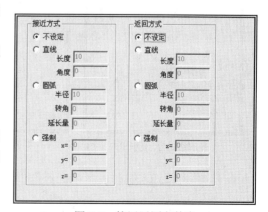

图 7-8 接近返回参数表

直接开始切削。

(2) 直线　刀具沿直线方向向工件的第一个切削点前进。
- 长度　进刀直线的长度。
- 角度　进刀直线与轨迹切向的夹角。

(3) 圆弧　刀具沿与轨迹相切的 1/4 圆弧，向工件的第一个切削点前进。
- 半径　进刀圆弧的半径。
- 转角　延长直线与圆弧的夹角。
- 延长量　延长直线的长度。

(4) 强制　刀具从给定点向工件的第一个切削点前进。

2. 返回方式（退刀方式）

(1) 不设定　刀具从工件的最后一个切削点直接退刀。

(2) 直线　刀具沿直线方向从工件的最后一个切削点退刀。
- 长度　退刀直线的长度。
- 角度　退刀直线与轨迹切向的夹角。

(3) 圆弧　刀具沿与轨迹相切的 1/4 圆弧，从工件的最后一个切削点退刀。
- 半径　进刀圆弧的半径。
- 转角　延长直线与圆弧的夹角。
- 延长量　延长直线的长度。

(4) 强制　刀具从工件的最后一个切削点向给定点退刀。

各种进、退刀方式如图 7-9 所示。

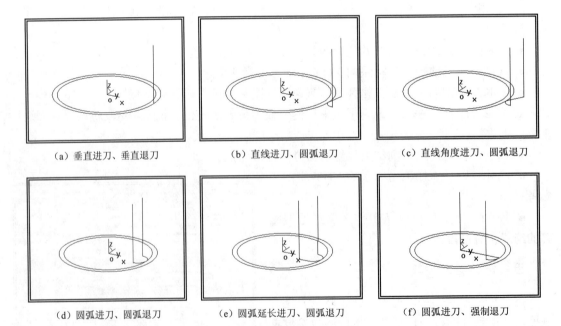

(a) 垂直进刀、垂直退刀　　(b) 直线进刀、圆弧退刀　　(c) 直线角度进刀、圆弧退刀

(d) 圆弧进刀、圆弧退刀　　(e) 圆弧延长进刀、圆弧退刀　　(f) 圆弧进刀、强制退刀

图 7-9　进、退刀方式示意

说明：进退刀方式对接刀部分的表面质量影响很大，应根据工件装夹的情况，选择一种容易下刀、避免碰撞，又能保证表面质量的下刀方式。

六、下刀方式

下刀方式是指刀具切入毛坯或在两个切削层之间,刀具从上一轨迹层切入下一轨迹层的走刀方式。下刀方式参数如图 7-10 所示。

1. 切入方式

(1) 垂直方式 在两个切削层之间,刀具从上一层沿 Z 轴方向直接切入下一层。

(2) 螺旋方式 在两个切削层之间,刀具从

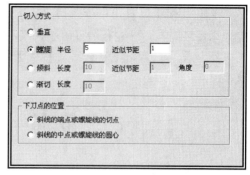

图 7-10 下刀方式参数

上一层的高度沿螺旋线以渐进的方式切入工件毛坯,直到下一层的高度,然后开始切削。

- 半径 螺旋线的半径。
- 近似节距 每旋转一圈,刀具下降的高度。

(3) 倾斜方式 在两个切削层之间,刀具从上一层的高度沿斜向折线渐进切入工件毛坯,直到下一层的高度,然后开始切削。

- 长度 折线在 XY 面投影线的长度。
- 近似节距 刀具每折返一次,刀具下降的高度。
- 角度 折线与进刀段的夹角。

(4) 渐切 在两个切削层之间,刀具从上一层的高度沿斜线渐进切入工件毛坯,直到下一层的高度,然后开始切削。

2. 下刀点的位置

(1) 斜线的端点或螺旋线的切点 以倾斜方式下刀时,下刀点是斜线的端点;以螺旋线下刀时,下刀点是螺旋线的切点。

(2) 斜线的中点或螺旋线的圆心 以倾斜方式下刀时,下刀点是斜线的中点;以螺旋线下刀时,下刀点是螺旋线的圆心。

各种下刀方式如图 7-11 所示。

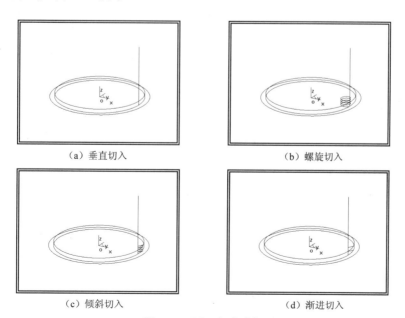

(a) 垂直切入　　(b) 螺旋切入

(c) 倾斜切入　　(d) 渐进切入

图 7-11 下刀方式示意

说明：① 如果使用中心无切刃的端刀，在没有预钻工艺孔的情况下，使用垂直切入方式有可能撞坏刀具；中心有切刃的端铣刀，可以直接下刀，但对于较硬的材料仍不建议采用垂直下刀方式。② 倾斜下刀和螺旋下刀可在不预钻工艺孔的情况下用端刀直接下刀，从而提高效率。

第二节　平面轮廓精加工

一、功能

平面轮廓精加工是生成沿平面轮廓线方向的加工轨迹。它主要用于加工外形及开槽，由于可以指定拔模斜度，故属于二轴半加工方式。平面轮廓精加工参数如图7-12所示。

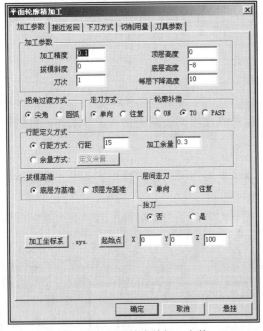

图7-12　平面轮廓精加工参数

二、加工参数

1. 加工参数

（1）加工精度　刀具轨迹（由直线与圆弧拟合而成）和实际加工模型（轮廓）的允许最大偏差。对两轴加工来说，加工误差是用折线段逼近样条时的误差。加工精度越高，折线段越短，加工代码越长。

（2）拔模斜度　二轴半加工时轮廓具有的倾斜度。与拔模基准配合使用。

（3）刀次　生成的刀具轨迹的行数。

（4）顶层高度　零件被加工部分的最大高度。

（5）底层高度　零件被加工部分的最低高度，即最后一层加工轨迹所在的高度。

（6）每层下降高度　每加工完一层，加工下一层时刀具下降的高度。

通过指定这三个高度，即可定出加工的层数和每层轨迹所在的高度，实现分层的轮廓加工；结合拔模斜度，可实现具有一定锥度的分层加工。

2. 拐角过渡方式

拐角过渡就是在切削过程中遇到拐角时的处理方式。

（1）尖角　刀具从轮廓的一边到另一边的过程中，以直线的方式过渡，如图7-13(a)所示。

（2）圆弧　刀具从轮廓的一边到另一边的过程中，以圆弧的方式过渡。采用圆弧过渡可避免刀具进给方向的急剧变化，防止刀具在进入拐角处产生偏离和过切，如图7-13(b)所示。

3. 走刀方式

走刀方式是指刀具轨迹行与行之间的连接方式。

（1）单向　采用单向走刀方式时，刀具轨迹抬刀连接。刀具加工到一行刀位的终点后，

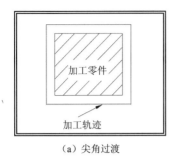
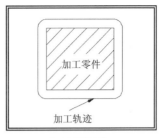

(a) 尖角过渡　　　　　　　　(b) 圆弧过渡

图 7-13　拐角过渡示意

按给定的退刀方式提刀到安全高度，再沿直线快速走刀（G0）到下一行刀位首点所在位置的安全高度。首先按给定的下刀方式下刀，然后按给定的进刀方式进刀并开始切削，如图 7-14(a) 所示。

（2）往复　采用往复走刀方式时，刀具轨迹直线连接。与单向走刀不同的是，在进给完一个行距后，刀具沿相反的方向进行加工，行间不抬刀，如图 7-14(b) 所示。

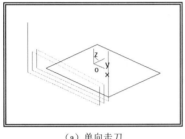
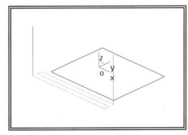

(a) 单向走刀　　　　　　　　(b) 往复走刀

图 7-14　走刀方式示意

说明：走刀方式只对开轮廓有效，对封闭轮廓不存在单向走刀和往复走刀之分。

4. 轮廓补偿

在平面加工（平面轮廓加工、平面区域加工）方式中，需要考虑刀具大小的影响，即刀具中心线相对于轮廓的偏置补偿量。

（1）ON　刀具中心线与轮廓重合，即不考虑补偿，如图 7-15(a) 所示。

（2）TO　刀具中心线不到轮廓，相差一个刀具半径，如图 7-15(b) 所示。

（3）PAST　刀具中心线超过轮廓一个刀具半径，如图 7-15(c) 所示。

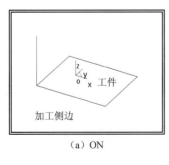

(a) ON　　　　　　　　(b) TO　　　　　　　　(c) PAST

图 7-15　轮廓补偿示意

5. 行距定义方式

行距即为每层加工中刀具的吃刀量（铣削宽度）。

（1）行距方式　确定最后加工完工件的余量及每两次加工之间的行距（吃刀量）。其中，加工余量为给下一道工序的余量。

（2）余量方式　定义每次加工完所留的余量。单击 定义余量 按钮，可利用余量定义对话框，定义每一次加工结束后所剩的余量。

6. 拔模基准

当加工的工件带有拔模斜度时，工件顶层轮廓与底层轮廓的大小不一样。用平面轮廓加工功能生成加工轨迹时，只需画出工件顶层或底层的一个轮廓形状即可，无需画出两个轮廓。"拔模基准"用来确定加工所使用的轮廓是工件的顶层轮廓还是底层轮廓。

（1）底层为基准　加工中所选的轮廓线是工件底层的轮廓。

（2）顶层为基准　加工中所选的轮廓线是工件顶层的轮廓。

7. 层间走刀

除了每层加工中的刀次有单向、往复之分，层和层之间的刀具轨迹连接也分单向和往复，单向时有抬刀，往复时加工完一层后不抬刀，而是直接进刀到下一层高度。

（1）单向走刀　采用单向走刀方式时，刀具轨迹抬刀连接。刀具加工完一层后，按给定的退刀方式提刀到安全高度，再沿直线快速走刀（G0）到下一行刀位首点所在位置的安全高度，按给定的下刀方式下刀，然后按给定的进刀方式进刀并开始切削，如图 7-16(a) 所示。

（2）往复走刀　采用往复走刀方式时，刀具轨迹直线连接。与单向走刀不同的是刀具加工完一层后，按给定的下刀方式下刀并沿着相反的方向进行加工，层间不抬刀，如图 7-16(b) 所示。

说明：与走刀方式相同，层间走刀方式只对开轮廓有效，对封闭轮廓不存在单向走刀和往复走刀之分。

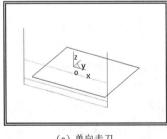
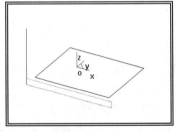

(a) 单向走刀　　　　　　　　(b) 往复走刀

图 7-16　层间走刀示意

8. 加工坐标系

生成轨迹所在的局部坐标系，单击 加工坐标系 按钮可以从工作区中拾取。

9. 起始点

刀具的初始位置和沿某轨迹走刀结束后的停留位置，单击 起始点 按钮，可以从工作区中拾取。

三、操作步骤

（1）单击"平面轮廓精加工"按钮，或单击【加工】→【精加工】→【平面轮廓精加工】命令，系统弹出"平面轮廓精加工"对话框，如图 7-12 所示。

（2）填写加工参数，完成后单击 确定 按钮。

（3）拾取轮廓线及加工方向。左键拾取轮廓线，选择加工（搜索）方向，如图 7-17(a)

所示。如果采用的是链拾取方式,则系统自动拾取首尾相连的轮廓线;如果采用单个拾取,则系统提示继续拾取轮廓线;如果采用限制链拾取方式,则系统自动拾取该曲线与限制曲线之间连接的曲线。

(4)选择加工侧边。拾取完轮廓线后,系统要求继续选择方向,如图 7-17(b) 所示。此方向表示要加工的侧边是轮廓线内侧还是轮廓线外侧。

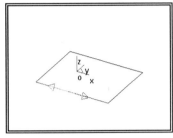
(a)拾取轮廓线及加工方向

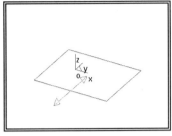
(b)选择加工侧边

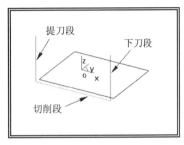
(c)生成加工轨迹

图 7-17 平面轮廓精加工轨迹生成步骤

(5)拾取进、退刀点。选择加工侧边后,系统要求选择进刀点,如果需要特别指定,使用左键拾取进刀点或键入坐标点位置,否则点击鼠标右键,使用系统默认的进刀点;采用同样方法,可指定退刀点。

(6)生成加工轨迹。完成全部选择之后,系统生成刀具轨迹。其中,粉色轨迹为下刀段、红色轨迹为提刀段、绿色轨迹为切削段,如图 7-17(c) 所示。

说明:① 轮廓线可以是封闭的,也可以是不封闭的。② 轮廓线可以是平面曲线,也可以是空间曲线。若为空间曲线,则系统将空间曲线投影到 XY 平面作为加工轮廓线。③ 拾取轮廓线时可利用工具菜单确定拾取方式。在拾取轮廓线之前或拾取过程中,单击 Space 键,系统弹出曲线拾取工具菜单,其中提供三种拾取方式,即链拾取、限制链拾取和单个拾取,选择所需的拾取方式即可。

【例 1】 生成如图 7-18 所示平面凸轮的外形精铣加工轨迹。

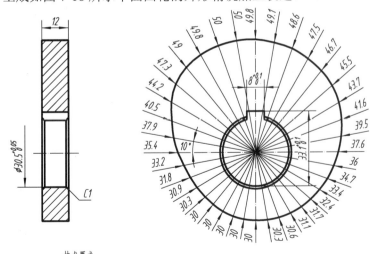

图 7-18 平面凸轮

操作步骤如下。

（1）绘制凸轮的截面轮廓。以 XY 面为当前平面绘制如图 7-19 所示的截面轮廓。

（2）生成凸轮实体造型。以 XY 面为基准面进入草图状态，单击"曲线投影"按钮，拾取截面轮廓线，生成凸轮草图；单击"拉伸增料"按钮，生成高为 12 的拉伸特征实体，单击"倒角"按钮，生成凸轮的实体造型。完成后的结果如图 7-20 所示。

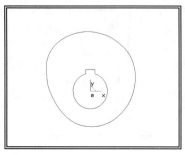
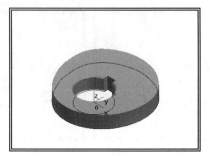

图 7-19　绘制凸轮的截面轮廓　　　　图 7-20　生成凸轮实体

（3）建立加工坐标系。单击"创建坐标系"按钮，在弹出的立即菜单中选择"单点"方式，系统提示"输入坐标系原点"，此时单击 Enter 键，在弹出的数据输入框内键入",,12"，完成后再次单击 Enter 键，系统提示"输入用户坐标系名称"，并弹出输入框，键入"MCS"，单击 Enter 键，完成操作。

（4）简化凸轮轮廓线。单击【造型】→【曲线生成】→【样条→圆弧】命令，在弹出的立即菜单中选择"弓高离散"、"离散精度：0.02"、"G1 连续"，在绘图区拾取凸轮轮廓线，系统提示"共有 50 段圆弧"，表示系统已将样条离散为圆弧；单击 Ctrl+B 组合键，拾取样条线，将其隐藏。

提示：G0 连续为曲线连续但可能不相切；G1 连续为曲线相切连续。

（5）设置加工刀具。在轨迹树中双击"刀具库"图标 刀具库：fanuc，在弹出的"刀具库管理"对话框中单击 增加刀具 按钮，系统弹出"增加铣刀"对话框，输入铣刀名称"D25R2.4"，如图 7-21 所示设置刀具参数，增加一把加工需要的可转位镶片铣刀。采用同样方法，增加一

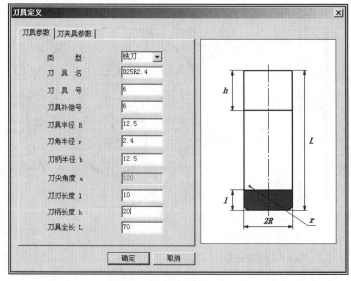

图 7-21　设置刀具 1 参数

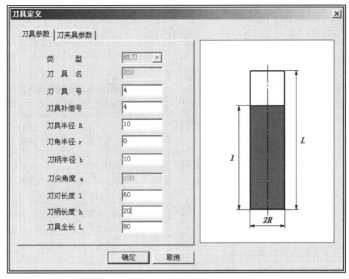

图 7-22 设置刀具 2 参数

把"D20"整体精加工铣刀,刀具参数如图 7-22 所示。

提示:① 以直径和刀角半径来表示铣刀可起到方便刀具选择的作用。如"D10r3",D 代表刀具直径,r 代表刀角半径。② 在条件允许的情况下,尽量选择直径较大的刀具,以提高加工效率;选择较短的刀具,以提高刀具加工的刚性,避免让刀。③ 在选择铣刀时,即使刀具尺寸相同,粗、精加工也应该分别使用不同的刀具。

(6) 生成粗加工轨迹。操作过程如下。

① 设置加工参数。单击"平面轮廓精加工"按钮,系统弹出"平面轮廓精加工"对话框,选择"加工参数"选项页,如图 7-23 所示设置加工参数,单击 加工坐标系 按钮,在绘图区中选择"MCS"坐标系;单击"切削用量"选项页,如图 7-24 所示设置切削用量。单击"下

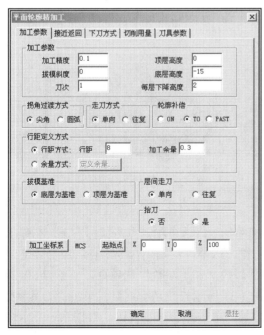

图 7-23 设置加工参数

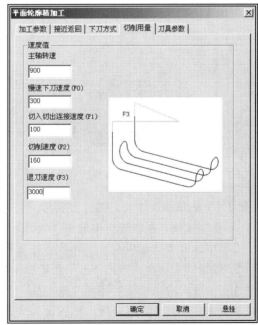

图 7-24 设置切削用量

刀方式"选项页,如图7-25所示设置参数;单击"接近返回"选项页,如图7-26所示设置参数;单击"刀具参数"选项页,选择在刀具库中定义好的D25R2.4平刀,参数设置完成后单击 确定 按钮。

图7-25 设置高度值和下刀方式

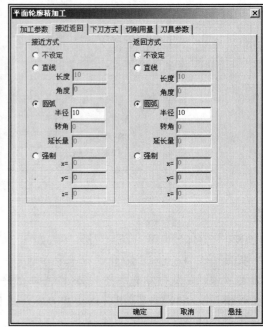

图7-26 设置进、退刀方式

② 生成加工轨迹。依状态栏提示拾取轮廓,注意观察工具状态提示,要保证其处于"链搜索"工具状态。如图7-27所示选择加工方向,以保证在加工过程中始终为顺铣;如图7-28所示选择加工侧边;两次点击鼠标右键,使用系统默认的进、退刀点,系统生成刀具轨迹,如图7-29所示。

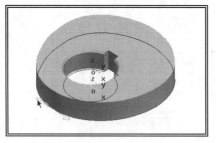

图7-27 选择加工方向

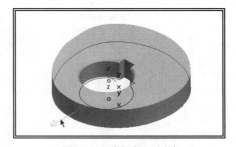

图7-28 选择加工侧边

(7) 生成精加工轨迹。操作过程如下。

① 复制轨迹。在轨迹树中选中"1-平面轮廓精加工"轨迹项,点击鼠标右键,在弹出的快捷菜单中选择"拷贝"命令,再次点击鼠标右键,选择"粘贴"命令,复制加工轨迹。

② 编辑轨迹参数。双击"2-平面轮廓精加工"的"加工参数"选项页,如图7-30所示修改加工参数,单击"切削用量"选项页,如图7-31所示修改切削用量;单击"刀具参数"选项页,双击"D20"刀具项,将其设为当前刀具,单击 确定 按钮,根据系统提示进行轨迹重置,生成精加工轨迹如图7-32所示。

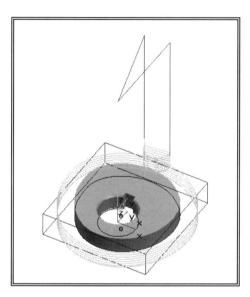

图 7-29 生成刀具轨迹

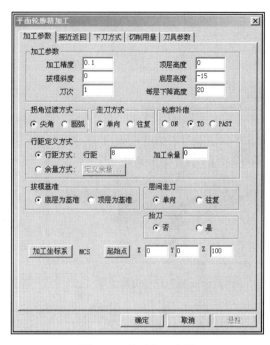

图 7-30 修改加工参数

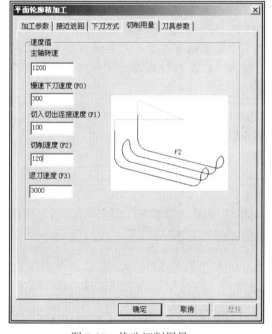

图 7-31 修改切削用量

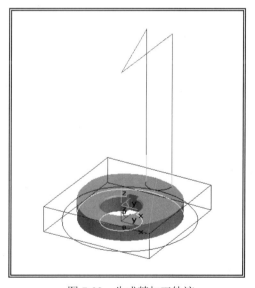

图 7-32 生成精加工轨迹

（8）加工轨迹仿真。在轨迹树中选择"刀具轨迹"选项，点击鼠标右键，在弹出的快捷菜单中选择"轨迹仿真"命令，系统即进入到"轨迹仿真"环境。单击"仿真加工"按钮，设置仿真选项，单击"播放"按钮，系统开始仿真加工过程，如图 7-33 所示。

（9）生成 G 代码。在轨迹树中拾取"加工轨迹"选项，点击鼠标右键，选择"后置处理"→"生成 G 代码"命令，在弹出的"选择后置文件"对话框中选择代码的保存路径，

253

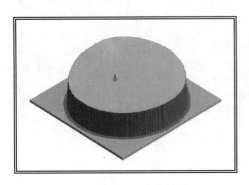

图 7-33 仿真结果

图 7-34 生成 G 代码

并设置代码文件的名称。单击 保存(S) 按钮，依状态栏提示拾取刀具轨迹，点击鼠标右键结束，系统弹出 G 代码文件，如图 7-34 所示。

说明：① 对于平面加工来说，在生成加工轨迹时并不需要作出零件的实体造型，只要利用零件的轮廓线就可以生成加工轨迹。但作出零件的实体造型仍有许多优点，如可直观地观察到加工轨迹和零件的位置关系、快速地查找到错误、方便建立工件坐标系等。② 本书中所有的刀具尺寸参数和进给参数仅供参考，实际使用中应根据车间现有刀具情况和加工需求确定刀具尺寸，进给参数应根据刀具材质、被加工材料、机床刚性和动力、加工精度和表面粗糙度等要求制定。

第三节 平面区域粗加工

一、功能

平面区域粗加工用于生成区域中间有多个岛的平面加工轨迹。由于可以指定拔模斜度，故属于二轴半加工方式。平面区域粗加工参数如图 7-35 所示。

二、加工参数

1. 走刀方式

（1）环切加工 刀具以环绕轮廓的走刀方式切削工件。可选择从里向外或是从外向里的方式，如图 7-36(a) 所示。

（2）平行加工 刀具以平行走刀方式切削工件。可改变生成的刀位行与 X 轴的夹角，如图 7-36(b) 所示。可选择单向或是往复走刀方式。

- 单向 刀具以单一的顺铣或逆铣方式加工工件。
- 往复 刀具以顺逆混合方式加工工件。
- 角度 刀位行与 X 轴的夹角。

图 7-35 平面区域粗加工参数

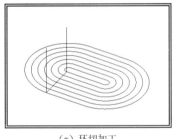
（a）环切加工

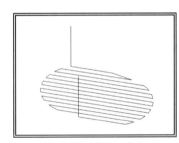
（b）平行往复加工、角度 15°

图 7-36 走刀方式示意

说明：① 往复式平行切削方法去除材料的效率较高，但顺铣、逆铣交替产生，所以通常用于内腔或表面的粗加工，切削方向应与 X 轴有一定的角度，这样可以减小机床的振动；单向平行切削方法能始终保持顺铣或逆铣的状态，切削比较平稳，通常用于表面的精加工。② 环切加工主要用于带有岛和内腔零件的粗加工，由于切削区域不规则，如采用平行加工方法切削，将产生切削不连续或重复切削现象，此时应选择环切加工方式。

2．拐角过渡方式

（1）尖角 刀具从轮廓的一边到另一边的过程中，以直线的方式过渡。

（2）圆弧 刀具从轮廓的一边到另一边的过程中，以圆弧的方式过渡。

3．拔模基准

当加工的工件带有拔模斜度时，工件顶层轮廓与底层轮廓的大小不一样。"拔模基准"用来确定轮廓是工件的顶层轮廓还是底层轮廓。

（1）底层为基准 加工中所选的轮廓线是工件底层的轮廓。

（2）顶层为基准 加工中所选的轮廓线是工件顶层的轮廓。

4．加工参数

（1）顶层高度 零件的被加工部分的最大高度。

(2) 底层高度 零件的被加工部分的最低高度,亦即最后一层加工轨迹所在的高度。

(3) 加工精度 刀具轨迹和实际加工模型的最大允许偏差。对两轴加工来说,加工误差是用折线段逼近样条时的误差。加工精度越高,折线段越短,加工代码越长。

(4) 每层下降高度 每加工完一层,加工下一层时刀具下降的高度。

(5) 行距 每两行轨迹之间的距离(吃刀量)。

5. 轮廓参数

(1) 余量 加工完成后的零件侧边上剩余材料的厚度。

(2) 斜度 外轮廓具有的倾斜度。与拔模基准配合使用。

(3) 补偿 刀具中心线相对于轮廓的偏置补偿量。

- ON 刀具中心线与轮廓重合,即不考虑补偿。
- TO 刀具中心线不到轮廓,相差一个刀具半径。
- PAST 刀具中心线超过轮廓一个刀具半径。

6. 岛参数

(1) 余量 加工完成后,岛的侧边上剩余材料的厚度。

(2) 斜度 内轮廓具有的倾斜度。与拔模基准配合使用。

(3) 补偿 刀具中心线相对于内轮廓的偏置补偿量。

- ON 刀具中心线与轮廓重合,即不考虑补偿。
- TO 刀具中心线不到轮廓,相差一个刀具半径。
- PAST 刀具中心线超过轮廓一个刀具半径。

7. 清根参数

清根是指刀具在每层加工完毕后,再沿轮廓或岛绕切一遍,以清理零件侧壁上的残留材料。"清根参数"选项页如图 7-37 所示。

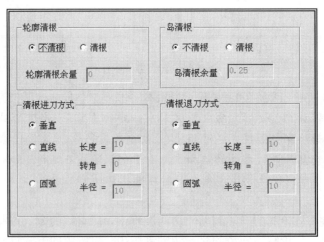

图 7-37 "清根参数"选项页

一般来说,由于刀具刚度的影响,当加工较深型腔且吃刀量较大时,会在轮廓及岛处形成不必要的斜度,此时就需要进行清根处理。

进行清根加工时,还可选择清根的进、退刀方式,其含义同前。

三、操作步骤

(1) 单击"平面区域粗加工"按钮▣,或单击【加工】→【粗加工】→【平面区域粗加工】命令,系统弹出"平面区域粗加工"对话框,如图 7-35 所示。

(2)填写加工参数,完成后单击 确定 按钮。

(3)拾取轮廓线及加工方向。依状态栏提示,拾取第一条轮廓线后,此轮廓线变为红色的虚线,依状态栏提示选择方向,如图 7-38 所示。此方向表示刀具的加工方向,同时也表示链拾取轮廓线的方向。如图线出现分叉,则需多次指定,直至形成封闭轮廓线,如图 7-39 所示。该轮廓线即为加工区域的外轮廓线。

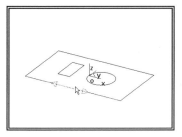 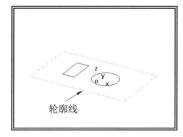

图 7-38　选择加工方向　　　　　　　图 7-39　拾取轮廓线

(4)拾取岛。拾取完区域轮廓线后,系统要求拾取第一个岛,在拾取岛的过程中,系统会自动判断岛自身的封闭性。如果所拾取的岛由一条封闭的曲线组成,则系统提示拾取第二个岛;如果所拾取的岛由二条以上的首尾连接的封闭曲线组合而成,当拾取到一条曲线后,系统提示继续拾取,直到岛轮廓已经封闭。如果有多个岛,系统会继续提示选择岛,拾取完成后点击鼠标右键确认,结果如图 7-40 所示。

(5)生成加工轨迹。完成全部选择之后,系统生成刀具轨迹,如图 7-41 所示。

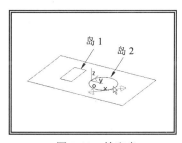 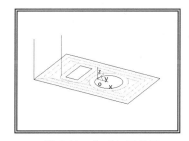

图 7-40　拾取岛　　　　　　　　　图 7-41　生成加工轨迹

【例 2】　生成如图 7-18 所示平面凸轮的上表面精加工轨迹。

操作步骤如下。

(1)打开"平面凸轮.mxe"文件。

(2)隐藏轮廓精加工轨迹。左键拾取加工轨迹,点击鼠标右键,在立即菜单中选择"隐藏"方式,完成操作。

(3)设置加工参数。单击"平面区域粗加工"按钮 ,在弹出的"平面区域粗加工"对话框中,单击"刀具参数"选项页,选择"D20"铣刀;并如图 7-42、图 7-43 所示设置加工参数和切削用量。

(4)拾取轮廓线、选择加工方向。依状态栏提示,如图 7-44 所示拾取第一条轮廓线并选择加工方向,系统自动搜索到封闭的外轮廓线。

(5)拾取岛、选择加工方向。拾取完区域轮廓线后,依状态栏提示,如图 7-45 所示拾取岛的轮廓线,系统会自动搜索到封闭的内轮廓线,拾取结束后点击鼠标右键确认。

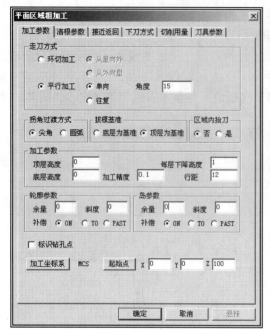

图 7-42 设置加工参数　　　　　图 7-43 设置切削用量

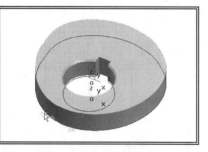

图 7-44 选择加工方向

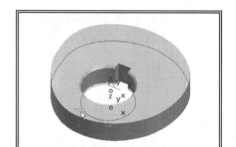

图 7-45 拾取岛

（6）生成加工轨迹。完成全部选择之后，系统生成刀具轨迹，如图 7-46 所示。

（7）编辑加工轨迹。由加工轨迹可以看出安全高度设置过大导致抬刀过高，在轨迹树中

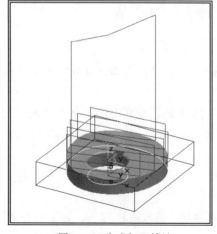

图 7-46 生成加工轨迹

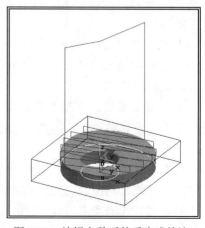

图 7-47 编辑参数后的重生成轨迹

双击区域加工的加工参数选项,在弹出的加工参数表中选择"下刀方式"选项页,调整安全高度为"5",单击 确定 按钮,系统对加工轨迹重生成,完成后的轨迹如图 7-47 所示。

第四节　轮廓导动精加工

一、功能

XY 平面的法平面内的截面线沿平面轮廓线导动生成加工轨迹。可以将其理解为平面轮廓的等截面导动加工。

二、特点

（1）作造型时,只作平面轮廓线和截面线,不用作曲面,简化了造型。

（2）生成加工轨迹时,因为它的每层轨迹都是用二维的方法来处理的,所以拐角处如果是圆弧,那么生成的 G 代码中就是 G2 或 G3,充分利用了机床的圆弧插补功能,因此导动加工生成的代码最短、加工效果最好。

（3）生成加工轨迹的速度非常快。

（4）能够自动消除加工刀具的干涉现象。无论是自身干涉还是面间干涉,都可以自动消除,因为它的每层轨迹都是按二维平面轮廓加工来处理的。

（5）加工效果最好。由于使用圆弧插补,而且刀具轨迹沿截面线按等长分布,所以可以达到很好的加工效果。

三、加工参数

1. 加工参数

（1）截距　沿截面线上每一行刀具轨迹间的距离,按等弧长来分布。

（2）残留高度　根据输入的残留高度的大小计算 Z 向层高。

● 残留高度　设定加工后的工件表面与理想模型的误差值。

● 最大截距　输入最大 Z 向切削深度。根据残留高度值在求得 Z 向的层高时,为防止在加工较陡斜面时可能层高过大,限制层高在最大截距的设定值之下。

（3）轮廓精度　拾取的轮廓线有样条时的离散精度。

导动加工是利用二维加工方法生成三维曲面的加工轨迹,对圆弧的处理方式是直接调用 G2 或 G3,不存在离散精度的问题。

（4）加工余量　相对模型表面的残留高度,可以为负值,但不要超过刀角半径。

2. 走刀方式

（1）单向　采用单向走刀方式时,刀具轨迹抬刀连接。

（2）往复　采用往复走刀方式时,刀具轨迹直线连接。

3. 拐角过渡方式

（1）尖角　刀具切削过程遇到拐角时,以直线的方式过渡。

（2）圆弧　刀具切削过程遇到拐角时,以圆弧的方式过渡。

四、操作步骤

（1）单击"轮廓导动精加工"按钮,或单击【加工】→【精加工】→【轮廓导动精加

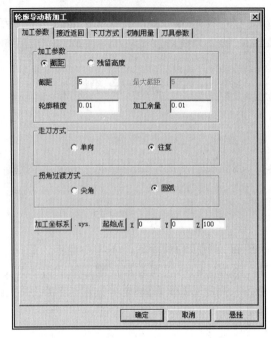

图 7-48 "轮廓导动精加工"对话框

工】命令，系统弹出"轮廓导动精加工"对话框，如图 7-48 所示。

（2）填写加工参数表，完成后单击 确定 按钮。

（3）拾取轮廓线及加工方向。左键拾取轮廓线，系统要求选择搜索方向，如图 7-49 所示，选择一个方向后，系统将沿此方向继续搜索轮廓线，该方向同时表示刀具的行进方向。

（4）拾取截面线及加工方向。左键拾取截面线，系统要求选择搜索方向，如图 7-50 所示，选择一个方向后，系统沿此方向继续搜索截面线，该方向同时表示刀具行的排列顺序。

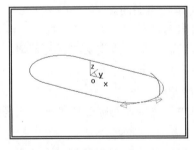

图 7-49 拾取轮廓线及加工方向

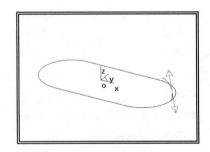

图 7-50 拾取截面线及加工方向

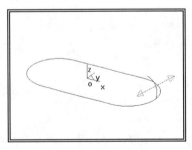

图 7-51 选择加工侧边

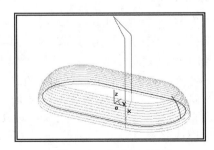

图 7-52 生成加工轨迹

(5) 选择加工侧边。拾取完轮廓线后,系统要求继续选择方向,如图 7-51 所示。此方向表示要加工的侧边是轮廓线内侧还是轮廓线外侧。

(6) 生成加工轨迹。完成全部选择之后,系统生成刀具轨迹,如图 7-52 所示。

第五节 点位加工

一、钻孔

1. 功能

实现各种循环指令,生成钻孔、镗孔、攻螺纹等点位加工指令。

CAXA 制造工程师所生成的点位加工指令格式,适用于 FANUC 数控系统及与 FANUC 系统相近的系统,系统生成的 G 指令格式及含义如下:

$$\begin{pmatrix} G90 \\ G91 \end{pmatrix} \begin{pmatrix} G98 \\ G99 \end{pmatrix} G \sim X \sim Y \sim Z \sim R \sim P \sim Q \sim F \sim$$

G90　绝对坐标编程。

G91　相对坐标编程。

G98　返回起始点,为缺省方式。

G99　返回参考平面 R。

G80　固定循环取消代码。

G~　固定循环代码,主要有 G73、G74、G76、G81~G89 等。

X~,Y~　孔加工坐标位置。

Z~　孔底位置。

R~　加工时快速进给到工件表面之上的参考点。

P~　在孔底的延时时间(单位: ms)。

Q~　每次切削深度。

F~　切削进给速度。

2. 加工参数

(1) 钻孔类型　系统提供了 12 种钻孔模式,对应的 G 代码见表 7-1。

表 7-1　钻孔模式与 G 代码指令对应表

钻孔模式	G 代码指令	钻孔模式	G 代码指令	钻孔模式	G 代码指令
高速啄式深孔钻	G73	钻孔+反镗孔	G82	镗孔(主轴停)	G86
左攻螺纹	G74	啄式钻孔	G83	反镗孔	G87
精镗孔	G76	攻螺纹	G84	镗孔(暂停+手动)	G88
钻孔	G81	镗孔	G85	镗孔(暂停)	G89

(2) 钻孔参数　钻孔参数表如图 7-53 所示。

- 安全高度　保证在此高度以上快速走刀而不与工件发生碰撞。
- 主轴转速　机床主轴的转速。对应于 G 指令中的 S。
- 起止高度　进、退刀时刀具的初始高度。
- 钻孔速度　钻孔的进给速度。对应于 G 指令中的 F。

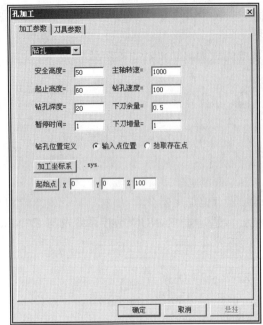
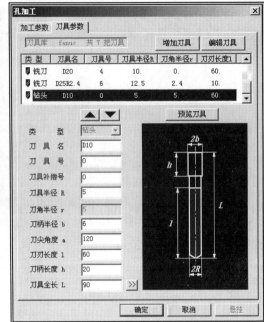

(a) 钻孔参数　　　　　　　　　　　　　(b) 钻头参数

图 7-53　钻孔参数表

- 钻孔深度　孔的深度。拾取点的 Z 坐标值－孔的深度，对应于 G 指令中的 Z。
- 下刀余量　钻头快速下刀到达的位置距离工件表面的距离。拾取点的 Z 坐标值＋下刀余量，对应于 G 指令中的 R。
- 暂停时间　刀具在工件底部的停留时间。对应于 G 指令中的孔底暂留时间 P。
- 下刀增量　深孔钻时，每次钻孔深度的增量值。对应于 G 指令中的每次切削深度 Q。

（3）钻孔位置定义　钻孔位置定义包含以下两项。

- 输入点位置　根据需要输入点的坐标，确定孔的位置。
- 拾取存在点　拾取屏幕上的存在点，确定孔的位置。

（4）加工坐标系　生成轨迹所在的局部坐标系，单击 加工坐标系 按钮，可以从工作区中拾取。

（5）起始点　刀具的初始位置和沿轨迹走刀结束后的停留位置，单击 起始点 按钮，可以从工作区中拾取。

3．操作步骤

（1）单击"孔加工"按钮，或单击【加工】→【其他加工】→【孔加工】命令，系统弹出"钻孔参数表"对话框，如图 7-53 所示。

（2）填写加工参数，完成后单击 确定 按钮。

（3）依状态栏提示拾取一个或多个点，拾取结束后点击鼠标右键结束。

（4）完成点的选择后，系统生成并显示钻孔加工轨迹。

说明：① 各种钻孔方式的实现取决于机床的功能，软件只是让机床实现它的已有功能。在使用这些钻孔指令时，请详细阅读机床使用说明书，以确保机床可以实现这些指令。② 拾取钻孔点时，可直接拾取存在的孤立点，也可使用点的捕捉功能拾取特征值点，如中点、圆心、端点等。③ 所拾取的点的位置必须在钻孔位置的顶部。

二、工艺孔设置

1. 功能

设置工艺孔加工工艺。

2. 操作

（1）单击【加工】→【其他加工】→【工艺钻孔设置】命令，系统弹出"工艺钻孔设置"对话框，如图 7-54 所示。

（2）设置工艺孔加工方案，完成后单击 关闭 按钮。

3. 加工参数

（1）加工方法　系统提供 12 种孔加工方式，见表 7-1。

（2）孔类型　在下拉列表中选择一种孔加工工艺方案。

图 7-54　钻孔参数表

（3）增加孔类型　设置新的孔加工工艺方案。

（4）删除当前孔　删除当前工艺孔加工方案。

（5）添加按钮 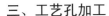　将选中的孔加工方式添加到当前工艺孔加工方案中。

（6）删除按钮　　将选中的孔加工方式从当前工艺孔加工方案中删除。

（7）关闭　保存当前工艺孔加工方案设置文件，并退出工艺孔设置对话框。

三、工艺孔加工

1. 功能

根据设置的工艺孔加工方案加工工艺孔。

2. 操作

（1）单击"工艺钻孔加工"按钮 ，或单击【加工】→【其他加工】→【工艺钻孔加工】命令，系统弹出"工艺钻孔加工向导"对话框。

（2）在图 7-55(a) 所示的"定位方式"对话框中，选择一种孔的定位方式后，根据状态栏提示确定孔的位置。

（3）在图 7-55(b) 所示的"路径优化"对话框中，选择一种路径优化方式，系统根据选定的优化方式，确定走刀方式。

（4）在图 7-55(c) 所示的"选择孔类型"对话框中，选择已经设计好的工艺加工方案，系统根据在工艺孔设置中设定的工艺孔方案，生成孔加工轨迹。

（5）在图 7-55(d) 所示的"设定参数"对话框中，显示了选定孔的加工方案。单击 完成 按钮，系统按钻孔子项参数生成钻孔轨迹。

3. 加工参数

（1）孔定位方式

① 输入点　通过输入点的坐标，确定孔的位置。

② 拾取点　通过拾取屏幕上的存在点，确定孔的位置。

③ 拾取圆　通过拾取屏幕上的圆，确定孔的位置。

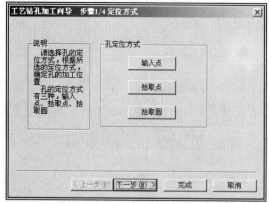

(a) 选择定位方式 (b) 选择路径优化方式

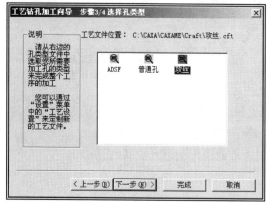

(c) 选择工艺孔加工方案 (d) 设定工艺孔加工参数

图 7-55 "工艺钻孔加工向导"对话框

(2) 路径优化

① 缺省情况 不进行路径优化。

② 最短路径 依据所拾取点之间的距离总和的最小值进行优化。

③ 规则情况 该方式主要用于矩形阵列情况,有两种方式。

● X 优先 依据各点 X 坐标值的大小排列,如图 7-56(a) 所示。

● Y 优先 依据各点 Y 坐标值的大小排列,如图 7-56(b) 所示。

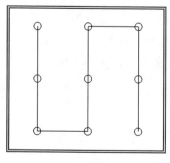
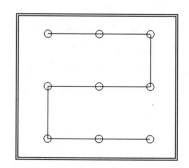

(a) X 优先 (b) Y 优先

图 7-56 矩形阵列规则示意

第六节　二维加工综合实例

【实例 1】 生成如图 7-57 所示凹模零件型腔的粗、精加工轨迹。

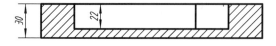

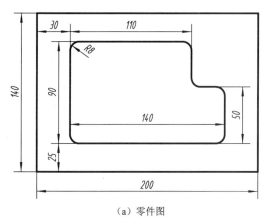

（a）零件图

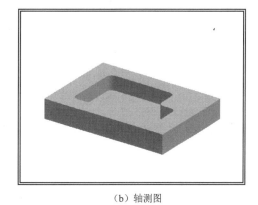

（b）轴测图

图 7-57　凹模零件简图

操作步骤如下。

（1）绘制轮廓线。以 XY 面为当前平面，绘制如图 7-58 所示的平面轮廓线。

（2）建立毛坯。在轨迹树中双击 <kbd>毛坯</kbd> 选项，在弹出的"定义毛坯"对话框中选择"两点方式"，按 <kbd>拾取两点</kbd> 按钮，在绘图区中选择轮廓线的两角点，并修改对话框中的高度和基准点 Z 坐标值，修改后的毛坯尺寸参数如图 7-59 所示。

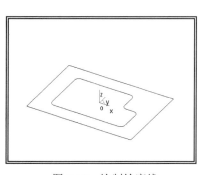

图 7-58　绘制轮廓线

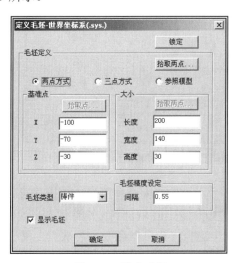

图 7-59　设定毛坯

（3）生成型腔粗加工轨迹。操作过程如下。

① 设置加工参数。单击"平面区域粗加工"按钮 <kbd>▣</kbd>，在弹出的"平面区域粗加工"对话框中，单击"刀具参数"选项页，选择"D20"铣刀，如图 7-60、图 7-61 所示设置加工参数。

265

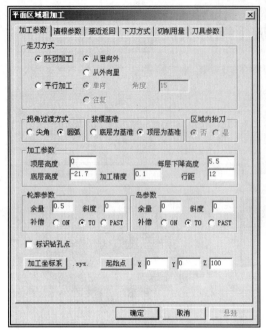
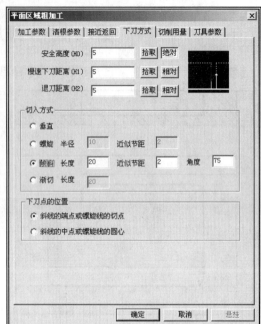

图 7-60　设置区域加工参数　　　　　　　图 7-61　设置下刀参数

② 拾取轮廓线、选择加工方向。依状态栏提示，拾取第一条轮廓线并选择加工方向，系统自动搜索到封闭的外轮廓线，如图 7-62 所示。

③ 拾取岛。由于无岛，点击鼠标右键跳过。

④ 生成加工轨迹。完成全部操作后，系统开始计算并显示加工轨迹，如图 7-63 所示。

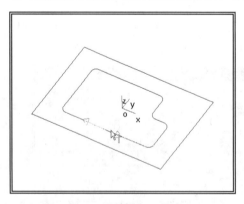
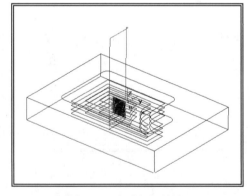

图 7-62　拾取加工轮廓　　　　　　　　图 7-63　生成加工轨迹

（4）生成型腔底面精加工轨迹。操作过程如下。

① 复制轨迹。在轨迹树中选中"1-平面区域粗加工"轨迹项，点击鼠标右键，在弹出的快捷菜单中选择"拷贝"命令，再次点击鼠标右键，选择"粘贴"命令，复制加工轨迹。

② 修改轨迹参数。双击"2-平面区域粗加工"的"加工参数"选项，如图 7-64 所示修改加工参数，单击"加工参数"选项页，修改加工参数（见图 7-30）；单击"下刀方式"选项页，选择"垂直下刀"方式，单击 确定 按钮，根据系统提示进行轨迹重置，生成底面精加工轨迹，如图 7-65 所示。

（5）生成侧壁精加工轨迹。操作过程如下。

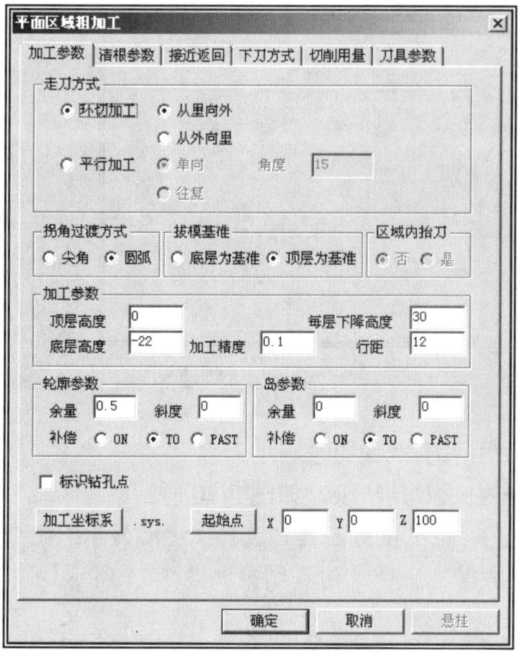

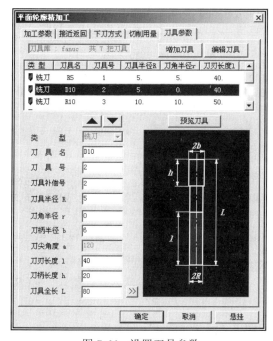

图 7-64 设置加工参数

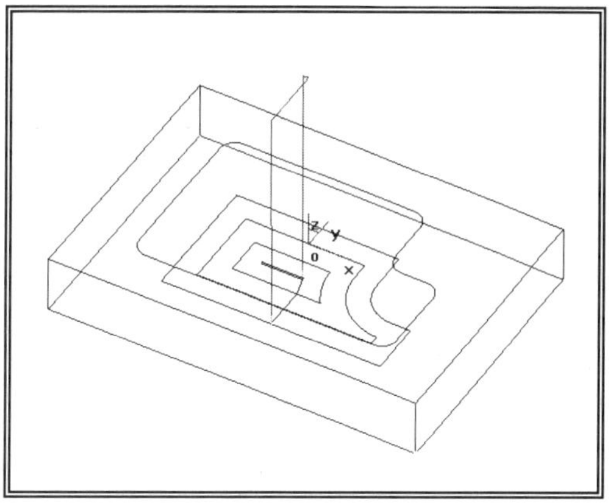

图 7-65 生成加工轨迹

① 单击"曲线打断"按钮，将直线 P1（见图 7-68）在其中点位置打断为两段。

② 设置加工参数。单击"平面轮廓精加工"按钮，在弹出的"平面轮廓精加工"对话框中，如图 7-66 所示设置刀具；设置进、退刀方式为圆弧进刀、圆弧退刀；如图 7-67 所示设置加工参数，完成后单击 确定 按钮。

③ 拾取轮廓线及加工方向。左键拾取轮廓线，选择加工（搜索）方向，如图 7-68 所示。

④ 选择加工侧边。拾取完轮廓线后，如图 7-69 所示选择轮廓线内侧为加工侧边。

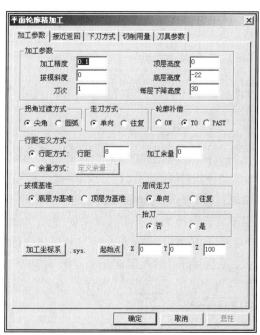

图 7-66 设置刀具参数

图 7-67 设置加工参数

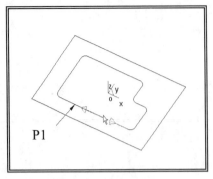
图 7-68 选择加工方向

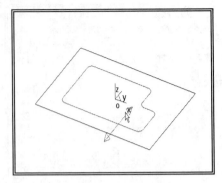
图 7-69 选择加工侧边

⑤ 拾取进、退刀点。两次点击鼠标右键,使用系统默认的进、退刀点。
⑥ 生成加工轨迹。完成全部选择之后,系统生成刀具轨迹,如图 7-70 所示。

(6) 轨迹仿真。在轨迹树中选中刀具轨迹节点,点击鼠标右键,选择"全部显示"命令,显示所有加工轨迹,点击鼠标右键,选择"轨迹仿真"命令,仿真结果如图 7-71 所示。

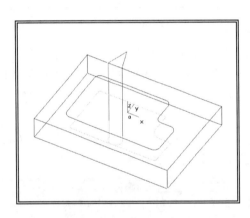
图 7-70 生成加工轨迹

图 7-71 轨迹仿真结果

【实例 2】 依照图 7-72 中的零件尺寸生成加工造型,并生成外轮廓、台阶、槽的加工轨迹。

操作步骤如下。

(1) 生成零件的实体造型,如图 7-73 所示。

(2) 抽取轮廓线。单击"相关线"按钮,拾取零件的实体边界,并对生成的边界线进行编辑;利用光标的拾取反馈功能,查看所有曲线的类型,如有因抽取操作而形成的样条线,则手工将其修改为直线或圆弧,如图 7-74 所示。

(3) 建立加工坐标系。单击"创建坐标系"按钮,在弹出的立即菜单中选择"单点"方式,系统提示"输入坐标系原点",此时单击 Enter 键,在弹出的数据输入框内键入",, 8",完成后再次单击 Enter 键,系统提示"输入用户坐标系名称",并弹出输入框,键入"MCS",单击 Enter 键,完成操作。

(4) 生成零件外轮廓的加工轨迹。操作过程如下。

① 设置加工参数。单击"平面轮廓精加工"按钮,系统弹出"平面轮廓精加工"对

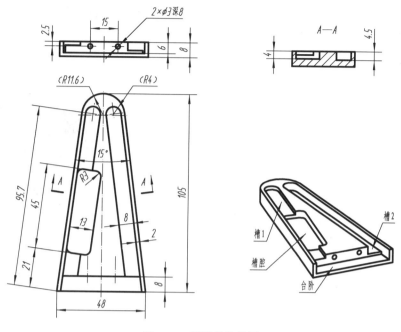

图 7-72 槽板零件简图

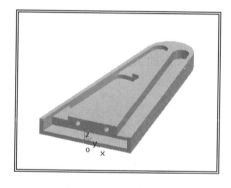

图 7-73 生成实体造型

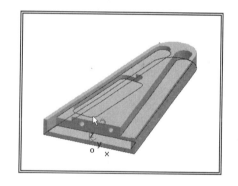

图 7-74 抽取轮廓线

话框，在"刀具参数"选项页中，选择或新建一把直径为 16 的平刀，在"接近返回"选项页中，设置进刀和退刀方式为直线，长度大于刀具直径即可；在"下刀方式"选项页中，设置下刀方式为垂直；在"加工参数"选项页中，如图 7-75 所示设置加工参数，单击 加工坐标系 按钮，选择"MCS"坐标系为加工坐标系；如图 7-76 所示设置切削用量，完成全部参数设置后，单击 确定 按钮。

② 拾取轮廓线及加工方向。左键拾取轮廓线，选择加工（搜索）方向，如图 7-77 所示。

③ 选择加工侧边。拾取完轮廓线后，选择轮廓线外侧为加工侧边。

④ 拾取进、退刀点。两次点击鼠标右键，使用系统默认的进、退刀点。

⑤ 生成加工轨迹。完成全部选择之后，系统生成刀具轨迹如图 7-78 所示。

（5）生成台阶的加工轨迹。操作过程如下。

① 设置加工参数。单击"平面轮廓精加工"按钮 ，在弹出的"平面轮廓精加工"对话框中，选择或新建一把直径为 6 的平刀；注意刀刃的长度需大于 10，刀杆长度应尽

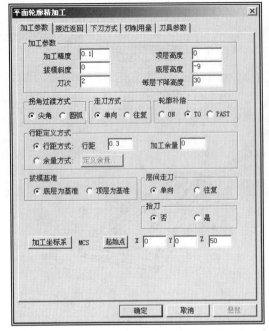

图 7-75 设置加工参数　　　　　　图 7-76 设置切削用量

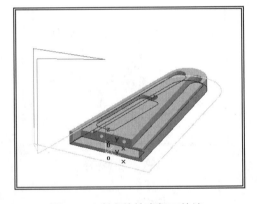

图 7-77 拾取轮廓线及加工方向　　　　图 7-78 生成外轮廓加工轨迹

量短一些；设置进刀方式为直线，退刀方式为直线；设置下刀方式为垂直；如图 7-79 所示设置加工参数；如图 7-80 所示设置切削用量，完成全部参数设置后，单击 "确定" 按钮。

② 拾取轮廓线及加工方向。左键拾取轮廓线，选择加工（搜索）方向，如图 7-81 所示。

③ 选择加工侧边。拾取完轮廓线后，选择轮廓线内侧为加工侧边。

④ 拾取进、退刀点。两次点击鼠标右键，使用系统默认的进、退刀点。

⑤ 生成加工轨迹。完成全部选择之后，系统生成刀具轨迹，如图 7-82 所示。

（6）生成槽 1 的加工轨迹。操作过程如下。

① 设置加工参数。单击"平面轮廓精加工"按钮，在弹出的"平面轮廓精加工"对话框中，选择直径为 6 的平刀；设置下刀方式为垂直；切削用量不变；如图 7-83 所示

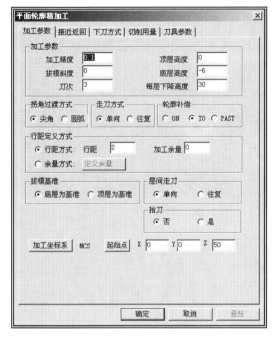

图 7-79 设置加工参数　　　　　　　　图 7-80 设置切削用量

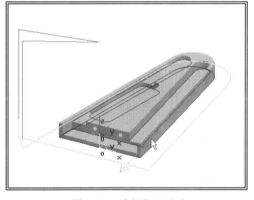 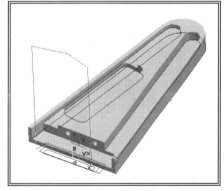

图 7-81 选择加工方向　　　　　　　　图 7-82 生成台阶加工轨迹

设置加工参数;如图 7-84 所示设置进、退刀方式,完成全部参数设置后,单击 确定 按钮。

② 拾取轮廓线及加工方向。左键拾取轮廓线,如图 7-85 所示选择加工方向。

③ 选择加工侧边。拾取完轮廓线后,选择轮廓线内侧为加工侧边。

④ 拾取进、退刀点。两次点击鼠标右键,使用系统默认的进、退刀点。

⑤ 生成加工轨迹。完成全部选择之后,系统生成刀具轨迹,如图 7-86 所示。

(7) 生成槽 2 的加工轨迹。操作过程如下。

① 设置加工参数。单击"平面轮廓精加工"按钮 ,在弹出的"平面轮廓精加工"对话框中,选择直径为 6 的平刀;设置下刀方式为垂直;设置进刀方式为圆弧,退刀方式为直线;切削用量和加工参数保持不变,全部参数设置后,单击 确定 按钮。

② 拾取轮廓线及加工方向。左键拾取轮廓线,如图 7-87 所示选择加工方向。

③ 选择加工侧边。拾取完轮廓线后,选择轮廓线内侧为加工侧边。

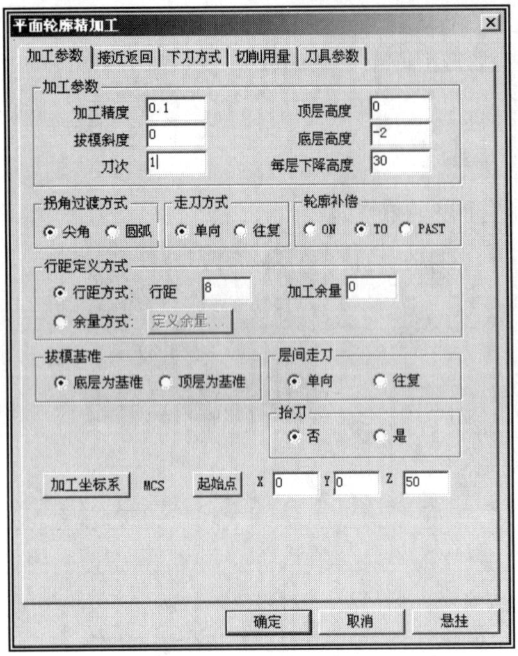

图 7-83 设置加工参数

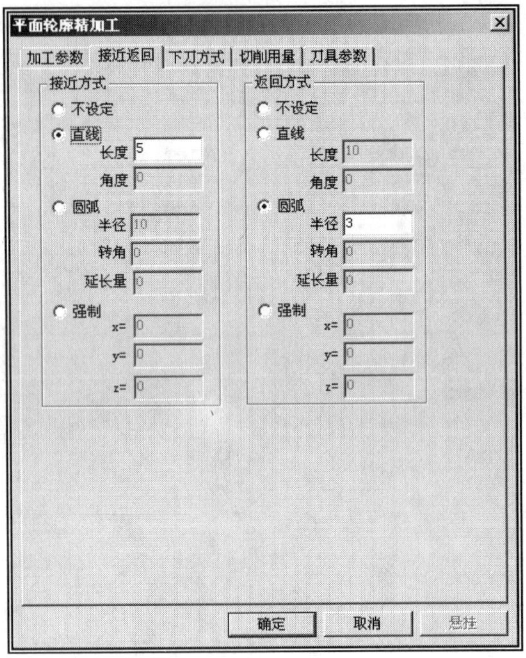

图 7-84 设置进、退刀方式

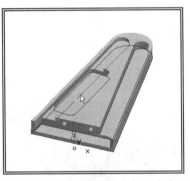

图 7-85 拾取轮廓线及加工方向

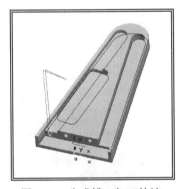

图 7-86 生成槽 1 加工轨迹

④ 拾取进、退刀点。两次点击鼠标右键,使用系统默认的进、退刀点。

⑤ 生成加工轨迹。完成全部选择之后,系统生成刀具轨迹,如图 7-88 所示。

图 7-87 拾取轮廓线及加工方向

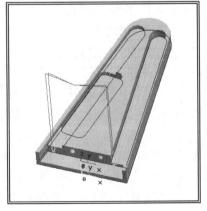

图 7-88 生成槽 2 加工轨迹

（8）生成槽腔的加工轨迹。操作过程如下。

① 设置加工参数。单击"平面轮廓精加工"按钮，在弹出的"平面轮廓精加工"对话框中，选择直径为 6 的平刀；设置下刀方式为垂直；进、退刀方式均设为垂直；切削用量保持不变；如图 7-89、图 7-90 所示设置加工参数和清根参数。

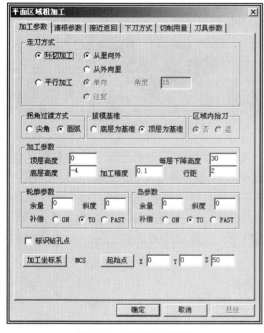

图 7-89　设置加工参数　　　　　　　　　图 7-90　设置清根参数

② 拾取轮廓线、选择加工方向。依状态栏提示，拾取第一条轮廓线并选择加工方向，系统自动搜索到封闭的外轮廓线，如图 7-91 所示。

③ 岛的拾取。由于无岛，点击鼠标右键忽略。

④ 生成加工轨迹。完成全部操作后，系统开始计算并显示加工轨迹，如图 7-92 所示。

图 7-91　拾取加工轮廓线　　　　　　　　图 7-92　生成加工轨迹

⑤ 轨迹仿真。在轨迹树中选中刀具轨迹节点，点击鼠标右键，选择"全部显示"命令，显示所有加工轨迹，如图 7-93 所示。点击鼠标右键，选择"轨迹仿真"命令，仿真结果如图 7-94 所示。

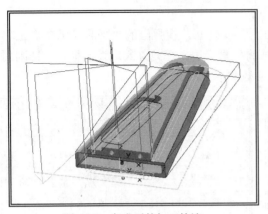

图 7-93 完成后的加工轨迹

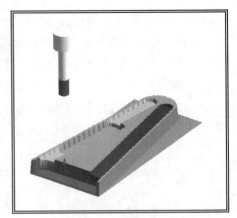

图 7-94 轨迹仿真结果

提示：① 在选择刀具时，刀具半径应尽量不大于最小内凹圆角的半径，因而在槽腔加工中选择了 D6 的平刀，在槽的加工中，根据尽量使用较少的刀具原则，仍然使用 D6 平刀，省掉了换刀动作，而且可以保证在加工过程中始终为顺铣，以得到较高的加工精度和粗糙度。
② 对于有开放边界的区域，在选择加工方式时，应优先考虑使用平面轮廓加工方法，而不是区域加工方法。本实例中的台阶即采用了这种处理方式，保证了刀具有切入、切出过程，达到节省刀具、切削平稳，提高表面质量的目的。

思考与练习（七）

一、思考题

（1）在加工一个余量较大的零件时，定义"慢速下刀高度"应注意什么？
（2）平面轮廓加工主要用于加工什么？单根曲线可以作为轮廓处理吗？
（3）在平面轮廓加工里定义"余量方式"的含义是什么？用于何种情况下？
（4）平面区域加工可以处理中间没有岛的情况吗？
（5）平面轮廓加工及平面区域加工用端刀，在没有工艺孔的情况下应采用何种下刀方式？
（6）慢速下刀高度与下刀速度有什么作用？
（7）安全高度为什么一定要高于零件的最大高度？

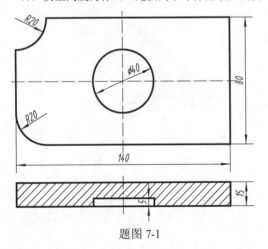

题图 7-1

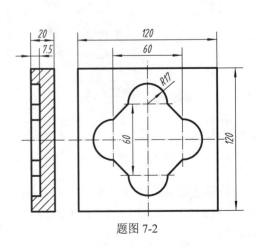

题图 7-2

(8) 在平面区域加工中，什么时候需要清根？

二、上机操作题

（1）按照题图 7-1 中的零件尺寸生成加工造型。同时，生成零件外轮廓和 $\phi40$ 中心孔槽的粗加工轨迹（毛坯中心处已有预钻好的 $\phi16$ 孔）。

（2）根据题图 7-2 做凹模零件的加工造型，并生成型腔的粗、精加工轨迹。

（3）根据题图 7-3 做凹模零件的加工造型，并生成型腔的粗、精加工轨迹和分型面的精加工轨迹。

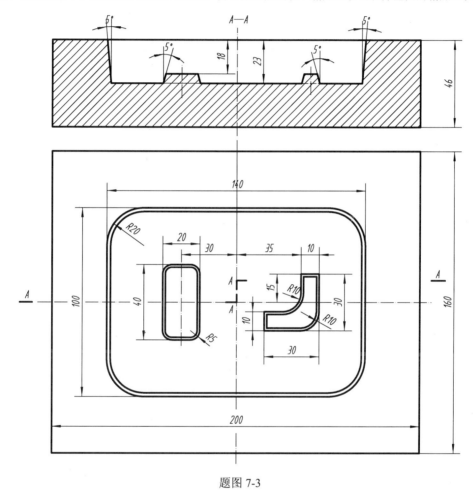

题图 7-3

第八章 三轴铣削自动编程

曲面加工程序的编制是 CAM 软件的最重要内容，CAXA 制造工程师提供了多种加工手段，利用曲面、实体或实体表面，生成曲面加工轨迹，以供三轴加工中心或三轴数控铣床加工使用。

第一节 三轴加工基本概念与通用参数

一、加工误差与步长

加工误差是指刀具轨迹和实际加工模型之间的偏差。

在三轴加工中，对于直线的加工，系统直接调用 G01 生成加工轨迹，因而不存在加工误差；对于圆弧的加工，因为绝大多数圆弧并非在三个基本平面（XY 面、YZ 面、XZ 面）内，因此无法调用 G02（G03）生成加工轨迹，系统使用折线段逼近这些圆弧或样条线。加工误差是指用折线段逼近圆弧或样条线时的误差，如图 8-1 所示。

用户可通过控制相应加工方法的加工精度值来控制加工误差，系统保证刀具轨迹和加工模型之间的加工误差不大于所设定的加工精度值。加工精度越大，模型形状的误差也增大，模型表面越粗糙；加工精度越小，模型形状的误差也减小，模型表面越光滑，但是，轨迹段的数目增多，轨迹数据量变大。

二、行距和残留高度

行距是指加工轨迹相邻两行刀具轨迹之间的距离，如图 8-2 所示。

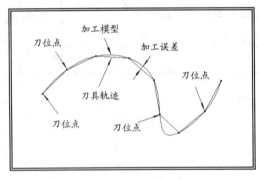

图 8-1 加工误差示意

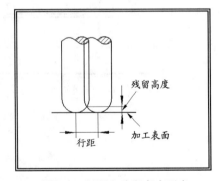

图 8-2 行距和残留高度示意

在三轴加工中，由于行距造成的两刀之间一些材料未切除，这些材料距切削面的高度即是残留高度。

在加工中，可通过指定残留高度、刀具轨迹的行数或刀次来控制残留高度。

三、下刀方式

下刀方式是指刀具切入毛坯或在两个切削层之间，刀具从上一轨迹层切入下一轨迹层的走刀方式。切入方式参数如图 8-3 所示。

系统共提供了三种通用的切入方式,几乎适用于所有的三轴铣削加工策略,其中的一些切削加工策略有其特殊的切入、切出方式,这些切入、切出方式,在相应的加工策略的属性页中设定。如果在切入、切出属性页面里设定了特殊的切入、切出方式后,此处通用的切入方式将不会起作用。

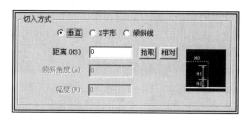

图 8-3 切入方式参数

(1)垂直 刀具沿垂直方向切入,如图 8-4(a) 所示。

距离 切入轨迹段的高度 H。有相对与绝对两种模式,单击"相对"或"绝对"按钮可以实现二者的互换。

① 相对 以切削开始位置的刀位点为参考点。

② 绝对 以 XOY 平面为参考平面。

③ 拾取 单击拾取后可以从工作区选择距离的绝对位置高度点。

(2)Z 字形 刀具以 Z 字形方式切入,如图 8-4(b) 所示。

① 距离 切入轨迹段的高度 H。

② 倾斜角度 Z 字形走刀方向与 XOY 平面的夹角 α。

③ 幅度 Z 字形切入时走刀的宽度 W。

(3)倾斜线 刀具以与切削方向相反的倾斜线方向切入,如图 8-4(c) 所示。

① 距离 切入轨迹段的高度 H。

② 倾斜角度 倾斜线走刀方向与 XOY 平面的夹角 α。

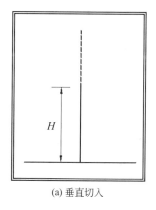
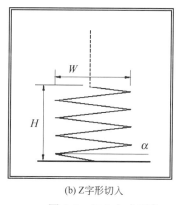

(a) 垂直切入　　(b) Z字形切入　　(c) 倾斜切入

图 8-4 切入方式示意

四、切入、切出方式

指定每一刀次的进、退刀方式,与下刀方式配合使用。起到防止刀具碰撞,并得到好的接刀口质量的作用。切入、切出参数如图 8-5 所示。

根据加工方式的不同,切入、切出方式有所不同,系统主要提供以下三种方式。

(1)XY 向 当 Z 方向为垂直切入时切入工件的方式。

① 不设定 不设定水平接近,刀具垂直切入工件。

② 圆弧 设定圆弧接近。所谓圆弧接近是指从形状的相切方向开始以圆弧的方式接近工件。

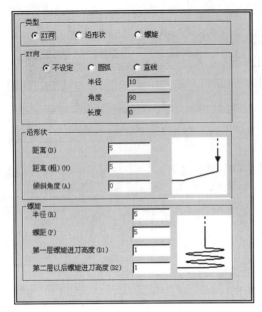

- 半径 输入接近圆弧半径。输入 0 时,不添加圆弧。
- 角度 输入接近圆弧的角度。输入 0 时,不添加圆弧。

③ 直线 水平接近设定为直线。

长度:输入直线接近的长度。输入 0 时,不附加直线。

(2)沿形状 沿斜线切入工件。

① 距离 针对第一层的沿着形状的进刀开始位置,输入从第一层开始的相对高度。

② 距离(粗) 第二层以后的沿着形状接近的开始位置,输入各层的相对高度。

③ 倾斜角度 输入相对于 XY 平面切入的倾斜角度。

(3)螺旋 当下刀方式为螺旋时切入工件的方式。

图 8-5 切入、切出参数示意

① 半径 输入螺旋的半径。
② 螺距 用于螺旋 1 回时的切削量输入。
③ 第一层螺旋进刀高度 用于第 1 段区域加工时螺旋切入的开始高度的输入。
④ 第二层以后螺旋进刀高度 输入第二层以后区域的螺旋接近切入深度。切入深度由下一加工层开始的相对高度设定,需输入大于路径切削深度的值。

五、加工边界

利用加工边界可将刀具轨迹限制在一定的区域范围之内。加工边界包括 XOY 平面范围和 Z 向高度范围两种。加工边界参数如图 8-6 所示。

(1)Z 设定 设定刀具切削轨迹的有效的 Z 范围。使用指定的最大、最小 Z 值所限定的毛坯范围进行轨迹计算。

使用有效的 Z 范围:设定是否限定 Z 向加工范围。

图 8-6 加工边界参数

① 最大 指定 Z 范围最大的 Z 值,可以采用输入数值和拾取点两种方式。

② 最小 指定 Z 范围最小的 Z 值,可以采用输入数值和拾取点两种方式。

③ 参照毛坯 通过毛坯的高度范围,定义 Z 范围最大的 Z 值和指定 Z 范围最小的 Z 值。

(2)相对于边界的刀具位置 设定刀具相对于边界的位置。

① 边界内侧 刀具位于边界的内侧,如图 8-7(a) 所示。
② 边界上 刀具位于边界上,如图 8-7(b) 所示。
③ 边界外侧 刀具位于边界的外侧,如图 8-7(c) 所示。

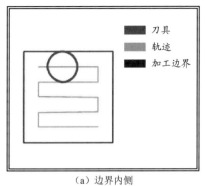 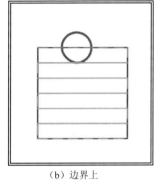 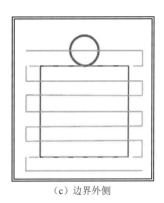

（a）边界内侧　　　　　　　　（b）边界上　　　　　　　　（c）边界外侧

图 8-7　加工边界示意

六、干涉

在切削被加工表面时，如果刀具切到了不应该切的部分，则称为出现干涉现象或过切。在 CAXA 制造工程师系统中，干涉分为如下两种情况。

（1）自身干涉　自身干涉是指被加工表面中存在刀具切削不到的部分时，存在的过切现象，如图 8-8(a) 所示。

（2）面间干涉　面间干涉是指在加工一个或一系列表面时，可能会对其他表面产生过切现象，如图 8-8(b) 所示。

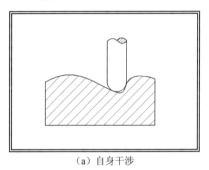

（a）自身干涉　　　　　　　　　　　　（b）面间干涉

图 8-8　干涉示意

七、限制面

专门用来限制刀位轨迹的面（在参数线加工中用到），如图 8-9 所示。

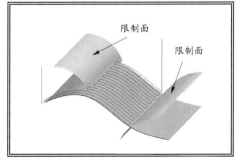 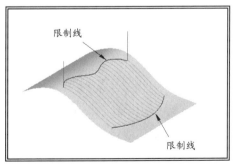

图 8-9　限制面示意　　　　　　　　图 8-10　限制线示意

279

八、限制线

刀具轨迹不允许越过的线。在限制线加工中,刀具轨迹被限制在两系列限制线之中。限制线如图 8-10 所示。

第二节 粗加工方法

一、区域式粗加工

(一) 功能

根据给定的轮廓和岛屿,生成分层的加工轨迹。区域式粗加工加工参数如图 8-11 所示。

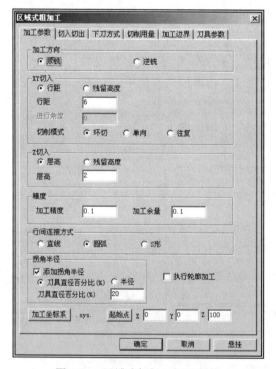

图 8-11 区域式粗加工加工参数

(二) 加工参数

1. 加工方向

(1) 顺铣 生成顺铣的轨迹,如图 8-12(a) 所示。

(2) 逆铣 生成逆铣的轨迹,如图 8-12(b) 所示。

2. XY 切入

定义在同一层加工轨迹的参数。

(1) 切削模式 控制同层轨迹的走刀方向。

① 环切 生成环切粗加工轨迹,如图 8-13(a) 所示。

② 平行(单向) 只生成单方向的加工轨迹。加工方向由"进行角度"进行指定。一次切削完成后提刀到安全高度,快速进刀后,进行下一次切削加工,如图 8-13(b) 所示。

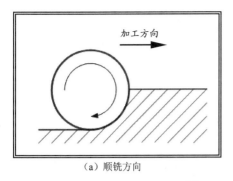
（a）顺铣方向

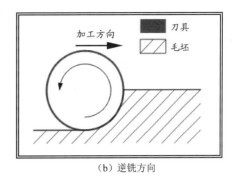
（b）逆铣方向

图 8-12　加工方向示意

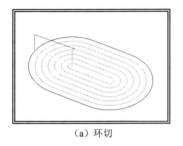
（a）环切

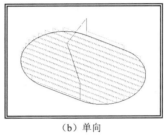
（b）单向

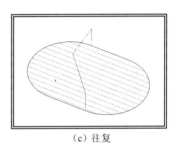
（c）往复

图 8-13　切削模式示意

③ 平行（往复）　到达加工边界后不提刀，继续反向进行往复的加工。加工方向由"进行角度"进行指定，如图 8-13(c) 所示。

（2）行距定义　设定两行轨迹之间的距离。

① 行距　指定两行加工轨迹之间的距离。

② 残留高度　通过设定加工残余量定义两行轨迹之间的距离。当指定残留高度时，XY 切入量将动态提示。

3．Z 切入

定义每层轨迹下降的高度。

（1）层高　输入 Z 方向切削量。

（2）残留高度　通过设定铣削时的残余量（残留高度）定义两轨迹层之间的切削深度。

4．精度

（1）加工精度　设定轨迹生成时的加工精度。

（2）加工余量　相对加工区域的残余量，可以为负值。加工余量示意如图 8-14 所示。

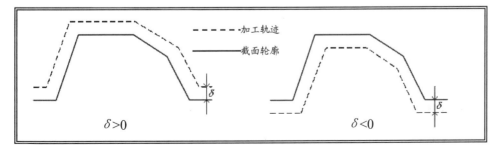

图 8-14　加工余量示意

5. 行间连接方式

两相邻轨迹行之间的连接方式。

（1）直线　以直线做成行间连接路径。

（2）圆弧　以圆弧做成行间连接路径。

（3）S形　以S形做成行间连接路径。

6. 拐角半径

在拐角部插补圆角。

添加拐角半径　设定在拐角部插补圆角 R。高速切削时减速转向，防止拐角处的过切。如图8-15所示。

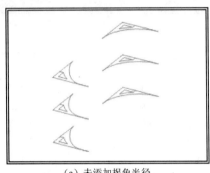

（a）未添加拐角半径　　　　　　（b）添加拐角半径

图8-15　添加拐角半径示意

① 刀具直径百分比　指定插补圆角 R 的圆弧半径相对于刀具直径的比率（%）。如刀具直径比为20%，刀具直径为20的话，插补的圆角半径为4。

② 半径　指定插补圆角的最大半径。

7. 执行轮廓加工

轨迹生成后，对轮廓进行清根加工。

（三）操作步骤

（1）单击"区域式粗加工"按钮 ，或单击【加工】→【粗加工】→【区域式粗加工】命令，系统弹出"区域式粗加工"对话框，如图8-11所示。

（2）填写加工参数。完成后单击 确定 按钮。

（3）系统提示"拾取轮廓"，根据提示可以拾取多个封闭轮廓，拾取结束后点击鼠标右键确认。

（4）系统出现新提示"拾取岛屿"，根据提示可以拾取多个封闭岛屿，拾取结束后点击鼠标右键确认。

（5）系统开始计算加工轨迹，并提示"正在计算轨迹，请稍候"。计算完成后在屏幕上显示生成的加工轨迹。

二、等高线粗加工

（一）功能

生成分层等高式粗加工刀具轨迹。等高线粗加工加工参数如图8-16所示。

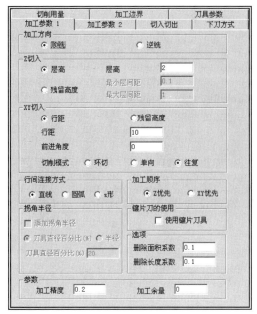
(a) 加工参数（1）

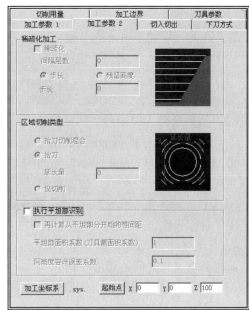
(b) 加工参数（2）

图 8-16　等高线粗加工加工参数

（二）加工参数

1. 加工方向

（1）顺铣　生成顺铣的轨迹。

（2）逆铣　生成逆铣的轨迹。

2. Z 切入

定义每层轨迹下降的高度。

（1）层高　输入 Z 向每加工层的切削深度。

（2）残留高度　通过设定铣削时的残余量（残留高度）定义两轨迹层之间的高度。

① 最大层间距　输入 Z 向切削深度的最大值。根据残留高度值在求得 Z 向的层高时，为防止在加工较陡斜面时可能层高过大，限制层高在最大层间距的设定值之下，如图 8-17(a) 所示。

② 最小层间距　输入 Z 向切削深度的最小值。根据残留高度值在求得 Z 向的层高时，为防止在加工较平坦面时可能层高过小，限制层高在最小层间距的设定值之上，如图 8-17(b) 所示。

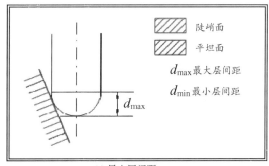
(a) 最大层间距

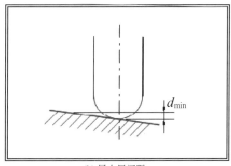
(b) 最小层间距

图 8-17　层间距示意

3. XY 切入

定义在同一层加工轨迹的参数。

（1）行距定义　设定两行轨迹之间的距离。

① 行距　指定两行加工轨迹之间的距离。

② 残留高度　通过设定加工残余量，定义两行轨迹之间的距离。

（2）切削模式　控制同层轨迹的走刀方向。

① 环切　生成环切粗加工轨迹。

② 平行（单向）　只生成单方向的加工轨迹。加工方向由"进行角度"进行指定。一次切削完成后提刀到安全高度，快速进刀后，进行下一次切削加工。

③ 平行（往复）　到达加工边界后不提刀，继续反向进行往复的加工。加工方向由"进行角度"进行指定。

4. 行间连接方式

两相邻轨迹行之间的连接方式。

（1）直线　以直线做成行间连接路径。

（2）圆弧　以圆弧做成行间连接路径。

（3）S形　以S形做成行间连接路径。

5. 加工顺序

当出现同层轨迹被划分为多个区域的时候，可选择优先加工顺序。

（1）Z优先　以被识别的山或谷为单位进行加工。自动区分出山和谷，逐个进行由高到低的加工（若加工开始到结束是按Z向上的情况，则是由低到高）。

（2）XY优先　按照Z进刀的高度顺序加工。即仅在XY方向上由系统自动区分的山或谷按顺序进行加工。

一般情况下，Z向优先会有比较高的加工效率，但对一些在加工过程中容易变形的工件（如薄壁件）应优先选择XY，以防止在加工中出现因强度削弱而导致过切。

6. 镶片刀的使用

在使用镶片刀具时生成最优化路径。由于镶片刀具的底部存在不能切割的部分，选中本选项即可生成最合适加工路径。

7. 选项

根据指定的系数删除微小轨迹段。

（1）删除面积系数　基于输入的删除面积系数，设定是否生成微小轨迹。若刀具截面积和等高线截面面积满足以下条件：

等高线截面面积＜刀具截面积×删除面积系数（刀具截面积系数）

则删除该等高线截面的轨迹如图 8-18(a) 所示。

要删除微小轨迹时，该值比较大；要生成微小轨迹时，则设定小一点的值。通常情况下使用初始值即可。

（2）删除长度系数　基于输入的删除长度系数，设定是否做成微小轨迹。若刀具截面积和等高截面线长度满足以下条件：

等高截面线长度＜刀具直径×删除长度系数（刀具直径系数）

则删除该等高线截面的轨迹如图 8-18(b) 所示。

要删除微小轨迹时，该值比较大；要生成微小轨迹时，则设定小一点的值。通常情况下

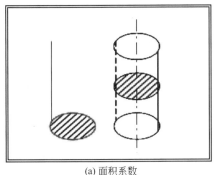
(a) 面积系数

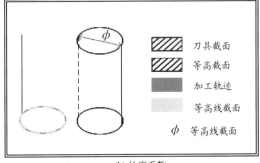
(b) 长度系数

图 8-18 删除系数示意

使用初始值即可。

8. 区域切削类型

（1）抬刀切削混合　在加工对象范围中没有开放形状时，在加工边界上以切削移动进行加工；有开放形状时，则抬刀连接。此时的延长量按下式计算：

当切入量<刀具半径/2 时，延长量=刀具半径+行距

当切入量>刀具半径/2 时，延长量=刀具半径+刀具半径/2

（2）抬刀　刀具移动到加工边界上时，快速往上移动到安全高度，再快速移动到下一个未切削的部分（刀具往下移动位置为延长量远离的位置）。

延长量：输入延长量。

（3）仅切削　在加工边界上用切削速度进行加工。

说明：加工边界（没有时为工件形状）和凸模形状的距离在刀具半径之内时，会产生残余量。此时加工边界和凸模形状的距离要设定比刀具半径大一点。

9. 执行平坦部识别

自动识别模型的平坦区域，选择是否根据该区域所在高度生成轨迹。

（1）再计算从平坦部分开始的等间距　选择再计算时，系统根据平坦部区域所在高度重新度量 Z 向层高，如图 8-19(a) 所示。选择不再计算时，在 Z 向层高的路径间，插入平坦部分的轨迹，如图 8-19(b) 所示。

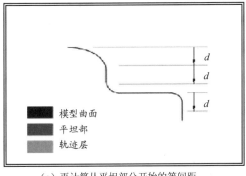
(a) 再计算从平坦部分开始的等间距

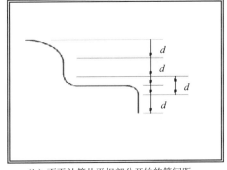
(b) 不再计算从平坦部分开始的等间距

图 8-19 再计算从平坦部分开始的等间距

（2）平坦部面积系数　根据输入的平坦部面积系数（刀具截面积系数），设定是否在平坦部生成轨迹。比较刀具的截面积和平坦部分的面积，满足以下条件时，生成平坦部轨迹。

平坦部分面积＞刀具截面积×平坦部面积系数（刀具截面积系数）

（3）同高度容许误差系数（Z 向层高系数） 同一高度的容许误差量（高度量）=Z 向层高×同高度容许误差系数（Z 向层高系数）。

（三）操作步骤

（1）单击"等高线粗加工"按钮，或单击【加工】→【粗加工】→【等高线粗加工】命令，系统弹出"等高线粗加工"对话框，如图 8-16 所示。

（2）填写加工参数，完成后单击 确定 按钮。

（3）系统提示"拾取加工对象"，单选"多窗选加工对象"，拾取完成后，点击鼠标右键确认。

（4）系统开始计算加工轨迹，并提示"正在计算轨迹，请稍候"，计算完成后在屏幕上显示生成的加工轨迹。

【例 1】 生成可乐瓶底凹模的粗加工轨迹。

操作过程如下。

1. 生成可乐瓶底凹模的实体造型

（1）打开"可乐瓶底.mxe"文件，以"可乐瓶底加工.mxe"为文件名另存文件。

（2）绘制草图。以 XY 面为基准面进入草图状态，绘制一个以原点为中心的 110×110 的矩形。

（3）生成实体。单击"拉伸增料"按钮，将草图拉伸 50mm，生成一立方实体。

（4）移动曲面。单击"平移"按钮，将两张曲面向下移动 32mm。

（5）生成凹模实体。单击"曲面裁剪"按钮，拾取裁剪曲面，设置除料方向向内，如图 8-20 所示。完成的凹模实体如图 8-21 所示。

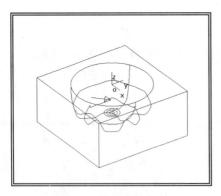 

图 8-20 设置裁剪方向　　　　　　　图 8-21 生成凹模实体

2. 建立毛坯

在轨迹树中双击"毛坯"图标，在弹出的"定义毛坯"对话框中选择定义方式为"参照模型"，单击 参照模型 按钮，完成毛坯设定。

3. 生成可乐瓶底凹模的粗加工轨迹

（1）单击"等高线粗加工"按钮，在弹出的"等高线粗加工"对话框中，选择或新建一直径 10、刀角半径 1.5、刃长大于 30、刀杆长大于 40 的 R 刀；设置下刀方式为螺旋；如图 8-22、图 8-23 所示设置加工参数和切入、切出参数。

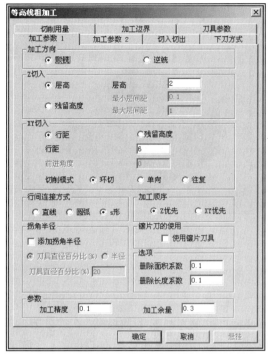

图 8-22 设置粗加工参数

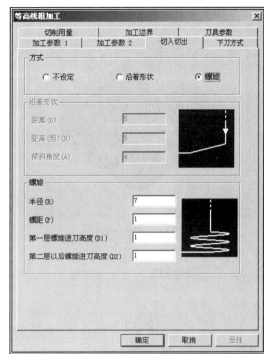

图 8-23 设置切入、切出参数

（2）生成加工轨迹。完成全部选择后，系统开始计算并显示所生成的刀具轨迹，如图 8-24 所示。

（3）轨迹仿真。在轨迹树中选中加工节点，点击鼠标右键，选择"轨迹仿真"，系统进入仿真环境，单击"等高线仿真"按钮，在弹出的"等高线显示"对话框中选择需要查看的轨迹层，该层轨迹单独显示出来，如图 8-25 所示。

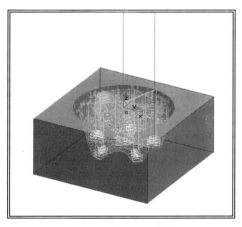

图 8-24 生成加工轨迹

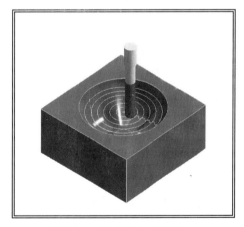

图 8-25 检查粗加工轨迹

（4）单击"仿真加工"按钮，在弹出的"仿真加工"对话框中单击"播放"按钮，系统开始仿真加工过程，如图 8-26 所示。在对话框内设定不同的干涉检查选项，以检查是否出现干涉碰撞等问题，仿真结果如图 8-27 所示。

图 8-26 仿真过程

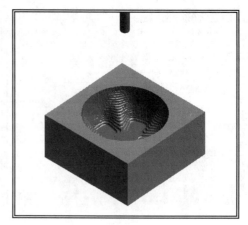

图 8-27 轨迹仿真结果

三、扫描线粗加工

（一）功能

生成分层的、平行的粗加工轨迹。该种加工方法通过控制刀具的 Z 向运动（Z 或 -Z 方向），使刀具可以沿着曲面陡壁切入和退出。扫描线粗加工加工参数，如图 8-28 所示。

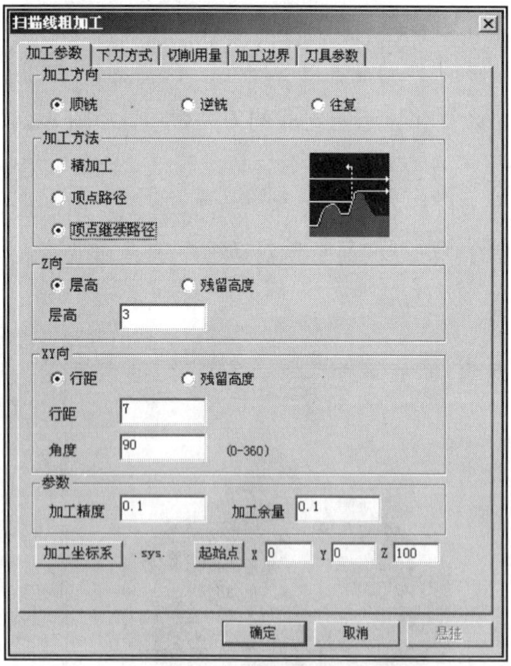

（二）加工参数

1. 加工方向

（1）顺铣　生成顺铣的轨迹。

（2）逆铣　生成逆铣的轨迹。

（3）往复　生成往复的轨迹。

2. 加工方法

（1）精加工　生成沿着模型表面进给的精加工轨迹，如图 8-29(a) 所示。

（2）顶点路径　生成遇到第一个顶点则快速抬刀至安全高度的轨迹，如图 8-29(b) 所示。

（3）顶点继续路径　在已完成的轨迹中，生成含有最高顶点的轨迹，即达到顶点后继续走刀，直到上一加工层轨迹位置后快速抬刀至安全高度的轨迹。如图 8-29(c) 所示。

3. Z 向

定义每层轨迹下降的高度。

图 8-28 扫描线粗加工加工参数

（1）层高　Z 向每加工层的切削深度。

（2）残留高度　系统会根据残留高度的大小计算 Z 向层高，并在对话框中显示提示。残留高度与 Z 向层高的关系，如图 8-30 所示。

4. XY 向

定义两个相邻的轨迹行的距离。

（1）行距　给定 XY 方向的行的距离。

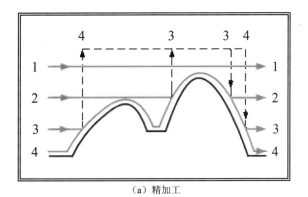

(a)精加工

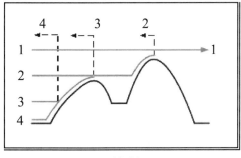

(b)顶点路径

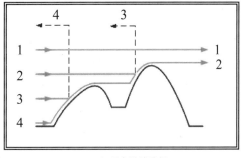

(c)顶点继续路径

图 8-29 加工方法示意

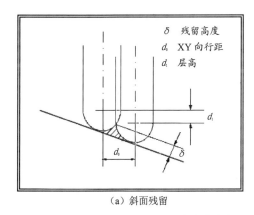

(a)斜面残留

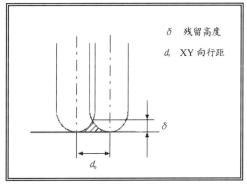

(b)平面残留

图 8-30 残留高度与 XY 向行距、Z 向层高关系示意

（2）残留高度 通过指定相邻切削轨迹间残余量的高度设定 XY 向行距。当指定残留高度时，会提示行距的大小。残留高度与 XY 向行距之间的关系，如图 8-30 所示。

（3）角度 扫描线轨迹的进行角度。

（三）操作步骤

（1）单击"扫描线粗加工"按钮，或单击【加工】→【粗加工】→【扫描线粗加工】命令，系统弹出"扫描线粗加工"对话框，如图 8-28 所示。

（2）填写加工参数，完成后单击 确定 按钮。

（3）系统提示"拾取加工对象"，单选"多窗选加工对象"，拾取完成后，点击鼠标右键确认。

（4）系统提示"拾取加工边界"，拾取封闭的加工边界曲线，或者直接点击鼠标右键跳过拾取边界曲线。

（5）系统开始计算加工轨迹，并提示"正在计算轨迹，请稍候…"，计算完成后，在屏幕上显示生成的加工轨迹。

四、摆线式粗加工

（一）功能

摆线式加工是利用刀具沿一滚动圆的运动来逐次对零件表面进行高速与小切量的切削。采用该种方法可以有效地对零件上的窄槽和轮廓进行高速小切量切削，切入、切出平稳，对刀具有很好的保护作用。"摆线式粗加工"对话框如图 8-31 所示。

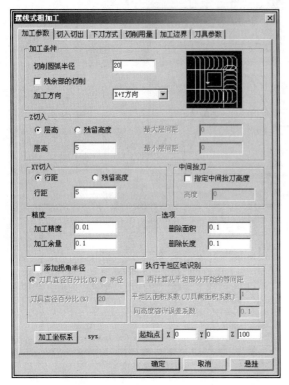

图 8-31 "摆线式粗加工"对话框

（二）加工参数

1. 加工条件

（1）切削圆弧半径　设定切削圆弧的半径，如图 8-32 所示。

（2）残余部的切削　到基轨迹为止，切削摆线式粗加工中未加工的残留部分。XY 方向的切削步长为设定切削量的一半。

（3）加工方向

① X 方向（+）　生成沿着 X 轴正方向的加工轨迹，如图 8-33(a) 所示。

② X 方向（-）　生成沿着 X 轴负方向的加工轨迹，如图 8-33(b) 所示。

③ Y 方向（+）　生成沿着 Y 轴正方向的加工轨迹，如图 8-33(c) 所示。

④ Y 方向（-）　生成沿着 Y 轴负方向的加工轨迹，如图 8-33(d) 所示。

⑤ X+Y 方向　生成从模型周围开始，各方向的加工轨迹，如图 8-33(e) 所示。

2. Z 切入

定义每层轨迹下降的高度。

（1）层高　Z 向每加工层的切削深度。

（2）残留高度　系统会根据残留高度的大小计算 Z 向层高，并在对话框中显示提示。

① 最大层间距　根据残余量的高度值在求得 Z 方向的切削深度时，为防止在加工较陡斜面时可能产生切削量过大的现象出现，限制产生的切削量在"最大层间距"的设定值之下。

② 最小层间距　根据残余量的高度值在求得 Z 方向的切削深度时，为防止在加工较平坦斜面时可能产生切削量过小的现象出

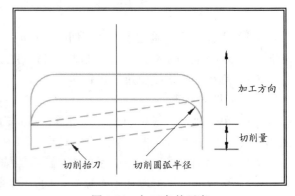

图 8-32 加工条件示意

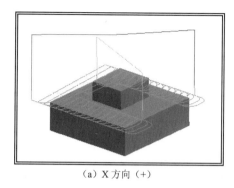
(a) X方向（+）

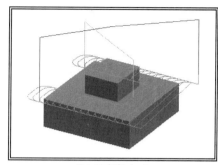
(b) X方向（-）

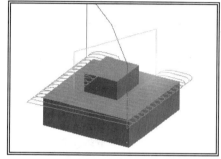
(c) Y方向（+）

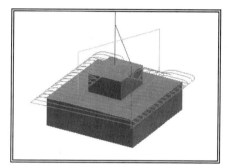
(d) Y方向（-）

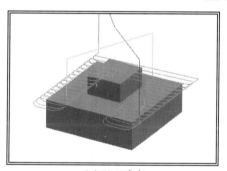
(e) X+Y方向

图8-33 加工方向示意

现，限制产生的切削量在"最小层间距"的设定值之上。

3. XY切入

定义XY方向的切削宽度。

（1）行距 指定XY方向的切削宽度。

（2）残留高度 用球刀进行加工时，通过铣削后的残余量高度值定义切削宽度。

4. 中间抬刀

指定在摆线加工时的中间抬刀高度，其含义如图8-34所示。

（三）操作步骤

（1）单击"摆线式粗加工"按钮，或单击【加工】→【粗加工】→【摆线式粗加工】命令，系统弹出"摆线式粗加工"对话框，如图8-31所示。

（2）填写加工参数后，单击 确定 按钮。

（3）系统提示"拾取加工对象"，单选"多窗选加工对象"，拾取完成后，点击鼠标右键确认。

（4）系统提示"拾取加工边界"，拾取封闭的加工边界曲线，或者直接点击鼠标右键跳过拾取边界曲线。

（5）系统开始计算加工轨迹，并提示"正在计算轨迹，请稍候"，计算完成后，在屏幕上显示生成的加工轨迹。

五、插铣式粗加工

（一）功能

插铣式加工是指在切削时刀具相对于工件向下运动。所以又称为 Z 轴铣削法。插铣式加工是实现高切除率金属切削最有效的加工方法之一。对于难加工材料的曲面加工、切槽加工以及刀具悬伸长度较大的加工，插铣法的加工效率，远远高于常规的端面铣削法。"插铣式粗加工"对话框，如图 8-35 所示。

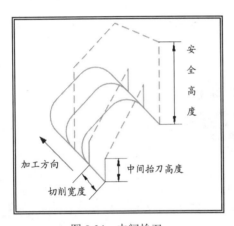

图 8-34　中间抬刀

图 8-35　"插铣式粗加工"对话框

（二）加工参数

1. 钻孔模式

（1）4 方向　插铣式粗加工的加工方向限定于 XY 轴的正、负方向上，适用于数据量少和矩形形状比较多的模型，其含义如图 8-36(a) 所示。

（2）6 方向　插铣式粗加工的加工方向限定于周围 60°间隔，适用于倾斜 60°或 120°的较多的模型，其含义如图 8-36(b) 所示。

（3）8 方向　插铣式粗加工的加工方向限定于周围 45°间隔，这种加工形式是比 4 方向间隔更细小、能更自由移动的加工。其含义如图 8-36(c) 所示。

（4）钻孔间隔　钻孔间隔是指插铣式粗加工时刀具之间的距离。

2. 加工开始高度

（1）使用加工开始高度　设定是否使用加工开始高度。

（2）高度　设定加工开始高度。

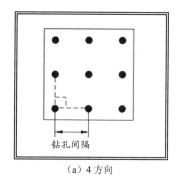
（a）4方向

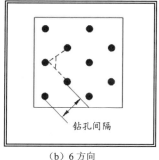
（b）6方向

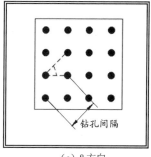
（c）8方向

图 8-36　钻孔模式示意

（三）操作步骤

（1）单击"插铣式粗加工"按钮 ，或单击【加工】→【粗加工】→【插铣式粗加工】命令，系统弹出"插铣式粗加工"对话框，如图 8-35 所示。

（2）填写加工参数，完成后单击 确定 按钮。

（3）系统提示"拾取加工对象"，单选"多窗选加工对象"，拾取完成后，点击鼠标右键确认。

（4）系统提示"拾取加工边界"，拾取封闭的加工边界曲线，或者直接点击鼠标右键跳过拾取边界曲线。

（5）系统开始计算加工轨迹，并提示"正在计算轨迹，请稍候"，计算完成后在屏幕上显示生成的加工轨迹。

六、导动线粗加工

（一）功能

XY 平面的法平面内的截面线沿平面轮廓线导动确定分层切削区域。在此区域内利用环切方法生成粗加工轨迹。"导动线粗加工"对话框如图 8-37 所示。

（二）加工参数

1. 加工方向

（1）顺铣　生成顺铣的轨迹。

（2）逆铣　生成逆铣的轨迹。

2. XY 切入

定义两个相邻的轨迹行的距离。

（1）行距　给定 XY 方向的扫描行的距离。

（2）残留高度　通过指定相邻切削轨迹间残余量的高度设定 XY 向行距。

3. Z 切入

定义每层轨迹下降的高度。

（1）层高　输入 Z 向每加工层的切削深度。

（2）残留高度　通过设定铣削时的残余量（残留高度）定义两轨迹层之间的下降高度。

4. 截面形状

指定截面形状，确定切削范围。

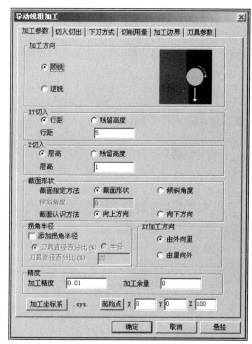

图 8-37　"导动线粗加工"对话框

（1）截面形状　根据导动生成的曲面形状指定切削范围。
（2）倾斜角度　以指定的倾斜角度，对导动线做成一定倾斜的曲面，以此定义切削范围。
（3）截面认识方法　指定朝上或朝下的截面形状。
① 向上方向　对于加工区域，指定朝上的截面形状（倾斜角度方向）。
② 向下方向　对于加工区域，指定朝下的截面形状（倾斜角度方向）。

5．XY加工方向
（1）由外向里　从加工边界外侧向加工区域的中心方向进行加工。
（2）由里向外　从加工区域的中心向加工边界外侧方向进行加工。

（三）操作步骤
（1）单击"导动线粗加工"按钮 ，或单击【加工】→【粗加工】→【导动线粗加工】命令，系统弹出"导动线粗加工"对话框，如图8-37所示。
（2）填写加工参数，完成后单击 确定 按钮。
（3）拾取轮廓线及加工方向。左键拾取轮廓线，系统要求选择搜索方向，如图8-38所示。选择一个方向后，系统将沿此方向继续搜索轮廓线，该方向同时表示刀具的行进方向。
（4）拾取截面线及加工方向。左键拾取截面线，系统要求选择搜索方向，如图8-39所示。选择一个方向后，系统将沿此方向继续搜索截面线，该方向同时表示刀具行的排列顺序。
（5）生成加工轨迹。完成全部选择之后，系统生成刀具轨迹，如图8-40所示。

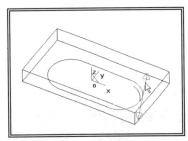 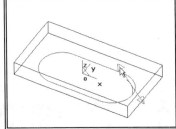 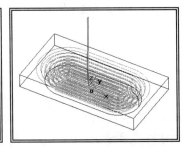

图8-38　拾取轮廓线及加工方向　　图8-39　拾取截面线及加工方向　　图8-40　生成加工轨迹

第三节　精加工方法

一、参数线精加工

（一）功能
沿单个或多个曲面的参数线方向生成三轴刀具轨迹。"参数线精加工"对话框，如图8-41所示。

（二）加工参数
1．切入、切出方式
（1）不设定　刀具直接从每行首点的竖直上方落下。
（2）直线　按给定的直线段长度，切线切入工件。
（3）圆弧　按给定的半径，以1/4圆弧切线切入工件。
（4）矢量　在每行的首点处增加一给定矢量点。

（5）强制　每行都从给定的强制点出发。强制点的 Z 值等同于每行第一点的 Z 值。

2. 行距定义方式

（1）残留高度　加工后刀具轨迹在行进方向离加工曲面的最大距离。

（2）刀次　刀具轨迹的行数。

（3）行距　每行刀位之间的距离。

说明：当加工的曲面曲率半径较大或精度要求不高时，建议使用行距来定义吃刀量，以提高运算速度；对曲率半径较小的曲面或精度要求较高，建议使用残留高度定义吃刀量，以在较陡面获得更多的走刀次数。

3. 遇干涉面

（1）抬刀　通过抬刀、快速移动、下刀，完成相邻切削行间的连接。

（2）投影　在需要连接的相邻切削行间生成切削轨迹，通过切削移动来完成连接。

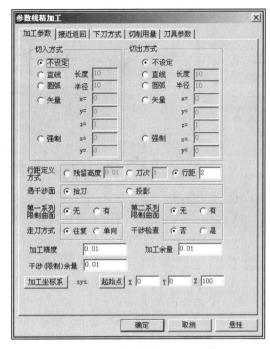

图 8-41 "参数线精加工" 对话框

4. 限制曲面

（1）第一系列限制曲面　指刀具轨迹的每一行，在刀具恰好碰到限制面时（已考虑干涉余量）停止。即限制刀具轨迹每一行的尾，如图 8-42(a) 所示。第一系列限制曲面可以由多个面组成。

（2）第二系列限制曲面　限制每一行刀具轨迹的头，如图 8-42(b) 所示。

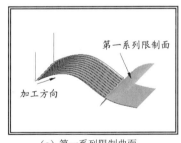　　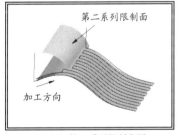

（a）第一系列限制曲面　　　　　　　　（b）第二系列限制曲面

图 8-42　限制曲面的几何意义

同时用第一系列限制曲面和第二系列限制曲面，可以得到刀具轨迹每行的中间段，如图 8-9 所示。

说明：系统对限制面与干涉面的处理不一样：碰到限制面，刀具轨迹的该行就停止，如图 8-43(a) 所示；碰到干涉面，刀具轨迹让刀，如图 8-43(b) 所示。在不同的场合，应灵活应用，以达到更好的切削质量。

5. 走刀方式

（1）单向　只生成单方向的加工轨迹。一次切削完成后提刀到安全高度，快速进刀后，进行下一次切削加工。

（2）往复　到达加工边界后不提刀，继续反向进行往复的加工。

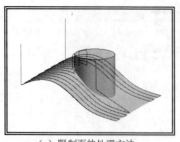 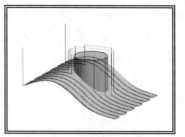

(a) 限制面的处理方法　　　　　　　　(b) 干涉面的处理方法

图 8-43　限制面与干涉面的处理方法

6. 干涉检查

（1）是　对加工的曲面本身作自身干涉检查。

（2）否　对加工的曲面本身不作自身干涉检查。

说明：干涉检查消耗系统资源较大。如果能够确认曲面自身不会发生干涉，最好不进行自身干涉检查，以加快计算速度。

7. 干涉（限制）余量

对干涉曲面的预留量，可正、可负。

（三）操作步骤

（1）单击【加工】→【精加工】→【参数线精加工】命令，系统弹出"参数线精加工"对话框，如图 8-41 所示。

（2）填写加工参数，完成后单击 确定 按钮。

（3）拾取加工曲面。加工参数设置完成后，系统弹出立即菜单，其中给出拾取方式选项，如果为单个拾取，必须分别拾取加工曲面，当拾取到一个曲面后，该曲面就变为红色的虚线，如图 8-44 所示。在该曲面上给出一个表示曲面加工方向的箭头符号，曲面拾取完毕后，点击鼠标右键结束曲面拾取；如果拾取方式为链拾取，拾取到第一个曲面后，依状态栏提示拾取曲面角点、选择搜索方向，曲面角点和方向相结合就能确定链拾取的方向。

（4）选择进刀点和进刀方向。依状态栏提示，拾取第一张曲面的某个角点为进刀点，系统将显示默认的进刀方向，可以利用的刀具进给方向包括两个，即 U 向和 W 向，即曲面的参数线方向。单击鼠标左键可在两个方向之间进行切换，如图 8-45 所示。确认后点击鼠标右键结束。

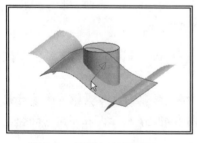 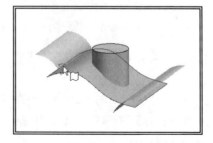

图 8-44　拾取加工曲面　　　　　　图 8-45　选择进刀点和进刀方向

（5）选择曲面加工方向。给定进刀点和加工的步进方向后，系统要求选择曲面加工方向，在曲面上单击鼠标左键，即可改变加工方向，如图 8-46 所示。完成后点击鼠标右键确认。

（6）拾取干涉曲面。如果没有干涉曲面，点击鼠标右键确认；如果有干涉曲面，依状态

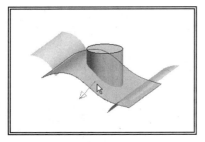
图8-46 选择曲面加工方向

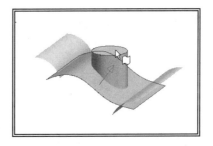
图8-47 拾取干涉曲面

栏提示，拾取相应的干涉曲面，如图8-47所示。

（7）拾取限制面。如图在加工参数中设置了第一系列限制面或第二系列限制面，则系统将提示用户拾取限制面，单击选择限制面，拾取结束后点击鼠标右键确认，如图8-48所示。

（8）生成刀具轨迹。完成所有选择后点击鼠标右键，系统生成刀具轨迹，如图8-49所示。

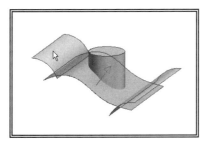
图8-48 拾取限制面

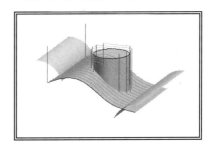
图8-49 生成刀具轨迹

说明：①可以使用"单个拾取"或"链拾取"两种方式拾取待加工的曲面，"单个拾取"需依次拾取各曲面。适合于曲面数目不多且不适合于"链拾取"的情形。"链拾取"需用户指定起始曲面，起始曲面角点及链搜索方向，系统从起始曲面出发，沿搜索方向自动寻找所有边界相接的曲面。搜索方向总是从起始曲面角点出发，指向曲面内部，可切换为U向和W向；链拾取适合于曲面数目较大且两张以上曲面搭接在一起的情形。对于复杂情形可能需要两种形式的组合来完成系列曲面的拾取。

② 参数线加工在对多个曲面加工时须注意其曲面参数线应保持一致，以保证产生的刀具轨迹是连续的，如参数线方向不一致，刀具轨迹则可能在两曲面边界处产生抬刀，在这种情况下，可换用其他的加工方法，以保证加工轨迹的连续性。

③ 用户需逐个确定待加工曲面的方向，以确保生成的刀位的正确性。

④ 在指定加工方式和每行进、退刀方式时，需确定刀具不会碰伤工件。

⑤ 若行距大于刀具半径，则系统在生成刀具轨迹时在每行之间按抬刀处理。

⑥ 在利用参数线加工时，要准确理解干涉的含义。本系统把干涉分为某一曲面自身干涉和其他曲面对该曲面的干涉。如果在切削待加工曲面时可能与其他曲面发生干涉，用户需指定需作干涉检查的曲面。

【例2】 生成如图4-24所示零件沟槽曲面部分的参数线精加工轨迹。

操作步骤如下。

（1）打开图形文件。

（2）单击【加工】→【轨迹生成】→【参数线精加工】命令，在弹出的"参数线精加工"对话框中，选择或新建直径为6的球刀；垂直进刀、垂直退刀；如图8-50、图8-51所示设置

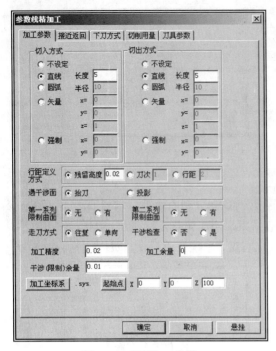
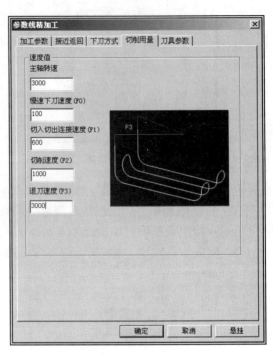

图 8-50 设置加工参数　　　　　　　图 8-51 设置切削用量

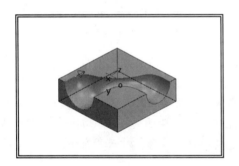
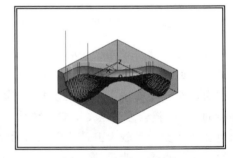

图 8-52 选择进刀点和进刀方向　　　　图 8-53 生成刀具轨迹

加工参数和切削用量，完成后单击 确定 按钮。

（3）拾取沟槽部分的导动曲面为加工曲面，点击鼠标右键确认拾取。

（4）选择进刀点和进刀方向。依状态栏提示，拾取曲面角点为进刀点，此时系统显示默认的进刀方向，单击鼠标左键切换进刀方向，确认后点击鼠标右键结束。完成后的进刀点和进刀方向如图 8-52 所示。

（5）选择曲面加工方向。点击鼠标右键，使用系统默认的曲面加工方向。

（6）拾取干涉曲面和限制曲面。没有干涉曲面，点击鼠标右键确认；没有限制曲面，点击鼠标右键确认。

（7）生成刀具轨迹。完成所有选择后点击鼠标右键，系统生成刀具轨迹如图 8-53 所示。

二、等高线精加工

（一）功能

针对曲面和实体，按等高线距离下降一层层的加工，并可对加工不到的部分（较平坦的部分）做补加工，属于两轴半加工方式。本功能可对零件做精加工和半精加工。"等高线精加工"对话框如图 8-54 所示。

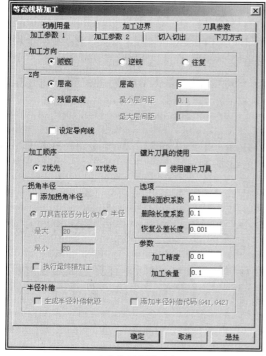

（a）加工参数（1）

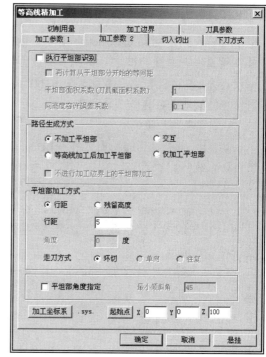

（b）加工参数（2）

图 8-54 "等高线精加工"对话框

（二）加工参数

1. 加工方向

（1）顺铣　生成顺铣的轨迹。

（2）逆铣　生成逆铣的轨迹。

（3）往复　等高线的各个层的加工方向采用顺、逆铣交替的方式进行切削。

2. Z 向

同本章第二节"二、等高线粗加工"。

3. 加工顺序

同本章第二节"二、等高线粗加工"。

4. 选项

同本章第二节"二、等高线粗加工"。

5. 执行平坦部识别

同本章第二节"二、等高线粗加工"。

6. 路径生成方式

（1）不加工平坦部　仅生成等高线路径。

（2）交互　将等高线断面和平坦部分交互进行加工。这种加工方式可以减少对刀具的磨损

（3）等高线加工后加工平坦部　生成等高线路径和平坦部路径连接起来的加工路径。

（4）仅加工平坦部　仅生成平坦部分的路径。

7. 平坦部加工方式

（1）行距　输入 XY 加工方向的切削量。

（2）残留高度　根据输入的残留高度，求出 Z 方向的切削量。

（3）角度　输入扫描线切削路径的进行角度。仅在选择了"平坦部角度指定"时可作设定。可输入的角度为：－180°≤角度≤180°。与扫描线和平坦部不同，相对扫描线和平坦部是参照顺铣、逆铣的设定，未加工部仅根据进行角度来决定刀具运行轨迹。顺铣时，角度范围设定为：90°≤角度≤180°，或－180°≤角度≤－90°。但不是刀具的接触位置，而是根据当作平面的顺铣、逆铣进行判断。

（三）操作步骤

（1）单击"等高线精加工"按钮，或单击【加工】→【精加工】→【等高线精加工】命令，系统弹出"等高线精加工"对话框，如图 8-54 所示。

（2）填写加工参数，完成后单击 确定 按钮。

（3）系统提示"拾取加工对象"，拾取完成后，点击鼠标右键确认。

（4）系统提示"拾取加工边界"，拾取封闭的加工边界曲线，或者直接点击鼠标右键跳过拾取边界曲线。

（5）系统开始计算加工轨迹，并提示"正在计算轨迹，请稍候"，计算完成后在屏幕上显示生成的加工轨迹。

三、扫描线精加工

（一）功能

生成扫描线精加工轨迹。"扫描线精加工"对话框如图 8-55 所示。

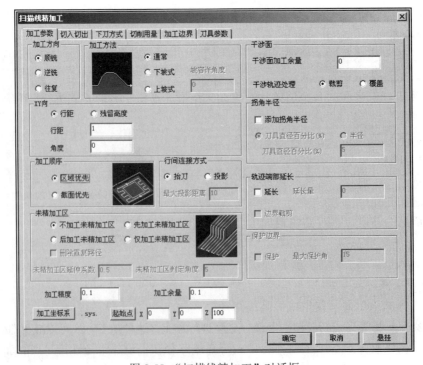

图 8-55　"扫描线精加工"对话框

（二）加工参数

1. 加工方向

同本章第二节"三、扫描线粗加工"。

2. 加工方法

（1）通常　生成通常的扫描线精加工轨迹，如图 8-56(a) 所示。

（2）下坡式　生成下坡式的扫描线精加工轨迹，如图 8-56(b) 所示。

（3）上坡式　生成上坡式的扫描线精加工轨迹，如图 8-56(c) 所示。

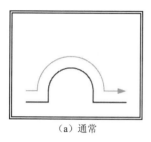 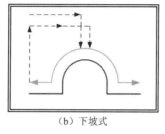 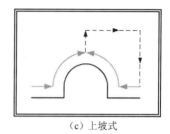

（a）通常　　　　　　　　　（b）下坡式　　　　　　　　　（c）上坡式

图 8-56　扫描线加工方法示意

（4）坡容许角度　上坡式和下坡式的容许角度。例如，在上坡式中即使一部分轨迹向下走，但小于坡容许角度，仍被视为向上，生成上坡式轨迹。在下坡式中即使一部分轨迹向上走，但小于坡容许角度，仍被视为向下，生成下坡式轨迹。

3. XY 向

同本章第二节"三、扫描线粗加工"。

4. 加工顺序

（1）区域优先　当判明加工方向截面后，生成区域优先的轨迹，如图 8-57(a) 所示。

（2）截面优先　当判明加工方向截面后，抬刀后快速移动然后下刀，生成截面优先的轨迹。如图 8-57(b) 所示。

5. 行间连接方式

（1）抬刀　通过抬刀，快速移动，下刀完成相邻切削行间的连接。

（2）投影　在需要连接的相邻切削行间生成切削轨迹，通过切削移动来完成连接。

（3）最大投影距离　投影连接的最大距离，当行间连接距离（XY 向）不大于最大投影距离时，采用投影方式连接，否则采用抬刀方式连接。

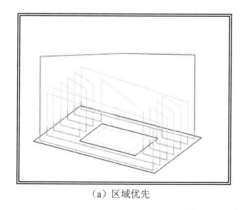 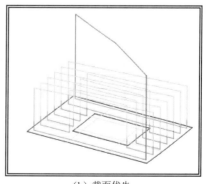

（a）区域优先　　　　　　　　　　　　　（b）截面优先

图 8-57　加工顺序示意

6. 未精加工区

定义未精加工区的加工方法。未精加工区与行距及曲面的坡度有关，行距较大时，行间容易产生较大的残余量，达不到加工精度的要求，这些区域就会被视为未精加工区；坡度较大时，行间的空间距离较大，也容易产生较大的残余量，这些区域就会被视为未精加工区。所以，未精加工区是由行距及未精加工区判定角度联合决定的。未精加工区的轨迹方向与扫描线轨迹方向成90°夹角，行距相同。加工未精加工区有以下四种选择。

（1）不加工未精加工区　只生成扫描线轨迹。
（2）先加工未精加工区　生成未精加工区轨迹后再生成扫描线轨迹。
（3）后加工未精加工区　生成扫描线轨迹后再生成未精加工区轨迹。
（4）仅加工未精加工区　仅生成未精加工区轨迹。
（5）未精加工区延伸系数　设定未精加工区轨迹的延长量，即 XY 向行距的倍数。
（6）未精加工区判定角度　未精加工区方向轨迹的倾斜程度判定角度，将这个范围视为未精加工区生成轨迹。

（三）操作步骤

（1）单击"扫描线精加工"按钮，或单击【加工】→【精加工】→【扫描线精加工】命令，系统弹出"扫描线精加工"对话框，如图 8-55 所示。

（2）填写加工参数，完成后单击 确定 按钮。

（3）系统提示"拾取加工对象"，拾取完成后，点击鼠标右键确认。

（4）系统提示"拾取加工边界"，拾取封闭的加工边界曲线，或者直接点击鼠标右键跳过拾取边界曲线。

（5）系统开始计算加工轨迹，并提示"正在计算轨迹，请稍候"，计算完成后在屏幕上显示生成的加工轨迹。

【例3】　使用曲面区域加工方法，生成如图 4-127 所示鼠标上表面的精加工轨迹。

操作步骤如下。

（1）单击"相关线"按钮，在立即菜单中选择"曲面边界线"、"全部"，拾取鼠标顶面，生成曲面边界线。

（2）单击"扫描线精加工"按钮，在弹出的"扫描线精加工"对话框中，选择或新建R5 球刀；设置切入、切出方式为 3D 圆弧；设置刀具在加工边界外侧；如图 8-58 所示设置加工参数。

（3）拾取鼠标上部 7 张面为加工曲面，拾取结束后点击鼠标右键确认。

（4）因没有干涉曲面，点击鼠标右键跳过。

（5）依状态栏提示，如图 8-59 所示拾取第一条轮廓线并选择加工方向。

（6）完成全部选择后，系统开始计算并显示所生成的刀具轨迹，如图 8-60 所示。

四、浅平面精加工

（一）功能

生成浅平面精加工轨迹。"浅平面精加工"对话框如图 8-61 所示。

（二）加工参数

1. 加工方向

同本章第二节"二、等高线粗加工"。

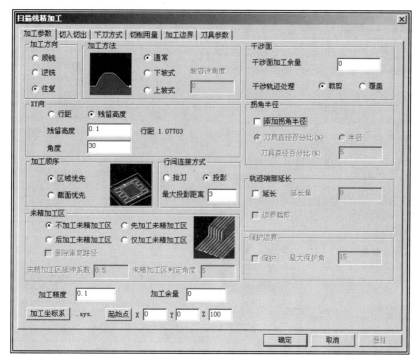

图 8-58 设置加工参数

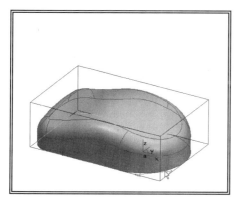

图 8-59 选择加工边界

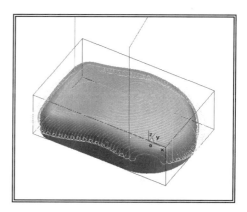

图 8-60 生成刀具轨迹

2. XY 向

同本章第二节"二、等高线粗加工"。

3. 加工顺序

同本章第二节"二、等高线粗加工"。

4. 精度

同本章第二节"一、区域式粗加工"。

5. 行间连接方式

同本节"三、扫描线精加工"。

6. 平坦区域识别

（1）最小角度　输入作为平坦区域的最小角度。输入的数值范围在 0°～90°。

303

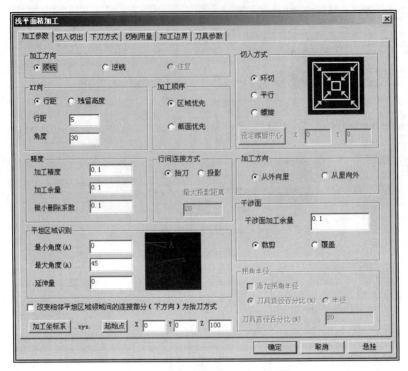

图 8-61 "浅平面精加工"对话框

(2) 最大角度　输入作为平坦区域的最大角度。输入的数值范围在 0°～90°。

(3) 延伸量　是指从设定的平坦区域向外的延伸量。

(4) 改变相邻平坦区域领域间的连接部分（下方向）为抬刀方式　相邻平坦区域的切削路径是否直接连接，到下一个平坦区域切削前，是否设定抬刀后再接近。

7. 切入方式

(1) 环切　生成环切刀具路径。

(2) 平行　生成单方向加工路径。

(3) 螺旋　生成螺旋形加工路径。

(4) 设定螺旋中心　可以设定螺旋中心，有两种设定方法，一种是输入数值，另一种是在工作区拾取。当采用拾取时注意一定要在曲面上拾取，否则软件会默认为曲面的中心作为螺旋中心。

8. 加工方向

切入方式为环切和螺旋时，有以下两种进行方向可以选择。

(1) 从外向里　从平坦区域的边界外侧向内侧生成加工路径。

(2) 从里向外　从平坦区域的边界内侧向外侧生成加工路径。

9. 干涉面

(1) 干涉面加工余量　指定干涉面的参与量。

(2) 裁剪　在指定的干涉面上做成不干涉刀具的路径。

(3) 覆盖　以加工面上的路径为基准，干涉面比该路径高的部分，在干涉面上移动，低的部分在基准路径上进行。

（三）操作步骤

（1）单击"浅平面精加工"按钮 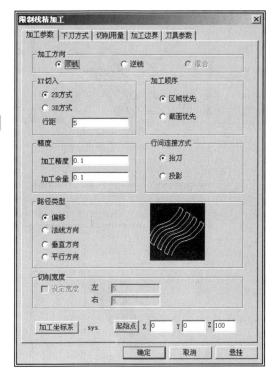，或单击【加工】→【精加工】→【浅平面精加工】命令，系统弹出"浅平面精加工"对话框，如图 8-61 所示。

（2）填写加工参数，完成后单击 确定 按钮。

（3）系统提示"拾取加工对象"，拾取完成后，点击鼠标右键确认。

（4）系统提示"拾取加工边界"，拾取封闭的加工边界曲线，或者直接点击鼠标右键跳过拾取边界曲线。

（5）系统开始计算加工轨迹，并提示"正在计算轨迹，请稍候"，计算完成后在屏幕上显示生成的加工轨迹。

五、限制线精加工

（一）功能

使用限制线，在模型的某一区域内生成精加工轨迹。"限制线精加工"对话框如图 8-62 所示。

图 8-62　"限制线精加工"对话框

（二）加工参数

1．加工方向

同本章第二节"二、等高线粗加工"。

2．XY 切入

定义两个相邻的轨迹行的距离。

（1）2D 方式　在 XOY 投影面上（二维平面）保持一定的进给量。

（2）3D 方式　在实体模型上（三维空间）保持一定的进给量。

（3）行距　设定 2D 或 3D 的进给量。

3．加工顺序

同本章第二节"二、等高线粗加工"。

4．精度

同本章第二节"一、区域式粗加工"。

5．行间连接方式

同本节"三、扫描线精加工"。

6．路径类型

（1）偏移　使用一条限制线，做成平行于限制线的刀具轨迹，如图 8-63(a) 所示。

（2）法线方向　使用一条限制线，做成垂直于限制线方向的刀具轨迹，如图 8-63(b) 所示。

（3）垂直方向　使用两条限制线，做成垂直于限制线方向的刀具轨迹，加工区域由两条限制线确定，如图 8-63(c) 所示。

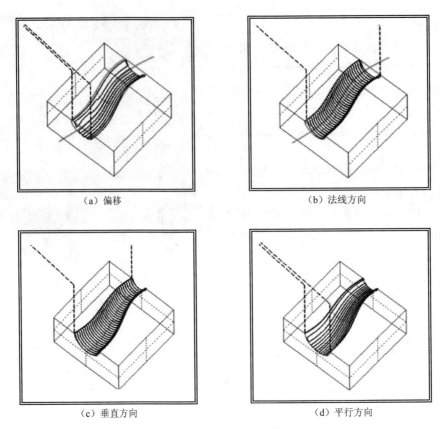

(a) 偏移　　　　　　　　　(b) 法线方向

(c) 垂直方向　　　　　　　(d) 平行方向

图 8-63　路径类型示意

（4）平行方向　使用两条限制线，做成平行于限制线方向的刀具轨迹，加工区域由两条限制线确定，如图 8-63(d) 所示。

（三）操作步骤

（1）单击"限制线精加工"按钮 ，或单击【加工】→【精加工】→【限制线精加工】命令，系统弹出"限制线精加工"对话框，如图 8-62 所示。

（2）填写加工参数，完成后单击 确定 按钮。

（3）系统提示"拾取加工对象"，拾取完成后，点击鼠标右键确认。

（4）系统提示"拾取限制曲线"，拾取曲线，点击鼠标右键确认。系统提示"拾取加工边界"，拾取封闭的加工边界曲线，或者直接点击鼠标右键跳过拾取边界曲线。

（5）系统开始计算加工轨迹，并提示"正在计算轨迹，请稍候"，计算完成后在屏幕上显示生成的加工轨迹。

六、三维偏置精加工

（一）功能

生成三维偏置精加工轨迹。"三维偏置精加工"对话框如图 8-64 所示。

（二）加工参数

1. 加工方向

同本章第二节"二、等高线粗加工"。

2. 进行方向

（1）边界→内侧　生成从加工边界到内侧收缩型的加工轨迹。

（2）内侧→边界　生成从内侧到加工边界扩展型的加工轨迹。

3．切入

设定两相邻轨迹行之间的距离。

4．行间连接方式

同本节"三、扫描线精加工"。

（三）操作步骤

（1）单击"三维偏置精加工"按钮 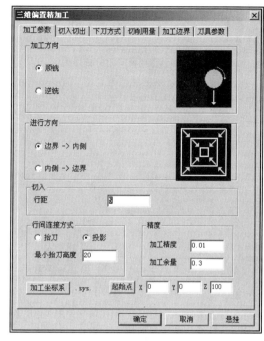，或单击【加工】→【精加工】→【三维偏置精加工】命令，系统弹出"三维偏置精加工"对话框，如图8-64所示。

（2）填写加工参数，完成后单击 确定 按钮。

（3）系统提示"拾取加工对象"，拾取完成后，点击鼠标右键确认。

图8-64　"三维偏置精加工"对话框

（4）系统提示"拾取加工边界"，拾取封闭的加工边界曲线，或者直接点击鼠标右键跳过拾取边界曲线。

（5）系统开始计算加工轨迹，并提示"正在计算轨迹，请稍候"，计算完成后在屏幕上显示生成的加工轨迹。

第四节　槽加工方法

一、曲线式铣槽

（一）功能

生成曲线式铣槽加工轨迹，"曲线式铣槽"对话框如图8-65所示。

（二）加工参数

1．路径类型

（1）投影到模型　在模型上生成投影路径。选择这一选项必须在交互的时候选择了模型，否则计算失败，并且不能和偏移同时使用。

（2）投影　设定在生成加工轨迹时是否考虑刀尖的路径。如果考虑刀尖，则在模型表面定义线框形状，可做成不干涉模型的路径。

2．偏移

生成指定线框的偏移路径。

（1）左　生成各线框形状箭头方向左侧的偏移路径。

（2）右　生成各线框形状箭头方向右侧的偏移路径。垂直向下线框时，使用垂直区域前一要素的偏移形状和后一要素的偏移形状间的垂直要素补间处理。在垂直要素的后一要素的矢量优先位置上输出垂直要素。

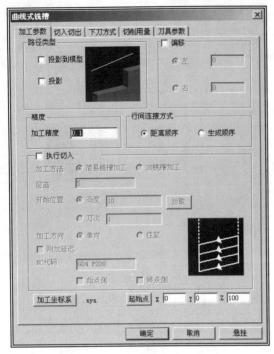

3. 行间连接方式

当选取多条曲线时,确定刀具轨迹的连接方式。

(1)距离顺序 依据各条曲线间起点与终点间距离和的最优值(尽可能最小),确定刀具轨迹连接顺序。

(2)生成顺序 依据曲线选择顺序来确定加工路径连接顺序。

4. 执行切入

设定在导向曲线上是否执行复数段加工。

(1)加工方法 设定铣槽方式。

① 简易铣槽加工 在 Z 方向上,复制指定数(刀次或高度)条导向曲线,形成轨道,然后按照这些轨道生成刀具轨迹,如图 8-66(a) 所示。

② 3D 铣槽加工 在 Z 方向上,按照指定数(刀次或高度)间取导向曲线,形成轨道,然后按照这些轨道生成加工路径,如图 8-66(b) 所示。

图 8-65 "曲线式铣槽"对话框

(2)层高 设定 Z 方向复制的间隔或 Z 方向切入的间隔。

(3)开始位置 确定加工的起始高度。

① 高度 指定加工开始高度。

② 刀次 指定加工次数。

(4)加工方向 加工时的走刀方向。

① 当加工方法设定为"简易铣槽加工"时,加工方向有以下两种选择。

- 单向 对于复制的路径,只进行一个方向的切削。
- 往复 对于复制的路径,每一段的切削方向都相反。

② 当加工方法设定为"3D 铣槽加工"时,加工方向有以下两种选择。

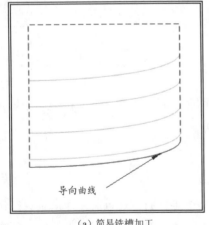

(a)简易铣槽加工

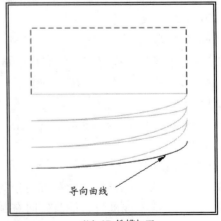

(b) 3D 铣槽加工

图 8-66 加工方法示意

- 平行 沿着间取曲线进行加工，加工一段后，刀具斜向降入到下一段的起点。
- Z 字形 沿着间取曲线进行加工，加工一段后，刀具沿着 Z 字形降入到下一段的起点。

（5）附加延迟 设定是否在 NC 数据内添加延迟信息。

① NC 代码 指定作为延迟信息输出的 NC 代码。

② 始点侧 在相对于导向曲线的起点侧，添加延迟信息。

③ 终点侧 在相对于导向曲线的终点侧，添加延迟信息。

（三）操作步骤

（1）单击"曲线式铣槽"按钮，或单击【加工】→【槽加工】→【曲线式铣槽】命令，系统弹出"曲线式铣槽"对话框，如图 8-65 所示。

（2）填写加工参数，完成后单击 确定 按钮。

（3）系统提示"拾取导向线"，根据提示拾取曲线，完成后点击鼠标右键确认。

（4）系统提示"拾取检查线"，根据提示拾取曲线，完成后点击鼠标右键确认。

（5）系统开始计算加工轨迹，并提示"正在计算轨迹，请稍候"，计算完成后在屏幕上显示生成的加工轨迹。

二、扫描式铣槽

（一）功能

生成扫描式铣槽轨迹。"扫描式铣槽"对话框，如图 8-67 所示。

（二）加工参数

1. 开放形状的加工方向

（1）从外侧进入 刀具从开放端水平切入模型，接触到轮廓线则垂直切出。

（2）从内侧进入 刀具垂直切入模型，接触到轮廓线则水平切出。

（3）往复 刀具切入模型后，一个高度加工后，不切出继续进行下一层的加工。

2. 封闭形状的加工方向

（1）铣孔加单向扫描 槽两端进行孔加工后，中间进行单方向加工。

（2）双层铣孔加往复扫描 槽两端，两倍于 Z 方向指定切深的孔穴加工与往复加工交替进行。

（3）单层铣孔加往复扫描 在 Z 方向每层上进行往复加工。

3. 延迟

设定是否在 NC 数据中添加延迟信息。当选择了开放形状的加工方向中的从外侧进入或者往复、封闭形状的加工方向中的单层铣孔加往复扫描时，延迟信息将被添加到切削结束位置。

4. 路径类型

选择刀具是否投影与导向线。如选择投

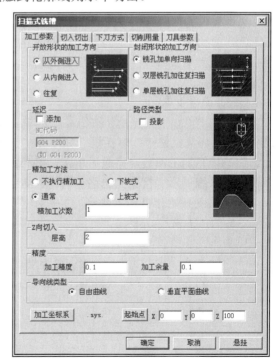

图 8-67 "扫描式铣槽"对话框

影，刀具将导向线视作最终形状进行移动，如图 8-68(a) 所示；否则刀具移动到导向线上，如图 8-68(b) 所示。

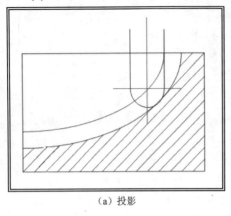 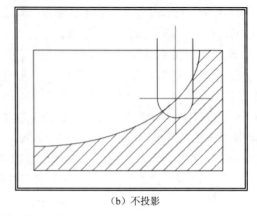

(a) 投影　　　　　　　　　　　　　　　　　(b) 不投影

图 8-68　路径类型示意

5. 精加工方法

（1）不执行精加工　不执行精加工。
（2）通常　生成普通的筋条加工路径。
（3）下坡式　只生成向下加工方向的路径。
（4）上坡式　只生成向上加工方向的路径。

精加工次数：输入进行精加工的次数，选择通常、下坡式、上坡式时设定此项。

6. Z 向切入

Z 方向每层的高度。

7. 导向线类型

选择取出的导向线是作为垂直平面曲线还是作为自由曲线。
（1）自由曲线　以取出的导向线做成路径。
（2）垂直平面曲线　通过取出曲线的起点和终点在垂直平面上投影导向曲线，以求出的曲线做成路径。

（三）操作步骤

（1）单击"扫描式铣槽"按钮，或单击【加工】→【槽加工】→【扫描式铣槽】命令，系统弹出"扫描式铣槽"对话框，如图 8-67 所示。
（2）填写加工参数，完成后单击 确定 按钮。
（3）系统提示"拾取曲线路径"，根据提示拾取曲线，完成后点击鼠标右键确认。
（4）系统开始计算加工轨迹，并提示"正在计算轨迹，请稍候"，计算完成后在屏幕上显示生成的加工轨迹。

第五节　补加工方法

一、笔式清根加工

（一）功能

生成笔式清根加工轨迹。"笔式清根加工"对话框如图 8-69 所示。

（二）加工参数

1. 加工方法

（1）顺铣　生成顺铣的轨迹。

（2）逆铣　生成逆铣的轨迹。

（3）下坡式　生成下坡式的轨迹。

（4）上坡式　生成上坡式的轨迹。

2. Z向

（1）层高　设定Z向多层切削时相邻加工层。

（2）刀次　Z方向多层切削的层数。

3. 加工顺序

Z向多层切削时，加工优先方向有以下两种选择方式。

（1）Z向优先　每个未加工区域Z向多层切削优先。

（2）XY向优先　所有未加工区域每加工层的切削优先。

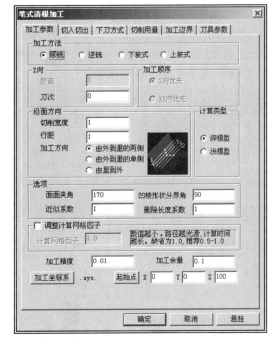

图 8-69 "笔式清根加工"对话框

4. 沿面方向

设定沿模型表面方向多行切削。

（1）切削宽度　未加工区域切削范围沿面方向的延伸宽度，设定后沿未加工区域会生成多条轨迹。设定延伸宽度为 0 时，沿未加工区域只生成一条轨迹。

（2）行距　切削宽度方向多行切削相邻行间的间隔。

（3）加工方向　生成沿模型表面方向多行切削。

① 由外到里的两侧　由外到里，从两侧往中心的交互方式生成轨迹。

② 由外到里的单侧　由外到里，从一侧往另一侧的方式生成轨迹。

③ 由里到外　由里到外，一个单侧轨迹生成后，再生成另一单侧的轨迹。

5. 计算类型

（1）深模型　生成适合具有深沟的模型或者极端浅沟模型的轨迹。

（2）浅模型　生成适合冲压用的大型模型，和深模型相比，计算时间短。

6. 选项

（1）面面夹角　如果面面夹角大时，不希望在这里作出补加工轨迹。所以系统计算出的面面之间的夹角小于设定的面面夹角时，才会在凹棱线处作出补加工轨迹。范围 0°≤面面夹角≤180°。

（2）凹棱形状分界角　补加工区域部分可以分为平坦区和垂直区两个类别进行轨迹的计算。这两个类别通过凹棱形状分界角为分界线进行区分。凹棱形状分界角的范围，0°≤凹棱形状分界角≤90°。凹棱形状角度指面面成凹状的棱线与水平面所成的角度，当凹棱形状角度＞凹棱形状分界角的补加工区域时为垂直区；当凹棱形状角度≤凹棱形状分界角的补加工区域时为平坦区。

（3）近似系数　原则上建议使用"1.0"。它是一个调整计算加工精度的系数。近似系数×加工精度，被作为将轨迹点拟合成直线段轨迹时的拟合误差。

（4）删除长度系数　根据输入的删除长度系数，设定是否生成微小轨迹。删除长度=刀具半径×删除长度系数。删除大于删除长度且大于凹棱形状分界角的轨迹,这是由于较陡峭且较长的轨迹不利于走刀。即:垂直区轨迹的长度<删除长度,平坦区轨迹不受删除长度系数的影响。一般采用删除长度系数的初始值。

7. 调整计算网格因子

设定轨迹光滑的计算间隔因子,因子的推荐值为 0.5~1.0。一般设定为 1.0。因子越小生成的轨迹越光滑,但计算时间会越长。

（三）操作步骤

(1) 单击"笔式清根加工"按钮 ,或单击【加工】→【补加工】→【笔式清根加工】命令,系统弹出"笔式清根加工"对话框,如图 8-69 所示。

(2) 填写加工参数,完成后单击 确定 按钮。

(3) 系统提示"拾取加工对象",拾取完成后,点击鼠标右键确认。

(4) 系统开始计算加工轨迹,并提示"正在计算轨迹,请稍候",计算完成后在屏幕上显示生成的加工轨迹。

二、等高线补加工

（一）功能

生成等高线补加工轨迹,"等高线补加工"对话框如图 8-70 所示。

（二）加工参数

1. Z 向

同本章第二节"二、等高线粗加工"。

2. XY 向

(1) 行距　同本章第二节"二、等高线粗加工"。

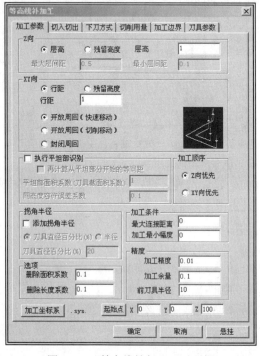

图 8-70　"等高线补加工"对话框

(2) 走刀方法　控制刀具的运动方向。

① 开放周回（快速移动）　在开放形状中,以快速移动进行抬刀,如图 8-71(a) 所示。

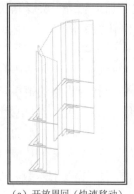

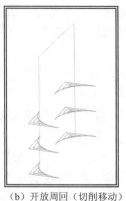

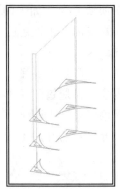

(a) 开放周回（快速移动）　　(b) 开放周回（切削移动）　　(c) 封闭周回

图 8-71　走刀方法示意

② 开放周回（切削移动）　在开放形状中，生成切削移动轨迹，如图 8-71(b) 所示。

③ 封闭周回　在开放形状中，生成封闭的周回轨迹，如图 8-71(c) 所示。

3．执行平坦部识别

同本章第二节"二、等高线粗加工"。

4．加工顺序

设定补加工轨迹连接的优先方向。

（1）Z向优先　在补加工轨迹中，先由上往下加工同一区域的残余量，然后再移动至下一个区域进行加工。

（2）XY向优先　同一高度的补加工轨迹先加工，然后再加工下一层高度的补加工轨迹。

5．加工条件

（1）最大连接距离　输入多个补加工区域通过正常切削移动速度连接的距离。最大连接距离＞补加工区域切削间隔距离时，以切削移动连接。最大连接距离＜加工区域切削间隔距离时，抬刀后快速移动连接。

（2）加工最小幅度　补加工区域宽度小于加工最小幅度时，不生成轨迹，将加工最小幅度设定为 0.01 以上。如果设定 0.01 以下的值，系统会以 0.01 计算处理。

（三）操作步骤

（1）单击"等高线补加工"按钮 ![icon]，或单击【加工】→【补加工】→【等高线补加工】命令，系统弹出"等高线补加工"对话框，如图 8-70 所示。

（2）填写加工参数，完成后单击 确定 按钮。

（3）系统提示"拾取加工边界"，拾取封闭的加工边界曲线，完成后点击鼠标右键确认。

（4）系统开始计算加工轨迹，并提示"正在计算轨迹，请稍候"，计算完成后在屏幕上显示生成的加工轨迹。

三、区域式补加工

（一）功能

生成区域式补加工轨迹，"区域式补加工"对话框如图 8-72 所示。

（二）加工参数

1．加工方向

同本章第二节"二、等高线粗加工"。

2．切削方向

切削方向的设定有以下两种选择。

（1）由外到里　生成从外往里，从一个单侧加工到另一个单侧的轨迹。

（2）由里到外　生成从里往外，从一个单侧加工到另一个单侧的轨迹。

3．XY向

设定两相邻轨迹行间的行距。

4．计算类型

同本节"一、笔式清根加工"。

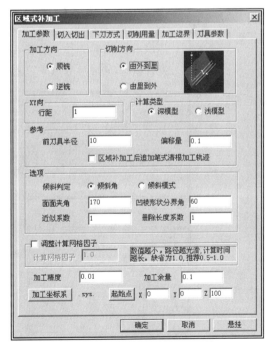

图 8-72 "区域式补加工"对话框

5. 参考

（1）前刀具半径　前一加工策略采用的刀具直径（球刀）。

（2）偏移量　通过加大前把刀具的半径，来扩大未加工区域的范围。偏移量即前把刀具半径的增量。例如，前刀具半径为 10mm，偏移量指定为 2mm 时，加工区域的范围就和前刀具 12mm 时产生的未加工区域的范围一致。

6. 区域补加工后追加笔式清根加工轨迹

设定是否在区域补加工后追加笔式清根加工轨迹。

（三）操作步骤

（1）单击"区域式补加工"按钮 ，或单击【加工】→【补加工】→【区域式补加工】命令，系统弹出"区域式补加工"对话框，如图 8-72 所示。

（2）填写加工参数，完成后单击 确定 按钮。

（3）系统提示"拾取加工边界"，拾取封闭的加工边界曲线，完成后点击鼠标右键确认。

（4）系统开始计算加工轨迹，并提示"正在计算轨迹，请稍候"，计算完成后在屏幕上显示生成的加工轨迹。

第六节　轨 迹 编 辑

轨迹编辑是对已经生成的刀具轨迹和刀具轨迹中的刀位行或刀位点进行增加、删减等。系统提供多种刀具轨迹编辑功能，主要用来对生成的刀位进行必要的调整。

一、刀位裁剪

1. 功能

用曲线对三轴刀具轨迹在 XY 平面进行裁剪。

2. 参数

（1）ON　裁剪后，临界刀位点在裁剪曲线上，如图 8-73(b) 所示。

（2）TO　裁剪后，临界刀位点未到裁剪线一个刀具半径，如图 8-73(c) 所示。

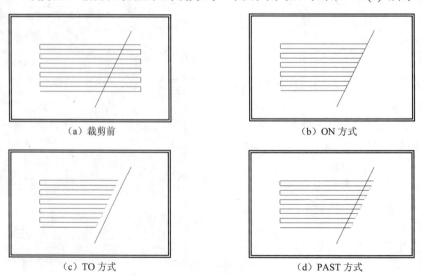

图 8-73　刀位裁剪示意

（3）PAST　裁剪后，临界刀位点超过裁剪线一个刀具半径，如图 8-73(d) 所示。

3. 操作

（1）单击【加工】→【轨迹编辑】→【刀位裁剪】命令，在弹出的立即菜单中选择相应的轨迹裁剪方式。

（2）依状态栏提示，拾取需要编辑的三轴刀具轨迹，选择裁剪方向后，系统生成裁剪后的刀具轨迹。

二、刀位反向

1. 功能

对生成的两轴或三轴刀具轨迹中刀具的走向进行反向，以实现加工中顺、逆铣的切换。

2. 参数

（1）一行反向　将刀具轨迹中的某一刀具行反向。

（2）整体反向　将整个刀具轨迹反向。

3. 操作

（1）单击【加工】→【轨迹编辑】→【刀位反向】命令，在弹出的立即菜单中选择相应的选项。

（2）拾取需反向的刀具轨迹，系统按立即菜单的选项要求给出反向后的刀具轨迹。

三、插入刀位

1. 功能

在三轴刀具轨迹中某刀位点处插入刀位点。

2. 参数

（1）前　在拾取的刀位点前插入一个刀位点，如图 8-74(b) 所示。

（2）后　在拾取的刀位点后插入一个刀位点，如图 8-74(c) 所示。

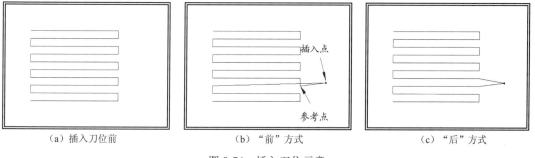

（a）插入刀位前　　　　（b）"前"方式　　　　（c）"后"方式

图 8-74　插入刀位示意

3. 操作

（1）单击【加工】→【轨迹编辑】→【插入刀位】命令，在弹出的立即菜单中选择插入类型。

（2）拾取参考点，拾取插入点，系统给出插入后的刀具轨迹。

四、删除刀位

1. 功能

删除三轴刀具轨迹的某一点或某一行。

2. 参数

（1）**刀位点** 删除拾取的刀位点。删除某一点后，刀具从删除点的前一点直接以直线方式加工到删除点的后一点，从而跳过此删除点。

（2）**刀位行** 删除拾取的刀位点所在的刀具行。拾取被删除行上的任一点，就能删除此行，删除该行后，被删除行的刀位起点和下一行的刀位起点连接在一起。

3. 操作

（1）单击【加工】→【轨迹编辑】→【删除刀位】命令，在弹出的立即菜单中选择删除类型。

（2）拾取需删除的刀位点，系统按立即菜单所给定的方式进行刀位的删除。

五、两点间抬刀

1. 功能

将位于三轴刀具轨迹的两点间的所有刀位点删除，并抬刀连接拾取的两刀位点。

2. 操作

（1）单击【加工】→【轨迹编辑】→【两点间抬刀】命令。

（2）拾取需编辑的三轴刀具轨迹，依次拾取两刀位点，系统将两点间的所有刀位点删除，并抬刀连接拾取的两刀位点，如图 8-75 所示。

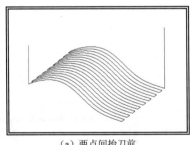
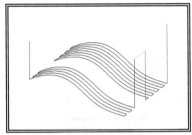

(a) 两点间抬刀前　　　　　　　　　(b) 两点间抬刀结果

图 8-75　两点间抬刀示意

六、清除抬刀

1. 功能

清除刀具轨迹中的抬刀点。

2. 参数

（1）**指定清除** 清除刀具轨迹中指定的抬刀点。

（2）**全部清除** 清除刀具轨迹中所有的抬刀点。

3. 操作

（1）单击【加工】→【轨迹编辑】→【清除抬刀】命令，在弹出的立即菜单中选择清除抬刀的方式。

（2）拾取需清除抬刀的刀位点或刀具轨迹，系统按立即菜单所给定的方式进行清除抬刀，如图 8-76 所示。

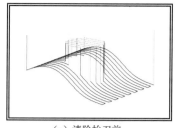
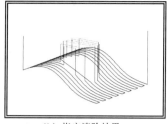

（a）清除抬刀前　　　　　　　　（b）指定清除结果　　　　　　　　（c）全部清除结果

图 8-76　清除抬刀示意

七、轨迹打断

1．功能

打断两轴或三轴刀具轨迹，使其成为两段独立的刀具轨迹。

2．操作

（1）单击【加工】→【轨迹编辑】→【轨迹打断】命令。

（2）拾取需打断的刀具轨迹，拾取打断刀位点，系统将轨迹打断为两段。

八、轨迹连接

1．功能

将多段独立的两轴或三轴刀具轨迹连接在一起。

2．操作

（1）单击【加工】→【轨迹编辑】→【轨迹连接】命令。

（2）依次拾取需连接的两轴或三轴刀具轨迹，拾取结束后点击鼠标右键确认，系统将拾取到的所有轨迹依次连接为一段等距轨迹。

说明：① 所有的轨迹使用的刀具必须相同。② 两轴与三轴轨迹不能互相连接。

第七节　三轴加工实例

【实例1】　生成图4-151所示吊钩模型的粗、精加工轨迹。

操作步骤如下。

（1）建立毛坯。在加工管理窗口双击 毛坯 图标，在弹出的"定义毛坯"对话框中，选择"参照模型"方式，单击 参照模型 按钮，生成毛坯的大小和基准点位置，调整毛坯高度为30，单击 确 定 按钮结束。

（2）生成粗加工轨迹。

① 单击"等高线粗加工"按钮，在弹出的"等高线粗加工"对话框中，选择或新建D16R2铣刀；不设定切入切出；垂直下刀；加工边界设定为毛坯边界的外侧；设定切削类型为"抬刀"；如图8-77、图8-78所示设置粗加工参数和切削用量。

② 框选拾取所有曲面为加工曲面，拾取结束后点击鼠标右键确认。

③ 完成所有选择后，系统开始计算并显示加工轨迹，如图8-79所示。

（3）生成底板顶面的精加工轨迹。

①隐藏粗加工轨迹。在轨迹树中选中"等高线粗加工"节点，点击鼠标右键，选择"隐藏"命令。

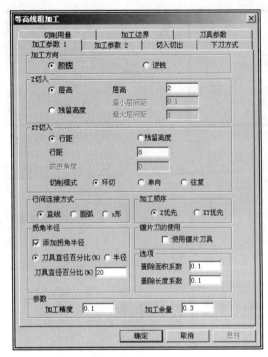
图 8-77 设置粗加工参数

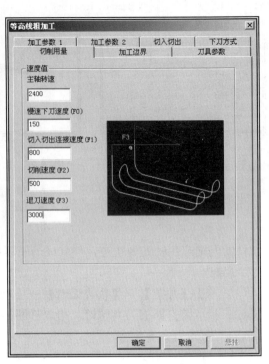
图 8-78 设置切削用量

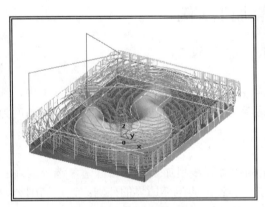
图 8-79 生成刀具轨迹

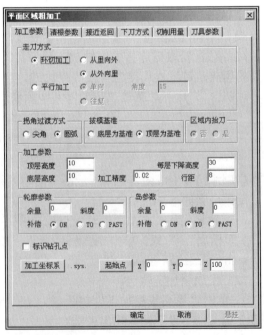
图 8-80 设置区域加工参数

② 绘制毛坯轮廓。单击"矩形"按钮，在 XY 面内绘制一个 150×200 的矩形。

③ 单击"平面区域粗加工"按钮，在弹出的"平面区域粗加工"对话框中，选择或新建 D16 铣刀；进刀垂直、退刀垂直；下刀垂直；岛清根，清根余量设为 0.5；如图 8-80 所示设置加工参数，完成后单击 确定 按钮。

④ 拾取轮廓线及加工方向。依状态栏提示，拾取第一条轮廓线，选择加工方向，系统自动搜索到封闭轮廓。

⑤ 拾取岛。拾取第一条内轮廓线，选择加工方向，系统自动搜索到岛的封闭轮廓，如图 8-81 所示。

⑥ 生成加工轨迹。拾取结束后，系统生成刀具轨迹，如图 8-82 所示。

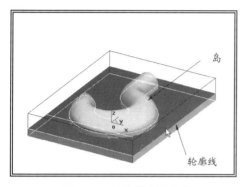
图 8-81 拾取轮廓线和岛

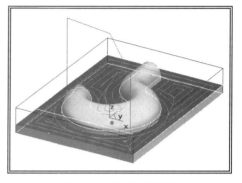
图 8-82 生成刀具轨迹

（4）生成吊钩曲面精加工轨迹。

① 单击"参数线精加工"按钮，在弹出的"参数线精加工"对话框中，选择或新建 R5 球头铣刀；进刀垂直、退刀垂直；如图 8-83、图 8-84 所示设置加工参数，完成后单击 确定 按钮。

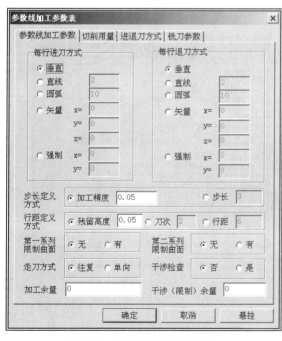
图 8-83 设置参数线加工参数

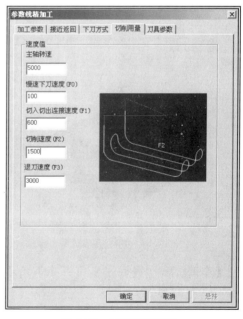
图 8-84 设置切削用量

② 拾取加工曲面。在弹出的立即菜单中选择"单个拾取"，拾取吊钩主体曲面和鼻部曲面，拾取结束后点击鼠标右键确认。

③ 选择进刀点和进刀方向。拾取吊钩曲面的角点为进刀点，单击鼠标左键可切换方向，

319

如图 8-85 所示。

④ 改变曲面方向。如曲面方向向内,则单击鼠标左键切换方向,确认后点击鼠标右键结束。

⑤ 拾取干涉曲面。拾取底板顶面为干涉面,拾取结束后点击鼠标右键确认。

⑥ 生成加工轨迹。完成所有选择后,系统开始计算并显示生成的刀具轨迹,如图 8-86 所示。

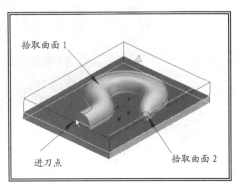

图 8-85　选择进刀点和进刀方向

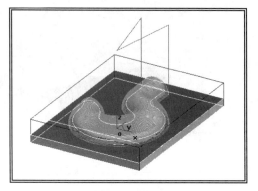

图 8-86　生成加工轨迹

(5) 检查刀具轨迹。将所有的刀具轨迹显示出来,单击【加工】→【轨迹仿真】命令,依次拾取加工轨迹,系统开始进行模拟切削,观察仿真的刀路是否合理、正确,完成后的零件如图 8-87 所示。

(6) 生成 G 代码。单击【加工】→【后置处理】→【生成 G 代码】命令,选择文件保存路径和文件名,依次拾取刀具轨迹,生成 G 代码,如图 8-88 所示。

图 8-87　轨迹仿真结果

图 8-88　生成 G 代码

【实例 2】　生成如图 5-64 所示五角星的加工轨迹。

操作过程如下。

(1) 建立毛坯。在加工管理窗口双击 毛坯 图标,在弹出的"定义毛坯"对话框中,选择"参照模型"方式,单击 参照模型 按钮,生成毛坯的大小和基准点位置,单击 确定 按钮结束。

(2) 生成粗加工轨迹。

① 单击"等高线粗加工"按钮 ,在弹出的"等高线粗加工"对话框中,选择或新建 D16R2 铣刀;不设定切入切出;垂直下刀;加工边界设定为毛坯边界上;设定切削类型为"抬

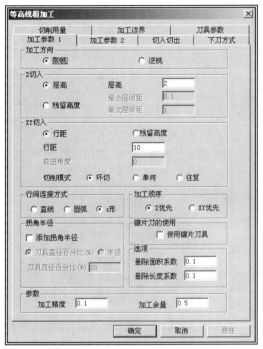

图 8-89 设置粗加工参数

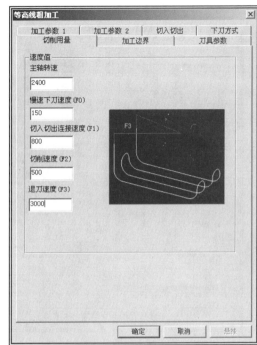

图 8-90 设置切削用量

刀切削混合";如图 8-89、图 8-90 所示设置粗加工参数和切削用量。

② 拾取加工曲面和加工边界,如图 8-91 所示。系统提示:"拾取加工曲面",此时单击实体,则实体的所有表面均被选中,点击鼠标右键确认;系统提示:"拾取加工边界",拾取底座 ϕ220 圆为加工边界,点击鼠标右键确认,系统开始计算并显示加工轨迹,如图 8-92 所示。

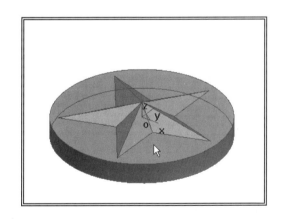

图 8-91 拾取加工曲面

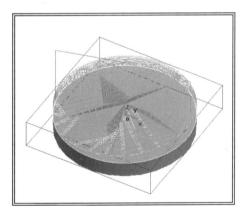

图 8-92 生成粗加工轨迹

(3) 生成半精加工轨迹。

① 单击"三维偏置精加工"按钮 ，在弹出的"三维偏置精加工"对话框中,选择或新建 R5 球头铣刀;进刀垂直、退刀垂直;如图 8-93 所示设置加工参数,完成后单击 确定 按钮。

② 系统提示"拾取加工对象",拾取完成后,点击鼠标右键确认。

③ 系统提示"拾取加工边界",拾取 ϕ220 圆为加工边界,点击鼠标右键确认。

④ 系统开始计算加工轨迹,完成后的加工轨迹如图 8-94 所示。

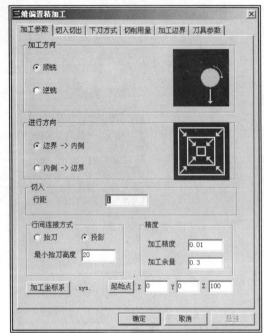

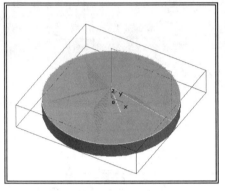

图 8-93 设置加工参数　　　　　　　　图 8-94 生成加工轨迹

(4) 生成精加工轨迹。

① 单击"扫描线精加工"按钮，在弹出的"扫描线精加工"对话框中，选择或新建 R3 球头铣刀；进刀垂直、退刀垂直；加工边界选择为毛坯的边界上，如图 8-95 所示设置加工参数，完成后单击 确定 按钮。

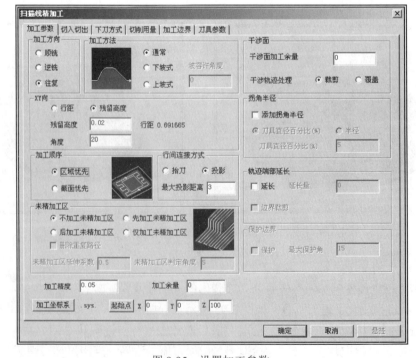

图 8-95 设置加工参数

② 根据系统提示，拾取零件实体为加工对象，拾取 $\phi 220$ 圆为加工边界，点击鼠标右键确认，系统开始计算加工轨迹，完成后的加工轨迹如图 8-96 所示。

（5）检查刀具轨迹。

① 准备仿真毛坯。将文件保存并新建一个新文件。在 XY 面上建立草图，以双向拉伸的方法生成一直径 220、高度为 40 的实体。单击"保存"按钮，在文件格式列表框中选择"STL 数据文件"，将文件保存。

② 将所有隐藏的刀具轨迹显示出来。

③ 单击【加工】→【轨迹仿真】命令，依次拾取加工轨迹，完成后点击鼠标右键确认，进入仿真环境。

④ 单击"仿真加工"按钮，系统弹出"仿真加工"对话框，单击"改变毛坯设定"按钮，在弹出的"毛坯设定"对话框中选择保存的毛坯文件。

⑤ 单击"播放"按钮，仿真结果如图 8-97 所示。

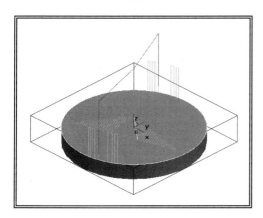 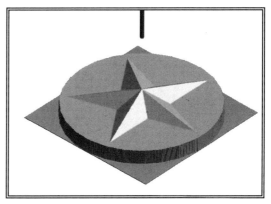

图 8-96　生成精加工刀具轨迹　　　　图 8-97　轨迹仿真结果

思考与练习（八）

一、思考题

（1）参数线加工对何种曲面加工效率更高？
（2）自身干涉检查与干涉面有什么区别？
（3）对个数较多,且参数线不一致的曲面应采用何种加工方式？
（4）如何避免加工多个曲面时抬刀问题？
（5）曲线加工的适用场合是什么？与其他加工方式有什么不同？
（6）等高线加工适用场合是什么？与曲面区域有何区别？
（7）在粗加工里走刀类型的定义，何时采用层优先？何时采用深度优先？
（8）加工精度定义的大小对凸、凹模的加工有何影响？有何不同？

二、练习题

（1）根据题图 8-1 中的零件简图，生成零件的加工造型，并生成零件的加工轨迹。
（2）根据题图 8-2 中的零件简图，生成零件的加工造型，并生成零件的加工轨迹。
（3）根据题图 8-3 中的零件简图，生成零件的加工造型，并生成零件的加工轨迹。

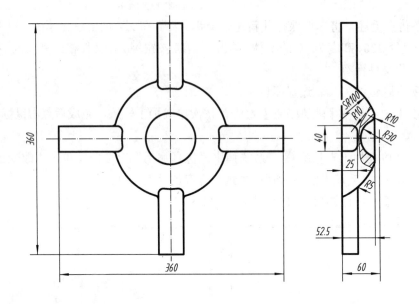

题图 8-1

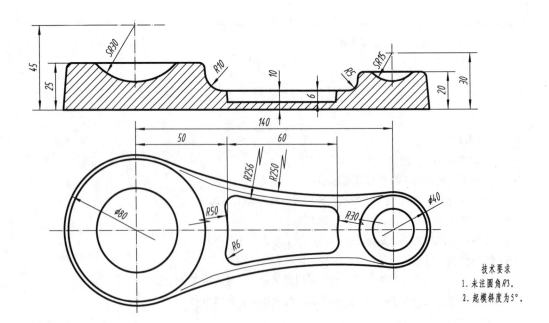

技术要求
1. 未注圆角 R3。
2. 起模斜度为5°。

题图 8-2

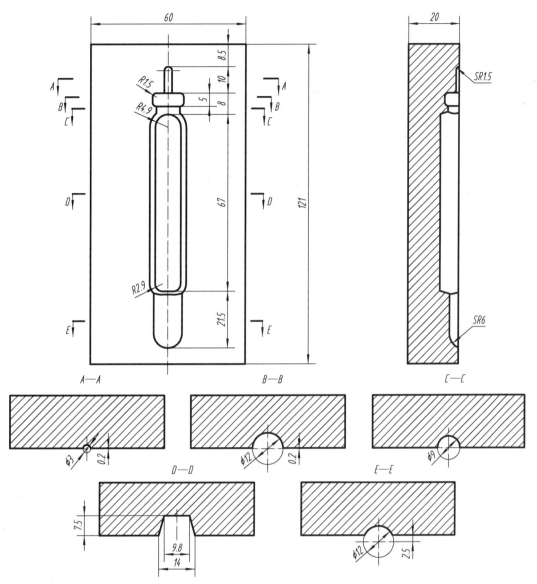

题图 8-3

附　　录

一、FANUC 数控系统 G、M 代码功能一览表

附表 1　FANUC 数控系统 G 代码功能一览表

G 代码	组别	功　能	附注	G 代码	组别	功　能	附注
G00	01	快速定位	模态	G50	00	工件坐标原点设置 最大主轴速度设置	非模态
G01	01	直线插补	模态	G52		局部坐标系设置	非模态
G02		顺时针圆弧插补	模态	G53		机床坐标系设置	非模态
G03		逆时针圆弧插补	模态	*G54	14	第一工件坐标系设置	模态
G04	00	暂停	非模态	G55		第二工件坐标系设置	模态
*G10		数据设置	模态	G56		第三工件坐标系设置	模态
G11		数据设置取消	模态	G57		第四工件坐标系设置	模态
G17	16	XY 平面选择	模态	G58		第五工件坐标系设置	模态
G18		ZX 平面选择（缺省）	模态	G59		第六工件坐标系设置	模态
G19		YZ 平面选择	模态	G65	00	宏程序调用	非模态
G20	06	英制（in）	模态	G66	12	宏程序模态调用	模态
G21		米制（mm）	模态	*G67		宏程序模态调用取消	模态
*G22	09	行程检查功能打开	模态	G73	00	高速深孔钻孔循环	非模态
G23		行程检查功能关闭	模态	G74		左旋攻螺纹循环	非模态
*G25	08	主轴速度波动检查关闭	模态	G75		精镗循环	非模态
G26		主轴速度波动检查打开	非模态	*G80	10	钻孔固定循环取消	模态
G27	00	参考点返回检查	非模态	G81		钻孔循环	
G28		参考点返回	非模态	G84		攻螺纹循环	模态
G31		跳步功能	非模态	G85		镗孔循环	
*G40	07	刀具半径补偿取消	非模态	G86		镗孔循环	模态
G41		刀具半径左补偿	模态	G87		背镗循环	模态
G42		刀具半径右补偿	模态	G89		镗孔循环	模态
G43	00	刀具长度正补偿	模态	G90	01	绝对坐标编程	模态
G44		刀具长度负补偿	模态	G91		增量坐标编程	模态
G49		刀具长度补偿取消	模态	G92		工件坐标原点设置	模态

注：1. 当机床电源打开或按重置键时，标有"*"号的 G 代码被激活，即缺省状态。

2. 不同组的 G 代码可以在同一程序段中指定；如果在同一程序段中指定同组 G 代码，最后指定的 G 代码有效。

3. 由于电源打开或重置，使系统被初始化时，已指定的 G20 或 G21 代码保持有效。

4. 由于电源打开被初始化时，G22 代码被激活；由于重置使机床被初始化时，已指定的 G22 或 G23 代码保持有效。

附表 2　FANUC 数控系统 M 代码功能一览表

M 代码	功　能	附注	M 代码	功　能	附注
M00	程序停止	非模态	M30	程序结束并返回	非模态
M01	程序选择停止	非模态	M31	旁路互锁	非模态
M02	程序结束	非模态	M52	自动门打开	模态
M03	主轴顺时针旋转	模态	M53	自动门关闭	模态
M04	主轴逆时针旋转	模态	M74	错误检测功能打开	模态
M05	主轴停止	模态	M75	错误检测功能关闭	模态
M06	换刀	非模态	M98	子程序调用	模态
M07	冷却液打开	模态	M99	子程序调用返回	模态
M08	冷却液关闭	模态	—	—	—

附表 3　编码字符的含义

字符	含　义	字符	含　义
A	关于 X 轴的角度尺寸	O	程序编号
B	关于 Y 轴的角度尺寸	P	平行于 X 轴的第三尺寸或固定循环参数
C	关于 Z 轴的角度尺寸	Q	平行于 Y 轴的第三尺寸或固定循环参数
D	刀具半径偏置号	R	平行于 Z 轴的第三尺寸或循环参数圆弧的半径
E	第二进给功能（即进刀速度，单位 mm/min）	S	主轴速度功能（表标转速，单位 r/min）
F	第一进给功能（即进刀速度，单位 mm/min）	T	第一刀具功能
G	准备功能	U	平行于 X 轴的第二尺寸
H	刀具长度偏置号	V	平行于 Y 轴的第二尺寸
I	平行于 X 轴的插补参数或螺纹导程	W	平行于 Z 轴的第二尺寸
J	平行于 Y 轴的插补参数或螺纹导程	X	基本尺寸
L	固定循环返回次数或子程序返回次数	Y	基本尺寸
M	辅助功能	Z	基本尺寸
N	顺序号（行号）	—	—

二、常用切削用量表

附表 4　硬质合金端面铣刀的铣削用量表

加工材料	工序	铣削深度/mm	铣削速度 v_c/(m/min)	每齿走刀量 f_z/(mm/齿)
钢（σ_b=520～700MPa）	粗精	2～4 0.5～1	80～120 100～180	0.2～0.4 0.05～0.2
钢（σ_b=700～900MPa）	粗精	2～4 0.1～1	60～100 90～150	0.2～0.4 0.05～0.10
钢（σ_b=1 000～1 100MPa）	粗精	2～4 0.5～1	40～70 60～100	0.1～0.3 0.05～0.10
铸铁	粗精	2～4 0.5～1	50～80 100～180	0.2～0.4 0.05～0.2
铝及其合金	粗精	2～4 0.5～1	300～700 500～1500	0.1～0.4 0.05～0.08

附表 5　高速钢铣刀和硬质合金铣刀的切削速度数值

加工材料	硬度/HB	切削速度 v_c/(m/min) 高速钢铣刀	硬质合金铣刀
低碳钢 中碳钢	125～175	24～42	75～150
	175～225	21～40	70～120
	225～275	18～36	60～115
	275～325	15～27	54～90
	325～375	9～21	45～75
	375～425	7.5～15	36～60
高碳钢	125～175	21～36	75～130
	175～225	18～33	68～120
	225～275	15～27	60～105
	275～325	12～21	53～90
	325～375	9～15	45～68
	375～425	6～12	36～54
合金钢	175～225	21～36	75～130
	225～275	15～30	60～120
	275～325	12～27	55～100
	325～375	7.5～18	37～80
	375～425	6～15	30～60
高速钢	200～250	12～23	45～83
灰铸铁	100～140	24～36	110～150
	150～190	21～30	68～120
	190～220	15～24	60～105
	220～260	9～18	45～90
	260～320	4.5～10	21～30
可锻铸铁	110～160	42～60	105～210
	160～200	24～36	83～120
	200～240	15～24	72～120
	240～380	9～21	42～60
铸钢 低碳	100～150	18～27	68～105
铸钢 中碳	100～160	18～27	68～105
	160～200	15～24	60～90
	200～225	12～21	53～75
铸钢 高碳	180～240	9～18	53～80
铝合金	—	180～300	360～600
铝合金		45～100	120～190
镁合金	—	180～270	150～600

附表 6　硬质合金铣刀的每齿进给量 f_z　　　　mm/齿

加工材料	硬度/HB	端面铣刀	三面刃铣刀
低碳钢	200	0.2～0.5	0.15～0.3
中、高碳钢	120～180	0.2～0.5	0.15～0.3
	180～220	0.15～0.5	0.125～0.25
	220～300	0.125～0.25	0.075～0.2
合金钢 （含 C<3%）	125～200	0.15～0.5	0.125～0.3
	200～280	0.1～0.3	0.075～0.25
	280～320	0.075～0.2	0.005～0.15

续表

加工材料	硬度/HB	端面铣刀	三面刃铣刀
合金钢（含C>3%）	170~220	0.125~0.5	0.125~0.3
	220~280	0.1~0.3	0.075~0.2
	280~320	0.075~0.2	0.05~0.15
	320~380	0.075	0.05~0.125
灰铸铁	150~220	0.2~0.5	0.125~0.3
	220~300	0.15~0.3	0.1~0.2
可锻铸铁	110~160	0.2~0.5	0.1~0.3
	160~200	0.2~0.5	0.15~0.3
	200~240	0.15~0.5	0.1~0.25
	240~260	0.1~0.3	0.1~0.2
铸铁	100~180	0.2~0.5	0.15~0.3
	180~240	0.15~0.5	0.1~0.25
	240~300	0.125~0.3	0.075~0.2
锌合金	—	0.125~0.5	0.1~0.38
铜合金	100~150	0.2~0.5	0.15~0.3
	150~250	0.15~0.35	0.1~0.25
铝合金、镁合金	—	0.2~0.5	0.15~0.3
不锈钢	—	0.15~0.38	0.125~0.3
塑料及硬橡皮	—	0.15~0.38	0.1~0.3

附表7 高速钢立铣刀的每齿进给量 f_z mm/齿

加工材料	硬度/HB	切深6.5mm的铣刀直径/mm			切深1.25mm的铣刀直径/mm			
		10	20	25以上	3	10	20	25以上
低碳钢	~150	0.05	0.1	0.15	0.25	0.075	0.15	0.2
	150~200	0.05	0.075	0.12	0.25	0.075	0.15	0.18
中、高碳钢	120~180	0.05	0.1	0.15	0.025	0.075	0.15	0.20
	180~220	0.05	0.075	0.12	0.025	0.075	0.15	0.18
	220~300	0.025	0.025	0.05	0.01	0.075	0.075	0.075
合金钢（含C<3%）	125~170	0.05	0.1	0.12	0.025	0.1	0.15	0.2
	170~220	0.05	0.1	0.12	0.025	0.075	0.15	0.2
	220~280	0.025	0.05	0.075	0.12	0.05	0.075	0.1
	280~320	0.012	0.025	0.05	0.12	0.025	0.05	0.025
合金钢（含C>3%）	170~220	0.075	0.1	0.12	0.05	0.075	0.15	0.2
	220~280	0.05	0.05	0.075	0.025	0.05	0.075	0.1
	280~320	0.05	0.025	0.05	0.012	0.025	0.05	0.075
	320~380	0.012	0.025	0.025	0.012	0.025	0.05	0.05
工具钢	200~250	0.05	0.075	0.1	0.025	0.075	0.1	0.1
	250~300	0.025	0.05	0.075	0.12	0.05	0.075	0.075
灰铸铁	150~180	0.075	0.125	0.15	0.025	0.1	0.18	0.18
	180~220	0.05	0.1	0.125	0.025	0.075	0.15	0.15
	220~300	0.025	0.075	0.075	0.012	0.075	0.1	0.1
可锻铸铁	110~160	0.075	0.125	0.18	0.025	0.125	0.15	0.2
	160~200	0.05	0.1	0.125	0.025	0.075	0.15	0.2
	200~240	0.05	0.05	0.075	0.025	0.05	0.075	0.1
	240~300	0.125	0.025	0.05	0.012	0.05	0.05	0.075
铸钢	100~180	0.075	0.1	0.15	0.025	0.075	0.15	0.2
	180~240	0.05	0.075	0.12	0.025	0.075	0.15	0.18
	240~300	0.025	0.05	0.075	0.012	0.05	0.075	0.1
锌合金	—	0.1	0.2	0.3	0.05	0.125	0.2	0.3

续表

加工材料	硬度/HB	切深 6.5mm 的铣刀直径/mm			切深 1.25mm 的铣刀直径/mm			
		10	20	25 以上	3	10	20	25 以上
铜合金	80～100	0.075	0.2	0.25	0.025	0.1	0.2	0.25
	100～150	0.05～0.075	0.1～0.15	0.15～0.25	0.012～0.025	0.075～0.1	0.12～0.2	0.2～0.25
	150～250	0.05～0.075	0.1～0.15	0.15～0.25	0.012～0.025	0.075～0.1	0.12～0.2	0.2～0.25
铸铝合金	—	0.075	0.2	0.25	0.05	0.075	0.25	0.3
		0.075	0.15	0.2	0.05	0.075	0.25	0.25
冷拉可锻铝合金	—	0.075	0.2	0.25	0.05	0.075	0.25	0.3
镁铝金	—	0.075	0.2	0.3	0.05	0.1	0.25	0.35
不锈钢	—	0.05～0.075	0.075～0.125	0.125	0.025	0.075～0.1	0.1～0.15	0.15～0.2
硬橡皮及塑料	—	0.075	0.2	0.25	0.05	0.1	0.25	0.35

附表 8　其他高速钢铣刀的每齿进给量 f_z　　　　mm/齿

加工材料	硬度/HB	平铣刀	成形铣刀	端面铣刀	三面刃铣刀
低碳钢	～150	0.12～0.2	0.1	0.15～0.3	0.12～0.2
	150～200	0.12～0.2	0.1	0.15～0.3	0.1～0.15
中、高碳钢	120～180	0.12～0.2	0.1	0.15～0.3	0.12～0.2
	180～220	0.12～0.2	0.1	0.15～0.25	0.015～0.15
	220～300	0.07～0.15	0.075	0.1～0.2	0.05～0.12
合金钢（含 C<3%）	125～170	0.12～0.2	0.1	0.15～0.3	0.12～0.15
	170～220	0.1～0.2	0.1	0.15～0.25	0.07～0.15
	220～280	0.07～0.12	0.075	0.12～0.2	0.07～0.15
	280～320	0.05～0.1	0.05	0.07～0.12	0.05～0.1
合金钢（含 C>3%）	170～220	0.12～0.2	0.1	0.15～0.25	0.07～0.15
	220～280	0.07～0.15	0.075	0.12～0.2	0.07～0.12
	280～320	0.05～0.12	0.05	0.07～0.12	0.05～0.1
	320～380	0.05～0.1	0.05	0.05～0.1	0.05～0.1
工具钢	200～250	0.07～0.13	0.1	0.12～0.2	0.01～0.15
	250～300	0.05～0.1	0.075	0.01～0.12	0.05～0.1
灰铸铁	150～180	0.2～0.3	0.125	0.2～0.35	0.15～0.25
	180～220	0.15～0.25	0.1	0.15～0.3	0.12～0.2
	220～300	0.1～0.2	0.075	0.1～0.15	0.07～0.12
可锻铸铁	110～160	0.2～0.35	0.15	0.2～0.4	0.15～0.25
	160～200	0.2～0.3	0.125	0.2～0.35	0.15～1.25
	200～240	0.12～0.25	0.1	0.15～0.3	0.12～0.2
	240～300	0.1～0.2	0.075	0.1～0.2	0.07～0.12
铸钢	100～180	0.12～0.2	0.1	0.15～0.3	0.12～0.2
	180～240	0.12～0.2	0.1	0.15～0.25	0.1～0.2
	240～300	0.07～0.15	0.075	0.1～0.2	0.07～0.15
锌合金	—	0.2～0.3	0.125	0.2～0.5	0.1～0.25
铜合金	80～100	0.2～0.35	0.1	0.15～0.25	0.07～0.15
	100～150	0.15～0.28	0.075	0.12～0.2	0.07～0.12
	150～250	0.1～0.2	0.075	0.2～0.3	0.4～0.48
铸铝合金	—	0.2～0.35	0.125	粗 0.03mm/齿	0.2～0.3
		0.15～0.25	0.125	精 0.02mm/齿	0.15～0.25

续表

加工材料	硬度/HB	平铣刀	成形铣刀	端面铣刀	三面刃铣刀
冷拉可锻铝合金	—	0.2～0.35	0.125	0.3～0.5	0.2～0.3
镁铝金	—	0.25～0.4	0.125	0.3～0.55	0.25～0.35
不锈钢	—	0.15～0.2	0.1	0.2～0.3	0.075～0.2
硬橡皮及塑料	—	0.15～0.35	0.15	0.25～0.5	0.125～0.35

三、CAXA 制造工程师命令一览表

附表 9　CAXA 制造工程师常用键含义及快捷键

	常用键及快捷键	图标	功能
鼠标	鼠标左键		用于激活菜单、确定点的位置和拾取元素等
	鼠标右键		用于确认拾取、结束操作和终止命令
键盘	回车键 数值键		在系统要求输入坐标、长度时，按 Enter 键，在弹出的数据输入框中输入数据
	空格键		当系统要求输入点时，按 Space 键可以弹出点工具菜单，便于查找特征点。例如，在系统要求输入点时，按 Space 键可以弹出点工具菜单
键盘功能键	F1		请求系统帮助
	F2		用于草图状态与非草图状态的切换
	F3		将当前绘制的全部图形，全部显示在屏幕绘图区内
	F4		刷新当前屏幕所有图形
	F5		将当前平面切换至 XOY 面，同时将显示平面置为 XOY 面
	F6		将当前平面切换至 YOZ 面，同时将显示平面置为 YOZ 面
	F7		将当前平面切换至 XOZ 面，同时将显示平面置为 XOZ 面
	F8		按轴测图方式显示图形
	F9		切换当前作图平面（XOY、XOZ、YOZ）
鼠标与键盘组合	←、→、↑、↓		显示平移
	Shift+← Shift+↑ Shift+→ Shift+↓		显示旋转
	Ctrl+↑		显示放大
	Ctrl+↓		显示缩小
	Shift+左键		显示旋转
	Shift+右键		显示缩放
	Shift+左键+右键		显示平移
	Page Up		显示放大
	Page Down		显示缩小

附表10　CAXA制造工程师2006命令一览表

下拉菜单		图标、快捷键	功　　能
文件	新建	Ctrl+N	创建一个新的零件图形绘制缓冲区，操作结果记录在内存中
	打开	Ctrl+O	打开一个已有的CAXA制造工程师的图形文件
	保存	Ctrl+S	将当前操作以文件形式存储到磁盘上
	另存为		将当前操作另取一个文件名存储到磁盘上
	打印	Ctrl+P	将当前图形对象输出到打印机、绘图仪等输出设备上
	打印设置		选择绘图输出设备的型号、纸张大小、图纸方向等
	并入文件		读入一个实体或线面数据文件，与当前零件实现交、并、差布尔运算
	读入草图		将CAXA电子图板中的二维视图读入CAXA制造工程师的草图中
	样条输出		将样条线输出到DAT数据文件（*.dat）中，文件中记录每个样条线的点的个数和坐标值
	输出视图		输出三维实体各个视向的二维正交视图、轴测图，任意给定视向视图和剖面图
	保存图片		将当前显示图形保存为24位位图文件（*.bmp）格式
	启动电子图板		启动与CAXA制造工程师集成在一起的二维电子图板
	退出	Alt+X	退出CAXA制造工程师系统
编辑	取消上次操作	Ctrl+Z	取消最近一次或多次操作
	恢复已取消的操作	Ctrl+Y	恢复最近一次或多次取消的操作，是取消操作的逆过程
	删除		删除拾取到的图形对象，但不包含实体
	剪切	Ctrl+X	将选中的图形对象存入剪贴板中，并删除选中的图形
	复制	Ctrl+C	将选中的图形对象存入剪贴板中，不删除选中的图形
	粘贴	Ctrl+V	将剪贴板中存储的图形对象插入到当前编辑位置
	隐藏		隐藏指定的曲线、曲面或加工轨迹
	可见		使隐藏的图形对象可见
	层修改		改变图形对象所在的图层
	颜色修改		将拾取到的图形对象改变颜色
	编辑草图		编辑已有草图
	修改特征		修改实体特征的特征参数
	终止当前命令		使当前命令终止
显示	显示变换	显示重画	F4	刷新当前屏幕所有图形
		显示全部	F3	将当前绘制的所有图形全部显示在屏幕绘图区内
		显示窗口		将用户指定的窗口内图形放大到整个屏幕绘图区内
		显示缩放		按照固定比例将绘制的图形进行放大或缩小
		显示旋转		旋转显示当前显示的图形对象
		显示平移		根据用户指定的屏幕显示中心，将图形移动到所需的位置
		线架显示		将曲面和实体采用线架的显示效果进行显示

续表

下拉菜单		图标、快捷键	功能
显示	显示变换		
	消隐显示		将曲面和实体采用消隐的显示效果进行显示
	真实感显示		将曲面和实体以真实感的显示效果进行显示
	显示上一页		取消当前显示,返回显示状态前的状态
	显示下一页		返回下一次显示状态,与显示上一页配合使用
	视向定位		用给定的方向观察零件,通过输出视图,输出给定方向的视图
	标准工具栏		显示或关闭主界面的标准工具栏
	状态控制栏		显示或关闭主界面的状态控制栏
	显示变换栏		显示或关闭主界面的显示变换栏
	系统提示栏		显示或关闭主界面的系统提示栏
	特征树栏		显示或关闭主界面的特征树栏
	特征操作栏		显示或关闭主界面的特征操作栏
	曲线生成栏		显示或关闭主界面的曲线生成栏
	曲面生成栏		显示或关闭主界面的曲面生成栏
	线面编辑栏		显示或关闭主界面的线面编辑栏
	几何变换栏		显示或关闭主界面的几何变换栏
造型	曲线生成	直线		按指定的直线类型绘制直线
		圆弧		按指定的圆弧类型绘制圆弧
		圆		绘制整圆
		矩形		绘制矩形
		椭圆		按给定参数绘制椭圆或椭圆弧
		样条		生成过给定顶点(样条插值点)的样条曲线
		点		在屏幕指定位置处绘制一个或多个孤立点
		公式曲线		根据数学公式(或参数表达式)绘制数学曲线
		正多边形		在给定点处绘制一个给定半径、边数的正多边形
		二次曲线		根据给定的方式绘制二次曲线
		等距线		绘制给定曲线的等距线
		曲线投影		在草图状态下,将曲线、实体边界和曲面边界投射到当前平面内
		样条→圆弧		将样条曲线以指定的精度离散为多段圆弧
		相关线		抽取曲面或实体的特征曲线
		文字		在CAXA制造工程师中输入文字
	曲面生成	直纹面		由一根直线两端点分别在曲线上匀速运动而形成的轨迹曲面
		旋转面		按给定的起始角、终止角将曲线绕一旋转轴旋转而生成的轨迹曲面
		扫描面		给定起始位置和扫描距离,将曲线沿指定方向以一定的锥度扫描生成曲面
		导动面		让特征截面线沿着特征轨迹线的某一方向扫动生成曲面

333

续表

下拉菜单			图标、快捷键	功　能
造型	曲面生成	等距面		按给定距离与等距方向，生成与已知平面（曲面）等距的平面（曲面）
		平面		根据指定的平面类型生成平面
		边界面		由已知曲线围成的边界区域生成曲面
		放样面		由一组互不相交、方向相同、形状相似的特征线（或截面线）作为骨架，进行形状控制，过这些曲线蒙面生成曲面
		网格面		以网格曲线为骨架，蒙上自由曲面生成曲面
		实体表面		把通过特征生成的实体表面剥离出来而形成的一个独立的面
	特征生成	增料 拉伸		将一个封闭轮廓曲线根据指定的距离做拉伸操作，生成一个增加材料的特征
		增料 旋转		将一个或多个封闭轮廓绕一条空间直线旋转，生成一个增加材料特征
		增料 放样		根据多个封闭截面线轮廓生成一个实体
		增料 导动		将某一截面曲线或轮廓线，沿另外一条轨迹线运动，生成一个实体特征
		增料 曲面加厚		按照给定的厚度和方向，对指定的曲面进行加厚操作，从而生成实体
		除料 拉伸		将一个封闭轮廓曲线根据指定的距离做拉伸操作，生成一个减去材料的特征
		除料 旋转		将一个或多个封闭轮廓绕一条空间直线旋转，生成一个减去材料特征
		除料 放样		根据多个截面线轮廓生成一个减去材料特征实体
		除料 导动		将某一截面曲线或轮廓线沿着另外一条轨迹线运动移去材料生成实体特征
		除料 曲面加厚		按照给定的厚度和方向，对指定的曲面进行加厚操作，生成减料实体
		除料 曲面裁剪		用生成的曲面对实体进行修剪，去掉不需要的部分
		过渡		以给定半径或半径规律，在实体间作光滑过渡
		倒角		对实体的棱边用平面进行过渡
		孔		在平面上直接去除材料生成各种类型的孔特征
		拔模		是指保持中性面与拔模面的交轴不变（即此交轴为旋转轴），对拔模面进行相应拔模角度的旋转操作
		抽壳		根据指定壳体的厚度将实心物体抽成内空的薄壳体
		筋板		在零件的指定位置上增加肋（筋）板
	线性阵列			沿一个方向或多个方向快速进行特征的复制，生成若干相同特征
	环形阵列			绕某基准轴将特征阵列为多个特征，构成环形阵列
	基准面			构造草图平面
	缩放			给定基准点，对零件进行放大和缩小
	型腔			以零件为模型生成包围此零件的模具，取走零件模型后的剩余部分称为型腔
	分模			型腔生成后，通过分模，使模具按照给定的方式分成几个部分
	实体布尔运算			读入一个实体或线面数据文件，与当前零件实现交、并、差布尔运算
加工	粗加工	定义毛坯		定义加工中所使用的毛坯
		平面区域粗加工		用于生成区域中间有多个岛的平面加工轨迹
		区域式粗加工		生成区域式粗加工轨迹
		等高线粗加工		生成等高线粗加工轨迹

续表

下拉菜单			图标、快捷键	功　能
加工	粗加工	扫描式粗加工		生成扫描线粗加工轨迹
		摆线式粗加工		生成摆线式粗加工轨迹
		插铣式粗加工		生成插铣式粗加工轨迹
		导动线粗加工		生成导动线粗加工轨迹
	精加工	平面轮廓精加工		生成沿平面轮廓线方向的加工轨迹
		参数线精加工		生成多个曲面，按曲面参数线行进的三轴刀具轨迹
		等高线精加工		针对曲面或实体，做整体等高加工
		等高线精加工 2		生成等高线精加工轨迹
		扫描线精加工		生成扫描线精加工轨迹
		浅平面精加工		生成浅平面精加工轨迹
		限制线精加工		生成多个曲面，限制在两系列限制线内的三轴加工轨迹
		轮廓线精加工		生成与一个轮廓线加工曲面的刀具轨迹
		导动线精加工		生成导动线精加工轨迹
		轮廓导动线精加工		在 XY 平面的法平面内，截面线沿平面轮廓线导动生成加工轨迹
		三维偏置精加工		生成加工曲面上的封闭区域的刀具轨迹
		深腔侧壁精加工		将已有的刀具轨迹投影到曲面上而生成刀具轨迹
	补加工	等高线补加工		生成等高线补加工轨迹
		笔式清根加工		生成笔式清根加工轨迹
		笔式清根加工 2		生成笔式清根加工 2 刀具轨迹
		区域式补加工		生成区域式补加工轨迹
		区域式补加工 2		生成区域式补加工轨迹
	槽加工	曲线式铣槽		生成曲线式铣槽加工轨迹
		扫描式铣槽		生成扫描式铣槽轨迹
	钻孔	工艺钻孔加工		生成工艺钻孔加工轨迹
		钻　孔		生成钻孔的刀具轨迹
	后置处理	后置设置		设置不同的机床参数和特定的数控 G 代码程序格式
		生成 G 代码		生成 G 代码加工程序
		校核 G 代码		校对生成的加工程序的正确性
		生成工序单		以 HTML 格式生成加工轨迹明细单
	轨迹编辑	刀位裁剪		用曲线对三轴刀具轨迹在 XY 面进行裁剪
		刀位反向		对生成的刀具轨迹中刀具的走向进行反向，以实现加工中顺、逆铣的切换
		插入刀位		在三轴刀具轨迹中某刀位点处插入刀位点
		删除刀位		删除三轴刀具轨迹的某一点或一行
		两点间抬刀		位于三轴刀具轨迹中的两个刀位点间的所有点均抬刀

续表

下拉菜单			图标、快捷键	功　能
加工	轨迹编辑	清除抬刀		清除刀具轨迹中的抬刀点
		轨迹打断		打断两轴或三轴刀具轨迹，使其成为两个独立的刀具轨迹
		轨迹连接		将多段独立的两轴或三轴刀具轨迹连接在一起
		参数修改		调整刀具轨迹的加工参数
	轨迹仿真			对两轴或三轴刀位进行真实感的仿真
	知识加工			根据知识库设置的参数，快速生成零件的加工轨迹
造型	线面编辑	曲线裁剪		去掉曲线中不需要的部分
		曲线过渡		在两条曲线间作圆角、尖角或倒角过渡
		曲线打断		把拾取到的一条曲线在指定点处打断
		曲线组合		把拾取到的多条相连曲线组合成一条样条曲线
		曲线拉伸		将指定曲线拉伸到指定点
		型值点		改变样条曲线插值点的位置
		控制顶点		改变样条曲线控制顶点的位置
		端点切矢		改变样条曲线端点的位置
		曲面裁剪		对生成的曲面进行修剪，去掉不需要部分。
		曲面过渡		在给定的曲面之间以一定的方式作给定半径或半径规律的圆弧过渡面，以实现曲面之间的光滑过渡
		曲面缝合		曲面缝合是指将两张曲面光滑连接为一张曲面
		曲面拼接		通过多个曲面的对应边界，生成一张曲面与这些曲面光滑相连，是曲面光滑连接的一种方式
		曲面延伸		把曲面按所给长度沿相切的方向延伸出去，扩大曲面
	几何变换	平移		对拾取到的曲线或曲面进行平移或复制
		平面旋转		在平面内对拾取到的曲线或曲面，进行同一平面上的旋转和旋转复制
		旋转		对拾取到的曲线或曲面以两点为对称轴，进行空间的旋转或旋转复制
		平面镜像		在平面内对拾取到的曲线以某一直线为对称轴，进行同一平面上的对称镜像和对称复制
		镜像		对拾取到的曲线或曲面以某一平面为对称面，进行空间的对称镜像和对称复制
		阵列		对拾取到的曲线或曲面，按圆形或矩形进行阵列复制
		缩放		对拾取到的曲线或曲面按给定比例放大或缩小
	文字			输入矢量文字，可以改变文字字型、大小及字间距等
	尺寸	尺寸标注		在草图状态下，对所绘制的平面图形标注尺寸
		尺寸编辑		在草图状态下，改变已标注尺寸的标注位置
		尺寸驱动		在草图状态下，修改已标注尺寸的数值，实现参数化驱动
	绘制草图		F2	进入或退出草图绘制状态，进而实现绘制空间曲线和草图曲线选择
	草图环检查			检查绘制的草图是否为封闭环。除肋（筋）板特征外，草图必须是封闭的

续表

下 拉 菜 单		图标、快捷键	功　　能
工　具	坐标系	创建坐标系		建立一个新的坐标系
		激活坐标系		存在多个坐标系时，激活某一坐标系就是将该坐标系设为当前坐标系
		删除坐标系		删除用户创建的坐标系
		隐藏坐标系		使坐标系不可见
		显示所有坐标系		使所有坐标系都可见
	查询	坐标		查询各种点的坐标
		距离		查询任意两点之间的距离及偏移量
		角度		查询两条直线的夹角和圆弧的圆心角
		元素属性		查询点、直线、圆、圆弧、公式曲线和椭圆等图形元素的属性
		零件属性		查询零件属性，如体积、表面积、质量、重心坐标、轴惯性矩等
	点工具	缺省点	S	在设计过程中，会用到许多特殊点（如切点、交点、端点等），这些点称为工具点。当操作中出现点的输入要求时，按 Space 键就可以弹出点工具菜单，可以拾取相应的工具点
		端点	E	
		中点	M	
		交点	I	
		圆心	C	
		垂足点	P	
		切点	T	
		最近点	N	
		型值点	K	
		刀位点	O	
		存在点	G	
	矢量工具	直线方向		主要用在曲面或曲线方向选择。在设计过程中，会用到扫描方向等，这些方向称为矢量工具。当操作中提示选择方向时，按 Space 键就可以弹出矢量方向菜单，可以拾取相应方向
		X 轴正方向		
		X 轴负方向		
		Y 轴正方向		
		Y 轴负方向		
		Z 轴正方向		
		Z 轴负方向		
		端点切矢		
	选择集拾取工具	拾取添加		当操作中提示选择方向时，按 Space 键就可以弹出矢量方向菜单，可以拾取相应方向 选择集是对拾取的若干元素的总称，选择集拾取工具提供了五种方式供操作者选择
		拾取所有		
		拾取取消		
		取消尾项		
		取消所有		

续表

下拉菜单		图标、快捷键	功　能
设置	当前颜色	▨▾	设置系统当前颜色
	层设置	⌘	修改（查询）图层名、图层状态、图层颜色、图层可见性及建新图层等
	拾取过滤设置	▽	设定拾取图形元素及拾取盒大小
	系统设置		对系统的环境设置、参数设置和颜色设置等进行配置
	光源设置		对零件的环境和自身的光线强度进行改变
	材质设置		对生成的实体设置材质
	知识库设置		设置知识库加工参数
	自定义		定义符合用户使用习惯的环境，如工具条设置和键盘命令设置等
帮助	帮助主题		启动CAXA制造工程师的帮助文件
	关于CAXA制造工程师		CAXA制造工程师的版本信息

参 考 文 献

1. 北京北航海尔软件有限公司. CAXA 制造工程师 2006 用户手册. 2005
2. 北京北航海尔软件有限公司. CAXA 电子图板 2005 用户手册. 2005
3. 夏丽英, 史新民主编. 数控加工技术. 北京：电子工业出版社, 2002
4. 周文成编著. Mastercam8 入门与范例教程. 北京：北京大学出版社, 2001
5. 周永俊编著. Mastercam8 铣削/车削应用指南. 北京：清华大学出版社, 2002
6. Unigraphics Solutions Inc 著. 丁炜, 勋建国翻译. UG 设计应用培训教程. 北京：清华大学出版社, 2002
7. Unigraphics Solutions Inc 著. 苏红卫翻译. UG 铣制造过程培训教程. 北京：清华大学出版社, 2002
8. 王庆林, 李莉敏, 韦纪祥编著. UG 铣制造过程实用指导. 北京：清华大学出版社, 2002
9. 胡建生主编. 机械制图. 北京：机械工业出版社, 2003